Verena Schröder
Mensch-Wolf-Beziehungen in den Alpen

Human-Animal Studies | Band 34

Verena Schröder (Dr.) ist wissenschaftliche Mitarbeiterin und Lehrbeauftragte in der Arbeitsgruppe Humangeographie der Katholischen Universität Eichstätt-Ingolstadt. Sie forscht u.a. zu den Themen Mehr-als-menschliche Geographien, *multispecies justice* sowie Leiblichkeit und Resonanz/Entfremdung in Mensch-Tier-Beziehungen.

Verena Schröder

Mensch-Wolf-Beziehungen in den Alpen

Eine mehr-als-menschliche Geographie des Verbundenseins

[transcript]

Dieses Buch wurde als Dissertation unter dem Titel »Mensch-Wolf-Beziehungen in der alpinen Kulturlandschaft. Transaktionen, Intraaktionen und Resonanzen: Eine mehr-als-menschliche Geographie des Verbundenseins« an der Mathematisch-Geographischen Fakultät der Katholischen Universität Eichstätt-Ingolstadt eingereicht. Die Dissertation wurde am 12. Juli 2023 mit der Note »summa cum laude« verteidigt. Gutachter*innen: Prof. Dr. Christian Steiner (Katholische Universität Eichstätt-Ingolstadt); Prof. Dr. Julia Verne (Johannes Gutenberg-Universität Mainz)

Gefördert durch die Deutsche Forschungsgemeinschaft (DFG) - Projektnummer 539086673

Bibliografische Information der Deutschen Nationalbibliothek
Die Deutsche Nationalbibliothek verzeichnet diese Publikation in der Deutschen Nationalbibliografie; detaillierte bibliografische Daten sind im Internet über https://dnb.dnb.de/ abrufbar.

Erschienen 2024 im transcript Verlag, Bielefeld

Umschlaggestaltung: Maria Arndt, Bielefeld
Umschlagabbildung: David-W- / Photocase
Druck: Majuskel Medienproduktion GmbH, Wetzlar
https://doi.org/10.14361/9783839473894
Print-ISBN: 978-3-8376-7389-0
PDF-ISBN: 978-3-8394-7389-4
Buchreihen-ISSN: 2702-945X
Buchreihen-eISSN: 2702-9468

Gedruckt auf alterungsbeständigem Papier mit chlorfrei gebleichtem Zellstoff.

Für Ylvi und Xaver.

Inhalt

Vorwort und Dank

Im Rahmen eines Seminars zum Thema mehr-als-menschliche Geographien wollten Studierende von mir in Erfahrung bringen, inwiefern das Rahmenthema des Kurses in meinem außeruniversitären Leben von Bedeutung sei. Nach kurzer Überlegung antwortete ich, dass ich mich seit jeher mit Tieren in einem resonanten Verhältnis verstehe, aber ich diese wechselseitige Beziehung nur schwer in Worten ausdrücken kann. Indem ich diesem nonverbalen Verbundensein am Beispiel von Menschen und Wölfen nun wissenschaftlich auf den Grund gehen durfte, erschlossen sich mir nicht nur neue Perspektiven auf unser komplexes und ambivalentes Verhältnis zu Tieren, sondern es erfüllte sich auch ein langjähriger Wunsch. Hierfür und für die fachliche und persönliche Begleitung während der letzten Jahre, möchte ich folgenden Personen meinen Dank aussprechen:

Zuallererst danke ich Christian Steiner, dem Betreuer dieser Dissertation und dem Leiter der Arbeitsgruppe Humangeographie an der KU Eichstätt-Ingolstadt, der mich stets in meinen Forschungsinteressen bestärkt und mich in all den Jahren gefördert, inspiriert und mir immer wieder neue Sichtweisen auf die Welt gezeigt hat.

Julia Verne gilt mein herzlicher Dank für ihre freundliche Bereitschaft zur Übernahme des Zweitgutachtens.

Zwei Geograph:innen möchte ich besonders danken: Zunächst meinem Arbeitskollegen Gerhard Rainer, für zahlreiche konstruktive Diskussionen und seine hilfreichen Kommentare zu meinen Publikationen sowie Cornelia Bading, für ihren fachlichen und mentalen Beistand und für viele schöne Gespräche.

Außerdem danke ich Sandra Sigl für ihre wertvolle administrative und persönliche Unterstützung, Alexandra Kaiser und Katrin Wycik für ihre Hilfe bei der Gestaltung von Grafiken sowie Anja Roßmanith für ihr Lektorat und ihre Recherchearbeit.

Mein ganz besonderer Dank gilt meinen Eltern Gabi und Otto für ihre fortwährende Unterstützung und dass sie mir gegenüber Tieren Neugierde und Wertschätzung vermittelt haben. Ihnen beiden sowie meiner Schwiegermutter Birgit und meiner Schwägerin Eva danke ich außerdem für ihre Zeit, die sie meinen Kindern während der Finalisierung dieses Buches geschenkt haben.

And last but not least danke ich meinem Mann Martin für seinen liebevollen Beistand, sein Verständnis, seine Ideen und seine kritischen Fragen, die mich motiviert, gefordert und gefördert haben, sowie unseren Kindern Ylvi und Xaver, die mir so viele schöne Momente schenken und mir täglich zeigen, wie wunderbar das Leben ist.

Hinweis zu bereits veröffentlichter Literatur

Im Rahmen meines Dissertationsprozesses sind fünf Publikationen entstanden, die teilweise in diesem Werk gedanklich weiterentwickelt wurden. Auf sie wird entweder in den jeweiligen Kapiteln in der Fußnote mit Hinweisen zur Art der Entlehnung (wörtlich, sinnhaft) oder als Kurzzitat im Fließtext verwiesen. Die Abstracts zu den Veröffentlichungen können im Anhang nachgelesen werden.

Zusammenfassung

Wölfe kehren in den europäischen Alpenraum zurück. Diese Entwicklung geht in den betroffenen Regionen mit überraschenden Begegnungen zwischen den Lebewesen sowie mit neuen Gegebenheiten in der Land-, Jagd- und Forstwirtschaft einher, die in erster Linie durch den Leib erfahren werden. Die vorliegende Arbeit identifiziert die Koexistenz zwischen Menschen und Wölfen daher als eine leibliche Praxis, aus der die Entitäten konstitutiv hervorgehen. Oder anders formuliert: Wölfe »durchwandern« den Körper von Menschen, niemand bleibt in den betroffenen Gebieten von den Tieren unberührt, so wie auch umgekehrt die Menschen und deren Spuren und Gerüche durch die Wölfe hindurch prozessieren und dieselben verändern. Eine Analyse dieses nonverbalen und insofern schwer greifbaren »Da_zwischens« von Mensch und Tier ist nicht trivial, da sie eine neue Art der Erforschung und Befragung von Beziehungserfahrungen erfordert, für die es bislang weder ausreichend theoretische Perspektivierungen noch methodische Zugänge gibt. Sie ist jedoch von Relevanz, denn wie diese Arbeit zeigt, bestimmen leibliche und viszerale Aspekte politische Entscheidungen über Leben und Tod der Tiere. Zudem gehen aus den Verstrickungen zwischen Menschen und Wölfen Mobilitäten und Immobilitäten sowie neue Materialitäten und Territorialisierungen hervor, welche die Dynamik des Lebens in der alpinen Kulturlandschaft radikal verändern. Vor diesem Hintergrund baut die Arbeit auf drei miteinander verknüpften Diskussionssträngen auf: Der erste durchleuchtet die Dynamik in Mensch-Wolf-Beziehungen aus einem theoretisch-konzeptionellen Blickwinkel und greift dazu auf den klassischen Pragmatismus und dessen Transaktionstheorie von John Dewey, den agentiellen Realismus von Karen Barad und ihre Idee der Intraaktion sowie auf die Resonanztheorie von Hartmut Rosa zurück. Am empirischen Beispiel des Schweizer Calandas, wo sich im Jahr 2012 erstmals wieder ein Wolfsrudel etablierte, können so neue und tiefgehende Einsichten in die leibliche Verbundenheit und Kommunikation zwischen Menschen und Wölfen, in den Zusammenhang zwischen Weltverhältnis und Wolfsakzeptanz sowie in die Konstitution von Grenzziehungen und von Unverhältnismäßigkeiten in der Wolfsdebatte gewährt werden. Der zweite und dritte Diskussionsstrang thematisieren die method(olog)ischen Konsequenzen, die sich aus der Kritik der gewählten Theorien am Anthropozentrismus und der Erforschung multisensorischer Dimensionen in Mensch-Tier-Verhältnissen ergeben. Dabei werden zum einen neue methodische Zugänge präsentiert und angewandt und zum anderen die Rolle und das Potenzial des Comics für mehr-als-menschliche Narrative exploriert. Die Arbeit lädt ein, das Verhältnis zwischen Menschen und Wölfen bzw. zwischen Menschen und Tieren im Generellen, neu zu denken. Dazu entwickelt sie – abgeleitet aus den Theorien und den empirischen Ergebnissen – eine mehr-als-menschliche Geographie des Verbundenseins, die eine Koexistenz in Aussicht stellt, die nicht auf Entfremdung voneinander, sondern auf Verbindung zueinander basiert. Auf menschlicher Dominanz und Kontrolle basierende Wahrheitskonzepte werden in dieser Vorstellung von Zusammenleben als überholt angesehen. Stattdessen werden die Unbestimmtheit und die Unverfügbarkeit von Wölfen als wichtige Ressourcen betrachtet, um Lebendigkeit und Selbstwirksamkeit zu erfahren und um aus dieser Offenheit gegenüber der Mitwelt Kraft für Neues zu schöpfen.

1 Menschen, Wölfe und deren Beziehungen

Einleitung in eine mehr-als-menschliche Geographie des Verbundenseins

Wölfe kehren in den europäischen Alpenraum und damit in ihr ehemaliges Verbreitungsgebiet zurück. Diese Entwicklung löst in den betroffenen Regionen dynamische Veränderungen aus, die häufig mit emotional aufgeladenen Debatten zwischen verschiedenen Interessengruppen einhergehen. Während sich manche Landwirt:innen in Form von Herdenschutzmaßnahmen mit den Tieren arrangieren (Südostschweiz 2013; Der Standard 2020), sehen sich andere dazu veranlasst, ihre Schafe frühzeitig von den Alpen[1] ins Tal zu treiben (Berner Oberländer 2021; TT 2021a; SRF 2022), Mahnfeuer zu zünden (ORF 2019; SZ 2020a) und auf die Straße zu gehen (NZZ 2009; SZ 2021), womit letztlich der Abschuss der Tiere[2] gefordert und Druck auf die politischen Entscheidungsträger:innen ausgeübt werden soll. Aufgrund der Aufnahme des Wolfes in die Berner Konvention, einer Naturschutzvereinbarung aller europäischen Länder und seiner Listung in der Flora-Fauna-Habitat-Richtlinie der Europäischen Union, sind die Handlungsspielräume der verantwortlichen politischen Akteure allerdings eingeschränkt. Zudem hat sich in den vergangenen Jahren mehrmals gezeigt, dass Abschüsse von zur Bejagung freigegebenen Wolfsindi-

---

1 Der Begriff »Alp« ist gleichbedeutend mit »Alm«. Da sich das Untersuchungsgebiet dieser Arbeit in der Schweiz befindet wird nachfolgend die schweizerische Ausdrucksweise verwendet.

2 Ich verstehe den Menschen als eine unter vielen Tierarten, verzichte aber im Rahmen dieser Arbeit auf die Redewendung »Menschen und nicht-menschliche bzw. mehr-als-menschliche Tiere«, um darauf hinzudeuten. Ist also im Weiteren von »Tieren« die Rede, so ist die Individualität der Lebewesen stets mitgedacht und keine ontologische Trennung zum Menschen gemeint.

viduen[3] nicht immer realisiert werden konnten (NZZ 2016, 2017; TT 2021b; BR 2022) – und dies nicht nur weil die Tiere scheu, sehr mobil und insofern schwer zu erfassen sind. Erteilte Abschussgenehmigungen enden auch aufgrund des Ausbleibens festgeschriebener Entnahmevoraussetzungen, wie beispielsweise der wiederholten Annäherung der Tiere an ein Siedlungsgebiet, oder sie scheitern an erhobenen Einsprüchen durch Naturschutzverbände bzw. an den damit verbundenen Gerichtsbeschlüssen (ebd.). Am Beispiel der Wolfsrückkehr und ihrer Dynamiken und Herausforderungen, finde ich, zeigt sich die Illusion des modernen Menschen von einer vollständigen Kontrolle und Beherrschbarkeit anderer Wesen, in aller Deutlichkeit.

Die Quantenphysikerin und feministische Wissenschaftstheoretikerin Karen Barad (2007) sieht in der ausbleibenden Verfügung menschlicher Entitäten über Materie, wie sie in dem vorigen Absatz beschrieben wird, eine »Unbestimmtheit der Welt« begründet. Das heißt ihre Weiterentwicklung lässt sich zwar durch Praktiken der Grenzziehung verstetigen, was den Menschen eine gewisse Ordnung gibt und ihnen ein sicheres Gefühl gewährt. Sie ist jedoch immer auch offen für das Eintreffen von Neuem (vgl. Richthofen 2021). Die Ausbreitung von Wölfen, die Landwirt:innen beispielsweise durch Nutztierrisse erfahren, kann insofern als ein der Unbestimmtheit der Welt entsprungenes Neues verstanden werden. Sie löst Irritationen aus, da mit ihr scheinbar stabile Grenzen ins Wanken geraten und damit lange bestehende Gewohnheiten in Frage gestellt werden (vgl. Frank et al. 2018). Im wissenschaftlichen Kontext werden diese mit der Wolfsrückkehr verbundenen Veränderungen – von einigen wenigen Ausnahmen abgesehen (Heinzer 2020; Poerting et al. 2020; Gieser 2023) – in erster Linie hinsichtlich diskursiver und repräsentationaler Aspekte diskutiert (u.a. Fenske & Tschofen 2020a; Heyer & Hose 2020). Doch die veränderten Praktiken und gemachten Erfahrungen sind vor allem von af-

---

3 Obwohl Wölfe im europäischen Alpenraum unter Schutz stehen, dürfen Einzeltiere unter gewissen Bedingungen bejagt werden, beispielsweise wenn sie eine gewisse Anzahl von Nutztieren reißen, Vergrämungsmaßnahmen erfolglos bleiben oder sie sich Menschen auf kurze Distanz nähern und nicht vertreiben lassen. Die Auslegung dieser Regelungen und das Management hierzu unterscheidet sich jedoch zwischen den Ländern (siehe im Detail bspw. BAFU 2016; MAA & MTES 2018; Deutscher Bundestag 2019).

fektivem, viszeralem[4] und insofern körperlich-leiblichem[5] Charakter: Im Zuge von Begegnungen erfahren sich Menschen und Wölfe vor allem über ihren Leib, das Aufstellen bzw. die Überwindung von Schutzzäunen, die Fütterung von bzw. die Auseinandersetzung mit Herdenschutzhunden oder die Durchführung des Wolfmonitorings sind vorrangig körperlich-leiblich vermittelte Aktivitäten. Ebenso wird die Jagd auf die an den Wolf mittlerweile angepassten und deshalb scheuer gewordenen Hirsche, Rehe und Gämsen sowie das Auffinden von gerissenen Tieren sinnlich-emotional erlebt. Die Koexistenz zwischen Mensch und Wolf lässt sich daher in erster Linie als leibliche Praxis begreifen.

Die Berücksichtigung dieser nonverbalen und bisher wenig beachteten Dimension in Mensch-Wolf-Beziehungen ist von Relevanz, denn auf sie lassen sich einerseits auf politischer Ebene Entscheidungen über Leben und Tod der rückkehrenden Wildtiere zurückführen. Andererseits gehen aus den beschriebenen Verstrickungen zwischen Menschen und Wölfen Mobilitäten und Immobilitäten sowie neue Materialitäten und Territorialisierungen hervor, welche die Dynamik des Lebens in der alpinen Kulturlandschaft radikal verändern. Diese wechselseitigen Verwobenheiten zwischen den Entitäten, die in erster Linie gefühlt und gespürt werden und daher mit dem Auge oder dem Ohr alleine nicht immer auszumachen sind, identifiziere ich als eine mehr-als-menschliche Geographie des Verbundenseins, die bisher nicht konzeptualisiert wurde.

Wie lassen sich nun aber diese dynamischen Verwobenheiten zwischen Mensch und Tier und insbesondere die zwischen Menschen und wildlebenden Wölfen analysierbar, beschreibbar und damit verstehbar machen? Was genau

4 Unter Viszeralität verstehe ich sowohl einen Überbegriff für multisensorische Eindrücke als auch die Inkorporierung aller fünf Sinne im Forschungsprozess. Hierbei beziehe ich mich auf Hafner (2022), der die Bedeutung und Anwendung des Begriffs im Kontext mehr-als-menschlicher Geographien aufarbeitet und als »fließende Körper_Geist Intra-Aktion« (ebd.: 297) fasst, die sich rational nicht messen lässt. Im Folgenden schreibe ich gelegentlich von »sinnlich-emotionalen« Aspekten im Kontext der Wolfsrückkehr. Diese Begrifflichkeit verwende ich synonym mit Viszeralem.

5 In dieser Arbeit wird angelehnt an die Phänomenologie von Husserl (1976) begriffskonzeptionell zwischen Körper (das Materielle, das sichtbare Objekt) und Leib (das Erlebte und Gespürte) unterschieden. Wesentliche konzeptionelle Überlegungen zu Leiblichkeit wurden in der Philosophie vor allem von Merleau-Ponty (1966, 2003) und Husserl (1976), in der Soziologie von Schütz (2013) und in der Geographie von Hasse (1999) unternommen. Es darf hier auf die genannten Quellen sowie hinsichtlich Leiblichkeit im Kontext von Mensch und Tier, auf die Untersuchungen zu Mensch-Pferd-Beziehungen von Maurstad et al. (2013) sowie Pütz (2019, 2021) verwiesen werden.

gilt es empirisch einzufangen, wenn es um Fragen des »Da_zwischens«[6] von Entitäten geht? Fragen nach unsichtbaren und damit schwer greifbaren Verbindungen zwischen Lebewesen sind nicht trivial und spielen beispielsweise auch in den Theoriediskussionen der Naturwissenschaften sowie in den feministischen Studien, der Philosophie und der Soziologie eine Rolle. Die Rede ist von Spiegelneuronen für Empathieempfinden und soziale Kommunikation (Fabbri-Destro & Rizzolatti 2008; Iacoboni 2009), von Quanten als kleinste Energieeinheit, zwischen denen sich alles Getrenntsein auflöst und alles miteinander verbunden ist (Erickson 2011), von Cyborgs und Hybriden (Haraway 1991, 2008; Latour 1993) als konzeptuelle Figuren für die Unauflösbarkeit zwischen dem Menschlichem und Mehr-als-Menschlichem[7] sowie von resonanten Beziehungen (Rosa 2016) – eine Art Schwingung zwischen einem Subjekt und Welt, die durch Affekte und Emotionen wechselseitig berührt und transformiert werden. Auch in der Geographie blieb die Frage nach dem Fassen von Verbundensein zwischen verschiedenen Entitäten nicht unbeachtet. So stellen beispielsweise Gesing et al. (2019: 10) in dem Zusammenhang fest, dass sich die Analyse der Beziehungen zwischen Menschlichem und Mehr-als-Menschlichem deshalb als herausfordernd erweist, da sie eine neue Art der Befragung von »Logiken und Dynamiken dieser Verwicklungen, Vermischungen und Grenzarbeiten [erfordert], um daraus Möglichkeiten der Beschreibung, der Analyse und der Theoretisierung des Nichtdualen zu entwickeln« (ebd.). Dieser neuen Art der Befragung und der damit verbundenen Sensibilität für das Leibliche, Affektive und Emotionale in Forschungsdesign und -praxis schreiben auch Schurr & Strüver (2016) Wichtigkeit zu. Gleichzeitig stellen sie fest, dass es hierfür »eine[r] Sprache [bedarf], die wir oft noch nicht vollständig beherrschen« (ebd.: 88). In ähnlicher Weise argumentiert Egner (2022), wenn sie dazu auffordert den Blick auf das Erschließen des Da_zwischens von Entitäten zu richten und festhält, dass mit den Überlegungen von Barad (2003, 2007) und Zahnen (2012, 2015) zwar erste Ansätze hierzu existieren, es für die in dem Zusammenhang auftauchenden Fragen aber noch an weiteren

6 Mit der Bezeichnung »Da_zwischen« meine ich jene fühl- und spürbare Dimension, die sich nur schwer in Worte fassen lässt und die zwischen menschlichen und mehr-als-menschlichen Entitäten existiert.

7 In dieser Arbeit wird auf die Bezeichnung »Nicht-Menschliches« verzichtet, da sie durch die Negation einen Mangel an etwas impliziert und auf einem menschlichen Exzeptionalismus gründet, den diese Arbeit grundsätzlich hinterfragt. Im Umkehrschluss soll der Zusatz »mehr-als-« nicht einen menschlichen Mangel implizieren, sondern auf die Vielfältigkeit von Materie verweisen.

Theorien fehle, »weshalb wir mit dem Verstehen des Neuen ringen« (ebd.: 355) würden.

Diese Arbeit knüpft an dieses Forschungsproblem an, indem sie drei bisher wenig rezipierte Theorien im Kontext komplexer Mensch-Tier-Verhältnisse heranzieht und für die neuen Tiergeographien bzw. die mehr-als-menschlichen Geographien[8] fruchtbar macht: den klassischen Pragmatismus und dessen Transaktionstheorie (Dewey 1996), den agentiellen Realismus und das dazugehörige Intraaktionskonzept[9] (Barad 2003, 2007, 2012[10]) sowie die Resonanztheorie (Rosa 2016). Aus meiner Sicht bieten diese theoretischen Überlegungen ein bislang nicht ausgeschöpftes Potenzial sich den körperlich-leiblichen Aspekten in dynamischen Mensch-Tier-Beziehungen zu nähern und damit auch die Rückkehr von Wölfen in die alpine Kulturlandschaft und die mit ihr verbundenen Konflikte umfassender zu denken und zu verstehen. Zugleich tragen sie dazu bei, dualistische Denkkategorien im Hinblick auf Mensch und Tier aufzubrechen, indem sie eine auf Fluidität basierte, ontologische Rekonfiguration von Praktiken und räumlichen Veränderungen anbieten, wonach gerade innerhalb der neuen Tiergeographien so intensiv gesucht wird (Buller 2014: 312). Die gewählten Konzepte gehen insofern einer mehr-als-menschlichen Geographie des Verbundenseins analytisch auf den Grund und gewähren am empirischen Beispiel der Rückkehr von Wölfen in die Schweiz, tiefe Einsichten in die Konstitutionsprozesse menschlicher und mehr-als-menschlicher Lebewesen und die damit verbundenen räumlichen Effekte.

Wenn nun aber – so die These dieser Arbeit – räumliche, materielle und diskursive Dynamiken in einer Region maßgeblich aus körperlich-

8 Ich verstehe die neuen Tiergeographien als eine Forschungsrichtung innerhalb der mehr-als-menschlichen Geographien. In Kapitel 1.1 wird auf deren Genese im Detail eingegangen.

9 Für Intraaktion gibt es verschiedene Schreibweisen. Die häufigsten sind Intra-Aktion, Intra-aktion oder Intraaktion. Da sich für Interaktion und Transaktion eine Schreibweise ohne Bindestrich eingebürgert hat, habe ich mich bei dem Begriff Intraaktion für diese Variante entschieden.

10 Das Konzept der Intraaktion stellt Karen Barad in ihrem Aufsatz »Agential Realism: How material-discursive practices matter«, welcher 2003 in der Zeitschrift Signs erschienen ist, erstmals vor. Fünf Jahre später veröffentlichte sie mit »Meeting the Universe Halfway: Quantum Physics and the Entanglement of Matter and Meaning« einen Band mit mehreren einschlägigen Essays, darunter auch den zuvor genannten in einer etwas umfangreicheren Version. Die deutsche Übersetzung aus dem Jahr 2012 folgt letzterer Fassung.

leiblichen und insofern nicht ausschließlich auf Sprache basierten Wechselbeziehungen zwischen menschlichen und mehr-als-menschlichen Entitäten hervorgehen, bedarf es in dem Zusammenhang nicht nur neuer theoretischer Erklärungswege. Es wird ebenso erforderlich sein, die etablierten humangeographischen Herangehensweisen, die im Wesentlichen auf dem Generieren und Analysieren von Gesprächen und Texten basieren, um experimentelle, multisensorische Praktiken zu erweitern. Dazu benötigt es neben der Entwicklung alternativer Feldzugänge konsequenterweise auch eine Ergänzung unserer gewohnten wissenschaftlichen Ausdrucksform der (linearen) Verschriftlichung. Diese Arbeit nimmt sich dieser beiden Herausforderungen an. Sie verfolgt damit das Ziel, mehr-als-menschliche Forschung sowohl theoretisch als auch method(olog)isch voranzutreiben – und zwar im Sinne von Whatmore (2006), welche das mehr-als-menschliche Forschungsfeld als ein Experimentierfreudiges versteht, in dem es erlaubt ist, Risiken durch die Überschreitung konventioneller Formen der Wissensproduktion und -präsentation einzugehen. Vor diesem Hintergrund ist dieses Buch als eine Momentaufnahme von Dingen im Fluss zu verstehen, als ein offener Diskussionsbeitrag, der sich dualistischen Weltentwürfen, die auf Beherrschung und Verfügbarmachung von Lebewesen beruhen, entgegenstellt. Indem eine neue, theoretisch fundierte Basis geschaffen wird, die uns (wieder) an unser leibliches In-der-Welt-Sein und damit an unsere untrennbare Verbundenheit mit anderen Lebewesen erinnert, werden Denkanstöße für neue Formen des Miteinanders zwischen Mensch und Tier gegeben, die uns als mehr-als-menschliche Gesellschaft weiterbringen.

1.1 Gemeinsames Werden von Mensch und Tier: Kontextualisierung und geographische Einbettung

Die in dieser Arbeit unternommenen Untersuchungen nehmen insbesondere auf das Forschungsfeld der mehr-als-menschlichen Geographien (*more-than-human geographies*) Bezug[11]. Diese vergleichsweise junge Forschungs-

---

11 *More-than-human geographies* werden im Deutschen sowohl groß- als auch kleingeschrieben übersetzt. Da ich mich in dieser Arbeit sowohl auf mehr-als-menschliche Geographien als auch auf neue Tiergeographien beziehe und sich für letztere die kleingeschriebene Variante durchgesetzt hat, habe ich mich der Einheitlichkeit halber bei mehr-als-menschlichen Geographien ebenso für diese Version entschieden.

richtung gewinnt seit knapp 20 Jahren vor allem im angloamerikanischen Raum an Aufmerksamkeit (Whatmore 2002; Braun 2005; Greenhough 2014) und wird jüngst auch von deutschsprachigen Humangeograph:innen vertreten (Fleischmann 2020; Steiner et al. 2022). Die Perspektive kennzeichnet sich durch einige Überschneidungen zum Posthumanismus (Castree & Nash 2006; Panelli 2010; Braidotti 2013), wie beispielsweise der Infragestellung einer Trennung zwischen Gesellschaft und Natur oder der Neukonzeptualisierung eines in der Welt dezentrierten Menschen. Während die kritische Haltung gegenüber dualistischen Denkkategorien im Posthumanismus vor allem aus Erkenntnissen der Verwobenheit des Menschen mit unterschiedlichen Technologien hervorgeht (Greenhough 2014: 94f), versuchen mehr-als-menschliche Ansätze Wissen für jede Art von (un-)belebtem Körper und dessen Komposition und Wirkmächtigkeit in und durch die Beziehungen mit der Welt zu generieren (Braun 2004: 1354). Es sind also die vielfältigen und untrennbaren Verstrickungen, die Menschen und andere Entitäten ausmachen und das Menschliche insofern »überschreiten« – und weniger das, was »nach ihnen« kommt, worauf die mehr-als-menschlichen Geographien ihren Fokus legen (Whatmore 2004: 1361). Oder anders formuliert: Menschen und andere Entitäten werden in einer mehr-als-menschlichen Perspektive niemals als abgeschlossene Projekte verstanden, sondern als sich wechselseitig konstituierende Wesen in einem ständigen Prozess des Werdens. Das heißt Menschliches und Mehr-als-Menschliches stehen in untrennbarer Relation zueinander. Das was als Mensch, Tier, Pflanze, Artefakt usw. gilt, ist nicht vorgegeben und statisch, sondern offen, veränderlich und verhandelbar. Dasselbe gilt auch für das Verständnis von Raum, der in einer mehr-als-menschlichen Perspektive als ko-produziert zwischen Menschlichem und Mehr-als-Menschlichem entworfen wird (Hinchliffe et al. 2005; Lorimer 2015).

Das Spektrum der aufgegriffenen Themen ist dabei breit gefächert und beinhaltet u.a. die Beziehungen von Menschen zu Pflanzen (Pitt 2015), Tieren (Lorimer 2007), Mikroben (Lorimer 2016), Viren (Greenhough 2012) und technischen Artefakten (Whatmore 2002), oder stofflichen Austausch mit der Welt über Essen (Bruckner et al. 2019; Colombino & Ermann 2022) und Müll (Moore 2012). Die Quellen der Inspiration sind ebenfalls vielfältig: So wird beispielsweise auf den Neuen Materialismus (in der Geographie siehe Whatmore 2006; darüber hinaus Bennett 2004, 2010; Barad 2007; Haraway 2008) Bezug genommen, dessen Vertreter:innen die starke Fokussierung auf semiotische und diskursive Ansätze in den Kultur- und Sozialwissenschaften kritisieren und anmerken, dass diese nicht ausreichend für die Analyse der dynamischen und komplexen Wechselverhältnisse zwischen Sinnhaft-Symbolischem und Materiellem sind (Hoppe & Lemke 2015). Als Antwort auf die »materielle Leerstelle« in den Handlungs-, Diskurs- und Systemtheorien werden nun Prozesse, Verbindungen und Praktiken[12] in den Fokus gerückt, die durch körperlich-leibliche, affektive und emotionale Erfahrungen hervorgebracht werden. Dabei wird Materie in Abgrenzung zu älteren Formen des Materialismus nun nicht mehr als etwas Passives und Inaktives, sondern als etwas Aktives, Vielfältiges und Wirkmächtiges verstanden (ebd.). Statt sie als stumm anzusehen und als etwas, worüber Menschen verfügen können, kennzeichnet sie sich durch eigene Logiken, durch eine irritierende und transformative Kraft, die auf das Selbstverständnis der Menschen und deren Praktiken zurückwirkt (Barad 2012; Folkers 2013). Materie hat also ein Eigenleben, einen Eigenwert und damit auch eine Existenzberechtigung, ohne an menschliche Ansprüche und Zwecke geknüpft zu sein. Dieser veränderte Blick auf Materialität in den Kultur- und Sozialwissenschaften ist so grundsätzlich und tiefgreifend, dass in der Literatur von einer »*revolution of thought*« (Dolphijn & van der Tuin 2012: 85) gesprochen wird.

Ergänzend zur Strömung des Neuen Materialismus beziehen sich mehr-als-menschliche Geographien auf die Arbeiten von Latour (1993, 2004) und des-

---

12 Die Auseinandersetzung mit Praktiken im Kontext mehr-als-menschlicher Geographien lässt sich auf den *practice turn* (Schatzki et al. 2001) zurückführen. Dieser steht in Zusammenhang mit einer Reihe von Studien, die *agency* innerhalb von Praktiken verorten und der Rolle von Materialität bzw. den mehr-als-menschlichen Akteuren bei der Ausübung von alltäglichen (verkörperten) Aktivitäten, vermehrt Aufmerksamkeit schenken (bspw. Schatzki 2010; Stengers 2010; Watson 2012; Browne et al. 2013; Shove et al. 2012; Gesing 2019). Gerade in Verbindung mit der Erforschung tierlicher Lebenswelten gewinnt die Beachtung relationaler Praktiken zwischen Tieren und ihrer Mitwelt an Bedeutung: So widmen sich Bear et al. (2017) beispielsweise der Untersuchung dynamischer Praktiken von Kuhherden und Kuhindividuen, Van Patter & Hovorka (2018) stellen die Praxis des *place-making* von Katzen in den Mittelpunkt und Lorimer et al. (2019) verstehen in ihrem Beitrag das Markieren von Territorien und das damit verbundene Erkennen und Beanspruchen von Raum durch wiederholtes und routiniertes Tun, als tierliche Praxis. Parallel zu dieser Debatte wird darüber reflektiert, inwieweit Tiere denn überhaupt Träger von Praktiken sein können (Strengers et al. 2016; Strengers & Maller 2019; Arcari 2019; Maller 2019). Beide Diskussionsstränge werden weitestgehend isoliert voneinander geführt. Den jüngsten Beitrag darüber, inwiefern menschliche Aktivitäten und mehr-als-menschliche Prozesse für praxisinformierte mehr-als-menschliche Geographien zusammengedacht werden können, liefert Everts (2022).

sen *Actor-Network Theory* (ANT) sowie auf feministische Beiträge basierend auf Haraway (1991, 1996, 2008) und Stengers (1997). Diese speisen die mehr-als-menschlichen Geographien mit kritischen Überlegungen zur Wissenserzeugung, indem sie wissenschaftliche Erkenntnisse nicht länger als Fakten, sondern vielmehr als Errungenschaften betrachten, die aus Assemblages menschlicher und mehr-als-menschlicher Tätigkeiten in fortlaufender Wechselbeziehung hervorgehen. Die Frage nach einer Hierarchisierung von Wissen ist in einer mehr-als-menschlichen Perspektive demnach hinfällig. Vielmehr wird danach gefragt, wie solche Kategorisierungen in einem Netz aus Beziehungen hergestellt werden (Philo 2005: 826). In diesem Verständnis von Wissensproduktion offenbart sich sowohl die in mehr-als-menschlichen Geographien nicht-anthropozentrische Haltung gegenüber Untersuchungsgegenständen, als auch die damit verbundene Anerkennung mehr-als-menschlicher *agency* (Handlungs- und Wirkmächtigkeit), die sich erst in wechselseitiger Relation entfaltet und damit weder Menschen noch anderen Entitäten a priori zugeschrieben werden kann (Haraway 1991, 2008). Die Idee des modernen Menschen als gegenüber anderen Lebensformen überlegenes Wesen wird in einer mehr-als-menschlichen Perspektive demnach als überholt angesehen.

Weiters werden mehr-als-menschliche Geographien durch Beiträge aus der Biophilosophie, und hier vor allem von vitalistischen Perspektiven inspiriert (Deleuze & Guattari 1987; Bergson 2002), die neue Möglichkeiten des Verstehens von Welt ins Feld führen. Denn anstatt einer Welt, die vorgegeben ist und nach universellen Gesetzen funktioniert, entstehe diese erst in Momenten der Begegnung zwischen den beteiligten Akteuren. Vitalistische Überlegungen bieten den mehr-als-menschlichen Geographien also eine Vision multipler Welten, die von ihren menschlichen und mehr-als-menschlichen Bewohner:innen stetig neu gestaltet werden (Greenhough 2014). Dabei werden aber nicht nur *die* Welten in einem fortlaufenden Transformationsprozess gefasst, sondern ebenso die an der Begegnung beteiligten Entitäten. Diese Sichtweise impliziert eine Auffassung von Lebewesen, Artefakten und anderen Elementen, die nur in Beziehung zueinander verstanden werden können. Haraway (2008: 4) verwendet hierfür die Bezeichnung des »gemeinsamen Werdens«, im Sinne von »becoming is always becoming *with* – in a contact zone where the outcome, where who is in the world, is at stake« (ebd.: 244). Um dieses Werden zu erschließen, ist man sich in den mehr-als-menschlichen Geographien der limitierten Fähigkeiten des Menschen bewusst. Denn mit Sprache und Text alleine bzw. mit dem etablierten Methodenrepertoire der Humangeographie, kann dieser Aufgabe nicht ausreichend begegnet werden. Es bedarf deshalb neuer Formen der Aufmerksamkeit, die außerhalb des Sprachlichen liegen und ein Sich-Einlassen auf und Affiziert-Werden von Welt implizieren, weswegen mehr-als-menschliche Geographien die körperliche und affektive Wahrnehmungsebene ins Zentrum rücken (vgl. Latour 2004 zu *learning to be affected* oder Pütz & Schlottmann 2020 zu *learning to be intercorporeal*). Hierfür wird teilweise auf nicht-repräsentationale (*non-representational theories*, NRT, Thrift & Dewsbury 2000; Lorimer 2005; Thrift 2008) und affektive (McCormack 2003; Anderson 2006; Pile 2010) Theorien zurückgegriffen, die auch in der deutschsprachigen Geographie auf zunehmendes Interesse stoßen (Hasse 1999; Dirksmeier & Helbrecht 2008; Schurr 2014; Hutta 2015; Michels 2015; Schurr & Strüver 2016). Für die NRT wird Wirklichkeit nicht über Sprache, sondern performativ und im Rahmen mobiler Praktiken erschaffen. Sie hebt insofern die Bedeutung der Körperlichkeit von Erfahrungen hervor und greift stärker als die ANT auf sinnliche und emotionale Zugänge zur Welt zurück, um das Verhältnis von Menschlichem und Mehr-als-Menschlichem zu verstehen (Graefe et al. 2010: 191). Die NRT versteht sich daher vor allem als praxis- und lebensorientiert und lenkt ihre Aufmerksamkeit auf Kreativität, Offenheit, Fluidität und Unsicherheit (Steiner 2014a: 182).

Im Verhältnis zur theoretischen Abhandlung in den mehr-als-menschlichen Geographien sind methodische Beiträge mit Ausnahme einiger weniger (bspw. Hinchliffe et al. 2005; Wylie 2005; Lorimer 2010; Richardson-Ngwenya 2014; Pitt 2015; Bell et al. 2018; Schröder & Seiner 2020) bis heute unterrepräsentiert (Lorimer 2010: 239; Dowling et al. 2017: 824) – und dies trotz der bereits frühen Aufforderung zum (multisensorischen) methodischen Experimentieren (Whatmore 2004: 1362). Noch stärker als die Auseinandersetzung mit neuen Methoden wird die wichtige Frage nach der adäquaten Vermittlung von Erkenntnissen aus mehr-als-menschlicher Forschung aufgeschoben (Gesing et al. 2019; Hafner 2022; Schröder 2022a)[13]. Ich nehme an, dass dies mitunter an den Herausforderungen liegt, die mit dieser Aufgabe verbunden sind. Denn es geht, wie Gesing et al. (2019: 24) es formulieren, nun

> »nicht mehr alleine um die Legitimität und Konstruktion ethnografischer Autorität und die Repräsentation multipler Stimmen und Positionen. Wenn die Welten, in denen wir leben, von menschlichen und nicht-menschlichen

13 Eine detaillierte Auseinandersetzung mit den methodologischen Konsequenzen mehr-als-menschlicher Fragestellungen sowie eine Übersicht über neuere methodische Ansätze in den neuen Tiergeographien finden sich in Kapitel 3.

Akteuren koproduziert sind, dann geht es auch um Fragen der Darstellbarkeit von Verbindungen und Vermischungen in multiplen Welten und Ordnungen.«

Mit unserer gewohnten wissenschaftlichen Ausdrucksform der Verschriftlichung alles andere als ein leichtes, wenn nicht sogar unmögliches Unterfangen. Denn wie lassen sich leibliche, viszerale und in dem Fall nonverbale Beziehungen zwischen Menschlichem und Mehr-als-Menschlichem adäquat ins lineare Textformat übersetzen? Dowling et al. (2017) plädieren an der Stelle für neue Formen der Verschriftlichung und für alternative narrative Medien, da sie in der ausschließlichen Erkenntnisvermittlung in Textform die wesentliche Ursache für die method(olog)ische Blockade in mehr-als-menschlichen Geographien erkennen wollen. Die vorliegende Arbeit kommt daher dem Aufruf von Dowling et al. nach und versucht in Form eines kollaborativ entwickelten Comics einen alternativen Übersetzungsvorschlag für Erkenntnisse aus mehr-als-menschlicher Forschung zu liefern (s. Kapitel 5) und insofern einen Beitrag zur Transformation von Wissenschaftskommunikation in der Geographie zu leisten.

Die zweite relevante Forschungsrichtung, in welche sich die Ergebnisse dieser Arbeit einbetten lassen, umfasst das Feld der Geographien von Mensch-Tier-Verhältnissen bzw. jenes der neuen Tiergeographien[14] (*animal geographies*, Wolch & Emel 1995, 1998; Philo & Wilbert 2000; Urbanik 2012; Buller 2014, 2015, 2016; Hovorka 2017, 2018, 2019; Lorimer et al. 2019; Gibbs 2020, 2021), das in der deutschsprachigen Geographie mittlerweile ebenfalls vertreten ist (Pütz 2017, 2021; Krieg 2020; Poerting et al. 2020; Poerting & Schlottmann 2020; Pütz & Schlottmann 2020; Schröder & Steiner 2020; Verne et al. 2021; Fleischmann 2022; Pütz et al. 2022). Diese vergleichsweise junge Forschungsrichtung unterscheidet sich grundlegend von ihren Vorläufern, wie der darwinistisch geprägten Zoogeographie im 19. und frühen 20. Jahrhundert und der »cultural animal geography« (Urbanik 2012: 33) ab den 1960er Jahren[15] und ist in ihrer Neukonzeption nicht trennscharf zu den mehr-als-

14 Im Deutschen haben sich als Übersetzung von *animal geographies* sowohl die Bezeichnung »Geographien von Mensch-Tier-Verhältnissen« als auch »neue Tiergeographien« etabliert.

15 Für eine ausführliche Beschreibung der verschiedenen tiergeographischen Phasen siehe Urbanik 2012 für die angloamerikanische und Pütz et al. 2022 für die deutschsprachige Geographie.

menschlichen Geographien zu verstehen. Vielmehr setzten die neuen Tiergeographien mit ihrer Kritik am Anthropozentrismus und der damit verbundenen Infragestellung dualistischer Denkkategorien zwischen Kultur und Natur wesentliche Impulse für die Entwicklung mehr-als-menschlicher Ansätze. Beide Forschungsperspektiven haben sich daher seit Ende der 1990er bzw. Anfang der 2000er Jahre mit zahlreichen Überschneidungspunkten etabliert, wobei ich die neuen Tiergeographien als eine Subdisziplin innerhalb der mehr-als-menschlichen Geographien verorte, welche ihren spezifischen Fokus darauf legt, »[to consider] the geographies of animals themselves and the ways in which these challenge (or confirm) human social orderings of space« (Pooley et al. 2017: 518). Das Themenspektrum tiergeographischer Forschung ist dabei äußerst vielfältig (Gibbs 2020), wodurch nicht zuletzt das heterogene Verhältnis der Menschen zu Tieren widergespiegelt wird. So zählen zum tiergeographischen Forschungsfeld sowohl Studien über die roboterbasierte Milchindustrie (Bear et al. 2017; Bear & Holloway 2019), das körperlich-leibliche (Nähe-)Verhältnis zwischen Menschen und Pferden (Pütz 2019) als auch die »Renaturierung« (*rewilding*) des menschlichen Körpers mit Hakenwürmern (Lorimer 2017). Die dynamische Entwicklung der geographischen Subdisziplin lässt sich aber nicht nur an der Ausdifferenzierung von Untersuchungsgegenständen und der Menge an Publikationen ablesen – sie zeigt sich auch darin, dass Beiträge aus den neuen Tiergeographien wesentliche theoretische Debatten in der Humangeographie erweitern, wie beispielsweise jene zu Affekt und Emotion (Collard 2016; Atchison 2019), Körperlichkeit und Leiblichkeit (Morin 2016; Pütz 2019; Pütz & Schlottmann 2020), Mobilitäten (Flack 2016; Hodgetts & Lorimer 2020), *agency* (Gorman 2017; Van Patter & Hovorka 2018), Hybridität (Wilson 2009; Hovorka 2018), *entanglement* (Collard 2012; Lorimer 2016; Houston et al. 2018), *encounter* (Collard 2016; Wilson 2017, 2019; Barua 2016, 2017), Biopolitiken (Hinchliffe 2016; Colombino & Giaccaria 2016) sowie zum Anthropozän (Houston et al. 2018; McGregor & Houston 2018).

Die bis hierhin erfolgte Zusammenstellung der Charakteristika mehr-als-menschlicher Geographien und neuer Tiergeographien macht deutlich, dass diese Arbeit in einen Forschungsbereich eingebettet ist, der an den Grundfesten wissenschaftlichen Denkens rüttelt. Denn mehr-als-menschliche Entitäten untrennbar vom Menschen zu verstehen und im Sinne eines gemeinsamen Werdens als aktiv und am Forschungsprozess ko-konstitutiv beteiligt, fordert die tief verankerte Vorstellung einer Unterscheidung zwischen Forschungssubjekt und -objekt heraus. Ob und inwiefern diese Perspektive in der Analyse von Mensch-Wolf-Beziehungen bereits aufgegriffen wird und welche Forschungsschwerpunkte in Zusammenhang mit der Wolfsrückkehr im Generellen gesetzt werden, ist Gegenstand des nächsten Kapitels.

1.2 Forschungsperspektiven zur Wolfsrückkehr

Die internationale Forschung zur Rückkehr von Wölfen ist thematisch äußerst vielschichtig. Ein großer Teil der Arbeiten legt den Fokus auf die Untersuchung der Repräsentation und Akzeptanz der Tiere (Figari & Skogen 2011), unter Berücksichtigung von Faktoren wie Bildung, Herkunft (Stadt/Land) und politische Gesinnung (Skogen & Thrane 2008; Treves et al. 2013; Eriksson 2016), direkte Erfahrungen und Begegnungen (Naughton-Treves et al. 2003; Røskaft et al. 2007; Eriksson et al. 2015; Arbieu et al. 2020), Distanz zum Wolfsgebiet (Karlsson & Sjöström 2007) oder legale und illegale Abschüsse (Bisi et al. 2007; Ericsson et al. 2004; Kaltenborn & Brainerd 2016). Ebenfalls wird der Fokus auf Themen wie Angst und Stereotype (Linnell et al. 2003; Johansson & Frank 2016; Johansson et al. 2016; Jürgens & Hackett 2017) und damit verbundene Narrative (Skogen et al. 2006; Theodorakea & von Essen 2016) gerichtet. Wesentlich beteiligt an Fragen zur Wolfsrückkehr ist auch die anwendungsorientierte Wissenschaft, die sich mit unterschiedlichen Maßnahmen zum Schutz von Nutztierherden auseinandersetzt (Schultz et al. 2005; Stone et al. 2017; Bruns et al. 2019), oder akustische und fotografische Techniken des Monitorings aufgreift (Palacios et al. 2007; Zaccaroni et al. 2012; Suter et al. 2017; Garland et al. 2020). Arbeiten aus der (Verhaltens-)Biologie und Wildtierökologie fokussieren beispielsweise die Kommunikation von Wölfen und Wolfsrudeln, die sich durch unterschiedliche Laute identifizieren lassen (Nowak et al. 2006; Palacios et al. 2007; Zaccaroni et al. 2012). Ebenfalls untersucht wird die Rolle von Wölfen als Schlüsselart und die damit verbundene Auslösung trophischer Kaskaden[16], wobei sich die Forschung hierzu bislang vor allem auf Nationalparks wie den Yellowstone in den USA (Laundré et al. 2001; Fortin et al. 2005; Ripple & Beschta 2004, 2007, 2012) konzentriert, in dem die Ausbreitung von Wölfen mit einem Rückgang und einer räumlichen Verlagerung von Wapiti-Hir-

16 Eine trophische Kaskade beschreibt die indirekte Beziehung zwischen Prädatoren und jenen Ressourcen, welche von den Beutetieren aufgenommen werden. Sie tritt ein, wenn Prädatoren indirekte Effekte bei Pflanzen und Tieren anderer trophischer Ebenen bewirken (Beckerman et al. 1997; Eisenberg et al. 2013).

schen einherging. Dadurch erholten sich Weiden und Espen und es kehrten in Verbindung mit der Abnahme von Mesoprädatoren nach und nach Säugetiere, Singvögel und Insekten zurück. Aufgrund land-, jagd- und forstwirtschaftlicher Landnutzungsmaßnahmen sind Kaskadeneffekte wie im oben beschriebenen Beispiel im europäischen Kontext nicht nur differenzierter zu betrachten, sondern auch herausfordernder im Erkennen und Nachweisen, weswegen das Thema derzeit kontrovers diskutiert und zu weiterer Forschung aufgerufen wird (Dorresteijn et al. 2015; Kuijper et al. 2016; Kupferschmid et al. 2018; Martin et al. 2020; Ausilo et al. 2021).

So vielfältig die bisher erwähnten Studien zur Wolfsrückkehr auch sind, zu einer mehr-als-menschlichen Erschließung der Beziehungen zwischen Menschen und Wölfen tragen sie nur begrenzt bei, da sie letztere weiterhin als Untersuchungsobjekte fassen und dementsprechend Fragen nach der Ko-Konstitution von Verstrickungen zwangsläufig ausklammern. Ebenso konzipieren sie Menschen und Wölfe weniger als leibliche und insofern die Welt mit allen Sinnen erfahrende Wesen, wie es eine mehr-als-menschliche Perspektive nahelegt. Eine frühe Arbeit, die sich explizit mit Rückkopplungseffekten in Mensch-Wolf-Beziehungen beschäftigt, ist jene von Lescureux (2006). Aus seinen Untersuchungen in Kirgistan geht hervor, dass sich Menschen und Wölfe gemeinsam und über die wechselseitige Veränderung von Praktiken fortlaufend weiterentwickeln. Dieses Verhältnis identifiziert er als »dynamic interrelationship« (ebd.: 472), in welchem den Wölfen eigene Empfindungen, Logiken und Praktiken zugestanden werden. Die Frage, wie dieses komplexe Wechselverhältnis aufgeschlüsselt und vermittelt werden könnte, sieht er als herausfordernd an:

> »Indeed, one can wonder how to convey this complexity and how to disentangle the knot of practices, perceptions and behaviors put into play, and how this knot forms and re-forms itself during the course of the interactions which tie these two heterogeneous populations together« (ebd.: 472).

Sein Lösungsvorschlag für die Entschlüsselung dieses komplexen Verhältnisses ist eine stärkere Zusammenarbeit zwischen Vertreter:innen der Ethologie und Ethnologie. Sowohl in seinen älteren als auch neueren Beiträgen fasst Lescureux das Verhältnis von Menschen und Wölfen jedoch stets als Interaktion (Lescureux 2006; Lescureux et al. 2021), womit gemeint ist, dass die Entitäten auf der Basis des anderen operieren und deren Verhältnis kausal verstanden wird. Eine solche Auffassung entspricht nicht den grundsätzlichen Überlegungen eines mehr-als-menschlichen Zugangs, in der Lebewesen eben nicht als statisch, sondern als aktiv und dynamisch konzeptualisiert werden.

Anlehnend an Whitehead's (1964) relationale Ontologie und am Beispiel der Rückkehr von Wölfen ins französische Alpengebiet, ist es Buller (2008: 1594), der Mensch-Wolf-Beziehungen erstmals im Sinne eines untrennbaren »Zusammengeworden-Seins« versteht und somit zwar nicht direkt und namentlich, aber indirekt auf ein alternatives Verständnis von Beziehung verweist. Eine neuere Arbeit mit nichtdualistischem[17] Fokus auf Mensch-Wolf-Beziehungen ist jene von Poerting et al. (2020) in der Lüneburger Heide in Deutschland. Darin wird untersucht, inwiefern technologische Innovationen wie Zäune oder Telemetrie zu einer friedlichen Raumnutzung beitragen können und das Verhältnis zwischen Menschen und den rückkehrenden Wildtieren in Kontaktzonen (*contact zones*, Haraway 2008) neu ordnen. Als zentrale Erkenntnis führen die Autorinnen an, dass neuere Technologien zwar Kontrolle suggerieren, eine vollständige Trennung von Mensch und Wildtier hierdurch aber empirisch unmöglich erscheint. Zugleich geben aktuelle Versuche in der Gestaltung eines konfliktärmeren Miteinanders Hinweise darauf, wie mittels Technologien Grenzen zwischen Menschlichem und Mehr-als-Menschlichen überwunden werden können. Dies sei beispielsweise dann zu beobachten, wenn tierliche Fähigkeiten von Herdenschutzhunden oder Hüteeseln als Schutz der Schafsherden zum Einsatz kommen und damit die Rolle des:der Hirt:in erweitern, oder Menschen durch akustische Signale ihre Sinne ausdehnen und mehr-als-menschlich werden. Einen ebenfalls nichtdualistischen, wenn auch etwas anderen Fokus, legen Frank et al. (2018)[18]. Mittels einer Analyse von Ordnungen, Technologien und Regulationsmaßnahmen im Kontext der Rückkehr von Wölfen in die Schweiz entlarven die Autor:innen, wie sich im Monitoring von Wölfen in Form von Informationssammlung zu Aufenthaltsorten, Verhaltensweisen und Zahlen sowie durch die Verwendung von Fotofallen und vereinzelte Besenderungen der Tiere mit GPS-Halsbändern, ein immer stärker werdendes politisches Verlangen nach Überwachung und Regulierung widerspiegelt. Durch diese »Kulturtechniken des Sichtbar-

17 Die Begriffe nichtdualistisch und postdualistisch werden in dieser Arbeit synonym verwendet.

18 Zum Thema *human-wolf encounters* erschienen in jüngerer Zeit zwei wertvolle Sammelbände von Fenske & Tschofen (2020a) sowie Heyer & Hose (2020). Die darin erschienenen Beiträge nähern sich vor allem aus einer kultur- und sozialanthropologischen Perspektive dem Thema an.

und Greifbarmachens« (ebd.: 26) sowie die im Rahmen entwickelter Wolfsmanagementpapiere formulierten und mittlerweile angewandten Vergrämungs- und Entnahmeaktionen, werde Wildheit »paradoxerweise durch Disziplinierung bewahrt – oder erzeugt« (ebd.). Dass sich Wölfe aber nicht nach menschlichen Idealvorstellungen erziehen lassen, was auch in Poerting et al. (2020) zum Ausdruck kommt, legen Frank & Heinzer (2019) in ihrem Beitrag über »wölfische Unterwanderungen« dar. Mit ihrer Wortkreation deuten die Autor:innen auf die Überschreitung menschlicher Grenzziehungen durch Wölfe hin, worauf in der Schweiz auf zweierlei Weise reagiert werde: Entweder mit der Idee von wolfsfreien Zonen, womit Bestrebungen nach Natur-Kultur-Ordnungen verstärkt werden, oder einer zunehmend hybriden, relativierten Vorstellung der Grenzen zwischen Natur und Kultur, womit auf die Idee von Räumen mit jeweils vorrangig menschlicher bzw. wölfischer Funktion verwiesen wird. In Zusammenhang mit dem Aufstellen und Umstecken von Zäunen sprechen Frank & Heinzer die körperliche Anstrengung an, die mit der Rückkehr von Wölfen bzw. mit dem Schutz von Schafen, Rindern oder Pferden verbunden ist, welche durch steiles und felsiges Terrain sowie ungünstige Witterung nochmals erschwert werde. In einem jüngeren Beitrag erwähnt Heinzer (2020) die Rolle des Körpers im Kontext von Mensch-Wolf-Beziehungen erneut. Er bezeichnet sie als *corporal-radial involvedness* (ebd.: 102) und verweist darauf, dass die »Erfahrung von Welt, in diesem Fall von Dingen, Wesen und Ereignissen in Zusammenhang mit Schafen, Zäunen, staatlichen Behörden und Wölfen, radial mit dem Körper« (ebd.: 105; eigene Übersetzung) verbunden sei. So würden Herdenschutzmaßnahmen vor allem in Form von körperlicher Arbeit, Anstrengung und Zeitaufwand erfahren werden und bemerkbar mache sich die körperlich-radiale Involviertheit nicht zuletzt auch an dem verwendeten Vokabular, welches in Zusammenhang mit Wölfen verwendet wird: Eine:r seiner Gesprächspartner:innen müsse die Dinge »in den Griff bekommen«. Jemand anders sei dankbar für alles, was einem »Luft zum Atmen« gibt (ebd.). Diese Ausdrücke haben eine spezifisch viszerale, körperlich-leibliche Konnotation, die laut Heinzer darauf verweist, dass der Körper im Mittelpunkt radialer Welterfahrung steht. Im Rahmen der vorliegenden Arbeit wird diese körperlich-leibliche Involviertheit im Kontext der Wolfsrückkehr und insofern die Beziehung zwischen Menschen und Wölfen weitergedacht und neu konzeptualisiert[19].

---

19 Wenige Tage vor Einreichung dieser Arbeit erschien eine Monographie von Gieser (2023), die sich mit Affekten und Atmosphären im Kontext der Wolfsrückkehr aus-

1.3 Fragestellungen und Zielsetzung

Abgeleitet aus dem Forschungsstand und den vier identifizierten Forschungslücken (Abb. 1) werden nachfolgend eine Leitfrage und zwei Teilfragen formuliert. Ihre Beantwortung erstreckt sich dabei über die gesamte Arbeit und verleiht dieser ihre Struktur. Im Folgenden werden die Fragestellungen und die dazugehörigen Hintergründe erläutert, die Relevanz ihrer Beantwortung aufgezeigt und anschließend daran die Zielsetzung formuliert.

Abb 1: Übersicht der identifizierten Forschungslücken und der drei sich daraus ergebenden forschungsleitenden Fragen.

Quelle: eigener Entwurf; Grafik: K. Wycik

LEITFRAGE: Inwiefern generieren die Konzepte der Transaktion, Intraaktion und Resonanz ein neues Denken über Mensch-Tier-Beziehungen, welche Aufmerksamkeiten erzeugen sie jeweils im Kontext der Wolfsrückkehr?

Wie in den vorigen Abschnitten bereits angedeutet wurde, liegt dieser Arbeit ein metatheoretisches Weltbild zugrunde, welches Menschen gegenüber der

einandersetzt. Auch Gieser stellt fest, dass dem Nichtrationalem wie Gefühlen in der wissenschaftlichen Wolfsdebatte bisher wenig Aufmerksamkeit geschenkt wurde und versucht das Wolfsmanagement daher als sogenanntes »Affektmanagement« neu zu denken.

Natur nicht als erhabene Wesen, sondern vielfältig in und mit dieser verbunden versteht. In solch einer Perspektive werden Menschen, Wölfe und andere Tiere nicht in Opposition zueinander oder als rationale Entitäten, sondern vielmehr relational sowie als fühlende, spürende und leibliche Wesen aufgefasst (Schmitz 2009). Damit in Verbindung und vor dem Hintergrund einer mehr-als-menschlich-geographischen Perspektive, rücken dann weniger die Lebewesen »an sich« ins Blickfeld, sondern deren Praktiken und Erfahrungen, über die sich die Entitäten in Beziehung miteinander setzen. Am empirischen Beispiel von Mensch-Wolf-Verhältnissen und anhand der Transaktions-, Intraaktions- und Resonanztheorie werden diese aufeinander bezogenen Verstrickungen analysierbar und konkretisierbar gemacht und dem Verbundensein zwischen Menschlichem und Mehr-als-Menschlichem und seiner räumlichen und materiellen Implikation eine neue ontologisch-epistemologische Basis verliehen. Mit der Beantwortung der Forschungsfrage wird daher nicht nur auf die Schließung einer theoretisch-konzeptionellen Lücke abgezielt, sondern es lassen sich auch neue Erkenntnisse über nonverbale Verbindungen zwischen Menschen und Wildtieren ableiten.

TEILFRAGE 1: Welche ethnographischen Konsequenzen lassen sich aus einer Theoretisierung des Nichtdualen zwischen Menschen und Wölfen ableiten und welche Auswirkungen hat dies wiederum auf unsere Wissensproduktion?

Abgeleitet aus den drei gewählten theoretischen Perspektiven und deren Kritik am Anthropozentrismus, liegt dieser Arbeit ein Forschungsverständnis zugrunde, welches konträr zur traditionellen wissenschaftlichen Praxis steht. Die forschende Person wird darin nicht als Subjekt gegenüber dem zu untersuchenden Objekt begriffen, das Phänomene aus einer externen Position zu erklären versucht. Vielmehr werden solche Subjekt-Objekt-Kategorien hinterfragt, indem der Mensch im Forschungsprozess ethnographisch dezentriert wird und stattdessen die Prozesse des In-Beziehung-Tretens zwischen menschlichen und mehr-als-menschlichen Entitäten in den Fokus rücken. Teilfrage 1 schließt damit an die im Vergleich zur theoretischen Auseinandersetzung vernachlässigte Debatte der method(olog)ischen Konsequenzen relationaler Theorien an. Sie ist von Relevanz, weil ihre Beantwortung zu experimentellen Herangehensweisen im Feld hinführt, wozu in den mehr-als-menschlichen Geographien schon länger animiert wird (Whatmore 2006; Dowling et al. 2017). Gleichzeitig regt sie an, der schwer ausdrückbaren Dimension des Leiblichen und Viszeralen aktiv Raum zu geben und leitet auf diese Weise ein neues Verstehen tierlicher Lebenswelten ein, aus dem sich nicht zuletzt auch neue Fragen für uns als Forschende ergeben.

TEILFRAGE 2: Wie lassen sich mehr-als-sprachliche Elemente bzw. leibliche und viszerale Beziehungserfahrungen zwischen Menschen und Wölfen adäquat wissenschaftlich ausdrücken, welcher neuen Modi der Wissensvermittlung bedarf es in dem Zusammenhang?

Die Bedeutung der affektiven, fühlbaren und multisensorischen Dimension in konstitutiven Mensch-Tier-Beziehungen wurde in den mehr-als-menschlichen Geographien bzw. in den neuen Tiergeographien erkannt. Wenn auch im Vergleich zur theoretischen Debatte deutlich unterbelichtet, erhalten leibliche und viszerale Erfahrungen gelegentlich in der Datenerhebung Berücksichtigung (Lorimer 2010; Bear et al. 2017). Geht es im nächsten Schritt allerdings darum, die gewonnenen Eindrücke und Erkenntnisse wissenschaftlich zu kommunizieren, greift ein Großteil der Beiträge auf das Format der Verschriftlichung zurück. Denkt man den nichtdualistischen und mehr-als-rationalen Anspruch mehr-als-menschlicher Ansätze jedoch konsequent zu Ende, dann ist die ausschließliche Wissensvermittlung in Form von linearen Texten nicht mehr ausreichend. Die Beantwortung der Forschungsfrage zielt daher auf eine Diskussion über neue Modi der Repräsentation von Forschungsergebnissen ab und bringt die Debatte insofern weiter, als dass mit dem Comic als alternatives, narratives Medium, ein praktischer Vorschlag für die Übersetzung mehr-als-sprachlicher Elemente gemacht wird.

Mit der Beantwortung der Leitfrage sowie der zwei Teilfragen verfolgt die Arbeit drei Ziele. Erstens möchte sie die Potenziale der Transaktions-, Intraaktions- und Resonanztheorie im Hinblick auf die Beschreibung des Nichtdualen sowie die Untersuchung dynamischer Mensch-Tier-Beziehungen herausarbeiten und damit einen theoretisch-konzeptionellen Beitrag für die mehr-als-menschlichen Geographien und die neuen Tiergeographien liefern. Mit dieser neuen, ontologisch-epistemologischen Hinterlegung der Verbindungen zwischen Mensch und Tier, sollen insbesondere die leiblichen und damit die nicht unmittelbar durch Sprache ausdrückbaren Aspekte im Kontext von Mensch und Tier analysierbar, empirisch neu erforschbar, sichtbar und damit gesellschaftlich diskutierbar gemacht werden. Die hieraus gewonnenen Einsichten in das gemeinsame Werden zwischen Menschlichem und Mehr-als-Menschlichem und die damit verbundenen räumlichen und materiellen Implikationen sollen, zweitens, zu neuem Denken und zu neuen

Fragen hinsichtlich unseres leiblichen In-der-Welt-Seins und unserer vielfältigen Verbindungen mit Tieren anregen. Die vorliegende Arbeit zielt schließlich drittens darauf ab, zur Transformation von Wissenschaftskommunikation in der Geographie beizutragen, indem sie mittels eines kollaborativen Comics ergänzend zur Verschriftlichung das schwer Greifbare im Kontext von Mensch und Tier verständlich macht. Ein Teil der Forschungsergebnisse wird damit nicht nur für ein akademisches Publikum, sondern ebenso für eine breitere Öffentlichkeit aufbereitet[20].

20 Eine weitere Arbeit zur Wolfsrückkehr mit Bezug zur Wissenschaftskommunikation ist jene von Ehret (2020). Dem Autor ist es ebenfalls ein Anliegen, für die Vielschichtigkeit von Mensch-Wolf-Beziehungen zu sensibilisieren. Hierzu entwirft er ein schriftliches, didaktisches Schema, welches die komplexen Zusammenhänge und unterschiedlichen Logiken verschiedener Interessensgruppen auch einem nichtakademischen Publikum zugänglich macht.

2 »Verbundensein als inhärente Eigenschaft von Welt«

Ontologisch-epistemologische Perspektiven

Der folgende Abschnitt widmet sich dem Thema des Verbundenseins aus drei verschiedenen theoretischen Perspektiven. Dabei werden sowohl ontologische als auch epistemologische Überlegungen unternommen, wobei sich diese – wie in dem Kapitel noch näher beschrieben wird – nicht mehr so leicht voneinander unterscheiden lassen. Während in den meisten wissenschaftlichen Beiträgen zu Mensch-Tier-Beziehungen ontologisch-epistemologische Annahmen nicht explizit angesprochen werden (aber durch deren Fragestellungen und Forschungsdesigns indirekt Ausdruck finden), stelle ich das dieser Arbeit zugrundeliegende Weltbild bewusst transparent dar. Damit mache ich mich zwar einerseits kritisierbar (Hard 1973: 110; Steiner 2015: 25), andererseits birgt eine entsprechende Offenlegung auch Potenzial für Inspiration und kommt der Aufforderung von Buller (2014: 312) nach, die Beziehungen zwischen Mensch und Tier in den neuen Tiergeographien ontologisch neu zu konfigurieren. Vor diesem Hintergrund werden nun mit dem Dreigespann aus Transaktions-, Intraaktions- und Resonanztheorie drei Perspektiven vorgestellt, die den Blick auf das Da_zwischen von Entitäten richten – also jenen leiblichen, affektiven und viszeralen Verbindungen, die mit dem Auge alleine nicht immer auszumachen sind. Jede der drei Theorien erlaubt uns einen geschärften Blick auf das Verbundensein zwischen Menschlichem und Mehr-als-Menschlichem, wobei jede für sich wiederum spezifische Beziehungen sichtbar macht und andere ausgeblendet lässt. Gerade deshalb und aufgrund der Synergien zwischen den Ansätzen sehe ich in ihrer kombinierten Anwendung ein Potenzial für ein besseres Verstehen von Mensch-Tier-Verstrickungen, wobei die jeweiligen theoretischen Perspektiven in den letzten Jahren mehr oder weniger Aufmerksamkeit erhalten haben. Während der agentielle Realismus mit seinem Konzept der Intraaktion eine vergleichsweise neue »Onto-Epistem-ologie«[1] (Barad 2007: 185) entwickelt, die in den Sozialwissenschaften zahlreich und so auch von einigen Geograph:innen rezipiert wurde (u.a. Anderson et al. 2012; Waterton & Tsouvalis 2015; McKiernan & Instone 2016; Egner 2019, 2022; Strüver 2019; Neely 2021; Dzudzek & Strüver 2022; Steiner & Schröder 2022), haben einige Kerngedanken des klassischen Pragmatismus angelehnt an Dewey (1996) und dessen Gedanken zu Transaktion – trotz einer gewissen Renaissance in den vergangenen Jahren (Geiselhart 2015; Holifield 2018; Bridge 2013, 2014, 2020, 2021) – in der Mensch-Mitwelt-Forschung[2] und der mehr-als-menschlichen Debatte von wenigen Ausnahmen abgesehen (Steiner 2014a; Schröder & Steiner 2020; Bridge 2021; Steiner & Schröder 2022), bisher wenig Aufmerksamkeit erfahren. Die Resonanztheorie in Anlehnung an Rosa (2016) hingegen wird intensiv von Vertreter:innen der Sozial-, Geistes- und Erziehungswissenschaften diskutiert (Belian 2017; Peters & Schulz 2017; Hoppe 2017; Buchstein 2018; Susen 2020; Wils 2019; Hübner & Weiss 2020), wobei eine Verknüpfung der Theorie mit Mensch-Tier-Beziehungen bislang ausgeblieben ist. In der Geographie sind es – trotz zahlreicher potenzieller Anschlussfähigkeiten – ausschließlich Dörfler & Rothfuß (2018: 96), die eine resonanztheoretische Perspektive kurz andiskutieren und in ihr vor allem ein Potenzial sehen, um »leiblich-lebensweltliche Raumbez[ü]g[e] zu spätkapitalistischen Lebensformen unter Globalisierungs-, Beschleunigungs- und Digitalisierungsbedingungen herzustellen«. Wie die vorliegende Arbeit zeigen wird, bietet der resonanztheoretische Ansatz auch für die Erforschung komplexer Mensch-Tier-Verhältnisse Potenzial und liefert diesbezüglich neue Aufschlüsse. Insofern wird die »resonanztheoretische Lücke« in der Geographie mit dieser Arbeit weiter geschlossen.

Bevor nun die jeweiligen Theorien beschrieben werden, sei ausdrücklich erwähnt, dass es im Rahmen dieser Arbeit unmöglich erscheint, Deweys, Ba-

---

1 Im agentiell-realistischen Denken werden ontologische Fragen nicht wie sonst oft üblich von erkenntnistheoretischen Fragen getrennt gedacht, sondern bilden eine Einheit.

2 Bei einer Auffassung des Menschen als Teil eines prozessual verwobenen Ganzen und damit dezentriert in der Welt, ergibt die Verwendung des Begriffs »Umwelt« nicht länger einen konzeptionellen Sinn. Vor allem in der Naturphilosophie (Mayer-Abich 1988) und teilweise auch in der Geographie (Steiner 2014a) hat man daher begonnen, den Begriff der Umwelt durch den der Mitwelt zu ersetzen. Da diese Arbeit mit einer anthropozentrischen Perspektive auf *die* Welt bricht, wird im Nachfolgenden nur mehr auf die Bezeichnung Mitwelt zurückgegriffen.

rads und Rosas Arbeiten in all ihrer Tiefe und Wichtigkeit wiederzugeben. Ich stelle ausschließlich jene zentralen Merkmale ihrer Werke heraus, die ich für meine Argumentation und die Erforschung meines Untersuchungsgegenstandes für wesentlich erachte.

2.1 Pragmatismus als Wegweiser für eine tiefgehende Analyse dynamischer Mensch-Tier-Beziehungen

Der Pragmatismus ist eine »Philosophie der Kreativität«, die den Versuch anstellt, »eine Welt verständlich zu machen, in der Kreativität möglich ist« (Pape 1994: 9). Dieser Grundsatz bildet den Ausgangspunkt einer Reihe pragmatischer Ansätze, hinter denen sich u.a. Namen wie Charles Sanders Peirce, William James, John Dewey oder George Herbert Mead als Vertreter des klassischen Pragmatismus sowie Richard Bernstein, Richard Rorty, Hillary Putnam oder Hans Joas als Vertreter des Neopragmatismus[3] verbergen. Zwischen den Werken der einzelnen Denker existieren zahlreiche Unterschiede, weswegen man streng gesehen nicht von *dem* (einen) Pragmatismus sprechen kann (Steiner 2014a: 91). Allen pragmatischen Philosophien gemein ist jedoch (1) ein Antifundamentalismus, (2) ein Fallibilismus, worunter eine erkenntnistheoretische Position zu verstehen ist, nach der es niemals absolute Gewissheit geben kann, (3) die Auffassung des sozialen Charakters des Selbst und der Notwendigkeit einer kritischen Gemeinschaft aus Forschenden, (4) ein Bewusstsein und eine Sensibilität für die Kontingenz und den Zufall, die das Universum, das Leben und wissenschaftliche Untersuchungen kennzeichnet und (5) ein Bekenntnis zu Pluralität (Bernstein 1989: 8ff). Da eine Beschreibung der Hintergründe und eine Ausdifferenzierung pragmatischer Perspektiven den Rahmen dieser Arbeit sprengen würde und ebenso wenig für die Beantwortung der drei Forschungsfragen zielführend wäre, wird sich dieses Kapitel ausschließlich den Grundzügen des klassischen Pragmatismus und hier insbesondere den Überlegungen von Dewey zuwenden[4] – dessen

---

3 Der Neopragmatismus ergänzt den klassischen Pragmatismus mit sprachtheoretischen Ansätzen.

4 Zur Übersicht unterschiedlicher pragmatischer Philosophien siehe beispielsweise Schubert et al. (2010). Einen Einstieg über die Anschlussfähigkeit und das Potenzial pragmatischer Perspektiven für die Geographie liefert Hepple (2008). In Steiner (2014a) findet sich eine Übersicht zu den Grundzügen des klassischen Pragmatismus sowie eine detaillierte Ausführung darüber, wie die Überlegungen von Dewey für eine

Philosophie für eine mehr-als-menschliche Geographie des Verbundenseins zahlreiche Anknüpfungspunkte bereithält.

2.1.1 Das Transaktionskonzept des klassischen Pragmatismus

Den Kern des klassischen Pragmatismus bildet die grundsätzliche Ablehnung der traditionellen Dualismen zwischen Geist und Körper, Kultur und Natur oder Subjekt und Objekt (Steiner 2014a: 89) sowie das Interesse, besser zu verstehen, wie Menschen zu den von ihnen akzeptierten Wahrheiten und ihrem Wissen gelangen[5]. Wahrheit und Wissen werden dabei zugleich als Ausgangspunkt wie auch als Ergebnis der Praxis von Erkenntnisprozessen verstanden, in denen sich menschliche Wissensbestände stetig dynamisch verändern. Wahrheit lässt sich demnach in pragmatischer Perspektive weder entdecken noch erfinden, sondern sie wird – wie Hickman (2004: 9) als einer der bekanntesten Dewey-Kenner feststellt – »vielmehr konstruiert, und zwar als Nebenprodukt aus Verfahren zur Lösung von Problemen«. Erkenntnis wiederum wird aufgefasst als ein Prozess, der die Gegenstände verändert, die es gleichzeitig zu erkennen gilt (Dewey 2001: 236). Sie basiert im Wesentlichen auf Erfahrung, die nach Dewey niemals nur auf einer kognitiven Ebene stattfindet, sondern im Sinne von »Er*leben*« (Steiner 2014a: 115) ebenso Körperlich-Leibliches, Affekte, Sinnliches und Emotionales umfasst und insofern auch materiell gedacht werden muss:

> »Es ist nicht die Erfahrung, die erfahren wird, sondern die Natur – Steine, Pflanzen, Tiere, Krankheiten, Gesundheit, Temperatur, Elektrizität und so weiter. Dinge die auf bestimmte Weise miteinander agieren, *sind* Erfahrung; sie sind das, was erfahren wird. Auf bestimmte andere Weise mit anderen natürlichen Objekten verknüpft – mit dem menschlichen Organismus –, sind sie ebenso die Art, *wie* Dinge erfahren werden. Erfahrung reicht so in die Natur hinunter; sie hat Tiefe. Ebenso hat sie Breite und das in einem unendlich elastischen Ausmaß« (Dewey 1995: 18).

Über Erfahrung treten wir demzufolge mit unserer Mitwelt in Verbindung, durch sie erkennen wir fortlaufend Neues und verändern uns und unser Welt-

---

geographische Mensch-Umwelt- bzw. Mitwelt-Forschung fruchtbar gemacht werden können.

5 Teile dieses Kapitels basieren auf den Publikationen Schröder & Steiner (2020) und Steiner & Schröder (2022), die ergänzt und weiterentwickelt wurden.

bild dabei rekursiv. Oder anders formuliert: Wir existieren nicht bereits vor den Praktiken des Erfahrung-Machens, sondern konstituieren uns erst durch dieselben. Dewey und Bentley beschreiben dieses unauflösbare Gefüge, welches sich

> »[n]ur in der reflexiven Analyse in äußere Bedingungen – eingeatmete Luft, eingenommene Nahrung, begangener Boden – und interne Strukturen – atmende Lungen, verdauender Magen, laufende Beine – auseinander[brechen lässt]« (Dewey 1995: 25f)

als »organism-in-environment-as-a-whole«[6] (Dewey & Bentley 1949: LW 16.109)[7]. Diese Idee der prozessualen Verwobenheit von Geist und Körper überträgt Dewey nicht nur auf sein Verständnis von Menschen, sondern ebenso auf mehr-als-menschliche Akteure und jedwede Materie, die er als eine Art zeitlich und räumlich ausgedehntes Ereignis (*event*) versteht:

> »Even the solid earth mountains, the emblems of constancy, appear and disappear like the clouds. A thing may endure yet not be everlasting; it will crumble before the gnawing tooth of time, as it exceeds a certain measure. Every existence is an event« (Dewey 1996: LW 1.63).

Grenzziehungen werden dadurch fließend und das gilt beispielsweise auch für jene zwischen Menschen und Tieren, da alle Lebewesen in der pragmatischen

6 Die Unterscheidung zwischen Organismus und Umwelt kann hier nur als eine analytische Separierung und als keine ontologische angesehen werden. Denn im Verständnis von Dewey wirken organische Reaktionen auf einen Gegenstand oder auf ein Phänomen nicht *auf diese*, sondern *in diese* hinein (Dewey 1996: 358). Das heißt organische Aktivität ist nicht nur auf den Organismus selbst beschränkt, sondern ebenso »in processes across and ›through‹ skins as in processes ›within‹ skins« (Dewey 1996: LW 16.119). Diese Aufhebung der Unterscheidung von Organismus und Umwelt ist Teil von Deweys umfassenden pragmatischen Bemühungen, traditionelle philosophische Dualismen von Subjekt und Objekt, Geist und Körper sowie Kultur und Natur aufzulösen.

7 Deweys umfangreiches Werk wurde mit 37 Bänden in »The Collected Works of John Dewey, 1882–1953« (1996) zusammengefasst. Einige Zitationen in diesem Kapitel beziehen sich auf diese Werksausgabe, wobei die darin enthaltenen Beiträge nochmals in die Perioden der Early Works (EW, 1882–1898), Middle Works (MW, 1899–1924) und Late Works (LW, 1925–1953) unterteilt sind. Für die Zitation der Ausgabe hat sich eine Standardzitation herausgebildet, in der zuerst die Periode angegeben wird, danach die Bandnummer und schließlich die Seitenzahl. Die Zitationsangabe LW 16.109 bezeichnet demnach den 16. Band der Late Works, Seite 109.

Auffassung nicht in sich geschlossen, sondern mit ihrer Mitwelt durch leibliche und sinnliche Erfahrungen verwoben sind. Dewey zufolge benötigt es also ein Zusammendenken von Geist und Körper, da es »reinen« Sinn ohne materiellen Bezug nicht geben kann. Weder denken, sprechen, sehen, hören, riechen noch fühlen geschieht ausschließlich über den Verstand oder alleine durch den Körper. Unsere Gedanken bleiben vielmehr in einem körperlich-leiblichen Prozess verankert und können ohne deren viszerale Komponente auch gar nicht vermittelt und verstanden werden (Dewey & Bentley 1949: LW 16.138)[8]. Aufbauend auf der sich hieraus ableitbaren Auflösung zwischen Geist und Körper etabliert Dewey den Begriff der »Transaktion« (Dewey & Bentley 1949: LW 16.4), mit dem er die wechselseitige Beziehung zwischen Menschen und ihrer Mitwelt zu fassen versucht[9]. Transaktionen sind weder ausschließlich durch interne leibliche Prozesse noch durch externe Veränderungen erklärbar, sondern gehen aus der immanenten Integration von Organismus und Mitwelt hervor. Das Konzept der Transaktion beschreibt daher ein Agieren, das immer nur relational und damit nur auf der Basis der Aktionen anderer an der Transaktion beteiligten Akteure (= »Transakteure«) stattfindet und nicht als von diesen unabhängig betrachtet werden kann (Steiner 2014: 224)[10]. Damit

8 Dewey & Bentley (1949: LW 16.112) weisen in dem Zusammenhang auch entschieden die Entkopplung von Sprache und Materie zurück. Für sie sind Worte und Bedeutungszuweisungen vielmehr ein Modus des sich In-Beziehung-Setzens von Organismus und Umwelt. Mit Deweys Idee der »body-minds« (Dewey 1996: LW 3.27) soll diese Kritik zum Ausdruck gebracht werden.

9 Die Ausformulierung der Idee der Transaktion spannt sich in Deweys Werken über fast 25 Jahre und ist daher schwierig zu rekonstruieren. Erste Überlegungen zu seiner Transaktionstheorie finden sich in »Experience and Nature« (1925) und werden dann im Wesentlichen in seinem Essay »Body and Mind« (1927) sowie in »Logic: The Theory of Inquiry« (1938) weiterentwickelt. In seinem Spätwerk »Knowing and the Known« (1949) greift er die Idee zusammen mit Arthur F. Bentley erneut auf und formuliert sie genauer aus (Steiner & Schröder 2022).

10 Hilfreich für ein besseres Verständnis des Transaktionsbegriffs nach Dewey ist Sullivans (2001: 15f) Metapher des »Eintopfs«. Der Eintopf hilft Differenz und Kontinuität zusammen zu denken, denn in einem Eintopf verschmilzt das Gemüse weder miteinander, wie in einer pürierten Suppe, noch bleibt es isoliert und getrennt wie in einem Salat. Vielmehr vermischen sich die Zutaten in ko-konstitutiver Weise, sie durchdringen sich gegenseitig durch ihre Aromen und sind – wenn der Eintopf fertig ist – nicht mehr das, was sie vorher waren. Jedes Gemüse im Topf hat zur Transformation der anderen beigetragen.

grenzt sich Dewey bewusst vom Konzept der Selbstaktion ab, welches von unabhängig voneinander existierenden Entitäten ausgeht, die miteinander agieren und mit den ihnen innewohnenden Kräften etwas bewirken können. Ebenso widerspricht die Idee der Transaktion interaktionistischen Denkweisen, die zwar die Vorstellung von eigenständigen Entitäten ablehnen, jedoch die Dinge in der Welt in geschlossenen Systemen imaginieren, deren Elemente auf der Basis des jeweils anderen operieren und deren Verhältnis durch aufeinander abgestimmte, kausal geprägte Beziehungen gekennzeichnet ist. Hierhinter verbirgt sich also die Annahme, dass sich das Ganze durch die Summe seiner Teile bestimmen lasse (Steiner & Schröder 2022).

Eine transaktionistische Perspektive auf die Welt geht demgegenüber von einem evolutionären und organischen Verständnis der Welt aus, in der Entitäten nicht mehr unabhängig von ihrem Umfeld verstanden werden können (Dewey & Bentley 1949: LW 16.71). In dieser Lesart des holistisch und sich dynamisch wandelnden Ganzen (*full subjectmatter*, Dewey & Bentley 1949: LW 16.113), ist das wechselseitige Zusammenwirken aller Teile eines Systems zum Erhalt des Ganzen notwendig. Komplexe Gegenstände und Zusammenhänge zeichnen sich dementsprechend dadurch aus, dass sie sich nicht allein aus der Summe ihrer Teile verstehen lassen. Vielmehr können sie nur in Relation zu allen anderen Teilelementen mit ihrer prozessualen und dynamischen Verwobenheit untereinander bestimmt werden. Damit verändert sich auch das Verständnis von Menschen und anderen Lebewesen, deren Unterschiede sich nun nicht mehr biologisch und damit auf der Grundlage eines Artenverständnisses begründen lassen, sondern über die Komplexität ihrer Transaktionen. Ebenso verändert sich das Verständnis von Dingen, die nun nicht mehr als etwas Statisches begriffen werden – wie in interaktionistischer Perspektive – sondern im Sinne einer »stability that is not stagnation but is rhythmic and developing« (Dewey 1958: 25). In transaktionistischer Perspektive hat die Unterscheidung von Dingen (*thing*) und Aktivitäten (*action*) sogar aufgrund deren Ereignishaftigkeit immer nur einen provisorischen Charakter (Dewey & Bentley 1949: LW 16.113). Ontologisch einzelne Phasen oder Aspekte eines untersuchten Ereignisses abzugrenzen, um die betrachteten Geschehnisse durch die Aktionen voneinander unabhängiger Entitäten oder interagierender Elemente zu erklären, ist deshalb in einer pragmatischen Perspektive nicht mehr vorgesehen (ebd.: LW 16.112). Vielmehr verändern alle Transakteure im Rahmen ihrer Transaktionsprozesse performativ und rekursiv die Bedingungen, unter denen sie selbst und andere Transakteure existieren und transagieren. Die Welt ist deshalb geprägt von emergenten Prozessen, die eine historische Abfolge situativ einzigartiger Ereignisse hervorbringen (Dewey 1996: LW 1.5f). Hierin liegt auch die Begründung dafür, weshalb der Pragmatismus die Beziehungen in der Welt als temporären Ausdruck eines stetigen dynamischen und prinzipiell unvorhersehbaren Veränderungsprozesses begreift. Einzelaspekte eines Gesamtgefüges lassen sich daher nur in Relation zu dessen anderen Teilen bestimmen.

Die logische Folge einer solchen Sichtweise ist die, dass kein Transakteur die volle Kontrolle über ablaufende Ereignisse besitzt, da alle – menschliche wie mehr-als-menschliche Entitäten – als Teil des komplexen Ganzen den Einflüssen von und Ereignissen in ihrer Mitwelt ausgesetzt sind. Die Handlungs- und Wirkmächtigkeit muss daher in einer transaktionistischen Perspektive als *distributed agency* gedacht werden, die sich auf die relational verwobenen Elemente verteilt. Ein solcher Blick auf die Welt kann in ontologischer Hinsicht und mit Hampe (2013: 57) gesprochen, als »revisionär« eingestuft werden. Das heißt die transaktionistische Sichtweise nach Dewey repräsentiert eine Sichtweise, die »im Widerspruch zu dem steh[t], was [in der (westlich geprägten) Gesellschaft] allgemein geglaubt wird oder dem alltäglichen Handeln als gedankliche Voraussetzung unterstellt werden muss« (ebd.).

2.1.2 Die Rolle des Pragmatismus in der Geographie und im mehr-als-menschlichen Kontext

Die Philosophie von Dewey und pragmatische Ansätze im Allgemeinen werden von Geograph:innen bis heute vergleichsweise wenig rezipiert. Dies liegt u.a. darin begründet, dass erkenntnistheoretische Fragen in der Geographie lange Zeit eine untergeordnete Rolle spielten (Arnreiter & Weichhart 1998: 76f) und sich Vertreter:innen des Faches lange (kritisch-)realistischen und positivistischen Forschungsansätzen zuwendeten (Steiner 2014a: 155). Seit etwa 20 Jahren mehren sich nun – wenn auch in überschaubarer Zahl – Beiträge, die in den Perspektiven des klassischen und des Neopragmatismus Anknüpfungspunkte finden und diese versuchen für verschiedene geographische Disziplinen fruchtbar zu machen. So diskutiert im angloamerikanischen Kontext beispielsweise Cutchin (1999, 2001) das Potenzial der Überlegungen Deweys' für eine philosophisch fundierte Gesundheitsgeographie, Hepple (1995) schlägt eine pragmatische Perspektive für eine empirische Politische Geographie vor und veröffentlicht 13 Jahre später einen Beitrag, in dem er nicht nur für die Human- sondern auch für die Physische Geographie Potenziale im Hinblick auf die Anwendung pragmatischer Ansätze ausmacht (Hepple 2008).

Die Verbindung zwischen dem Place-Konzept und dem Pragmatismus gelingt Barnes (2008), der diesen außerdem gemeinsam mit Sheppard für die Wirtschaftsgeographie fruchtbar macht (Barnes & Sheppard 2010). Jones (2008) wiederum liefert einen Beitrag zu den theoretischen und methodologischen Verbindungslinien zwischen der nicht-repräsentationalen Theorie und pragmatischen Überlegungen und lotet deren Potenziale für die Geographie aus, während sich Bridge (2004, 2008) in einem städtisch-geographischen Kontext bewegt und urbane Entwicklungsprozesse vor dem Hintergrund des Pragmatismus neu interpretiert und am Beispiel performativer städtischer Räume eine Verknüpfung zwischen Dewey's Kritik an der Geist-Körper-Dichotomie und der Theorie kommunikativen Handelns nach Habermas herstellt.

In der deutschsprachigen Geographie ist es zunächst Weichhart (1991) der Dewey's Transaktionstheorie aufgreift und deren Implikationen für die Humanökologie diskutiert. Es folgen Beiträge von Steiner (2009a, 2009b, 2012, 2014a, 2014b), der in der pragmatischen Philosophie von Dewey und dem dazugehörigen Transaktionskonzept Potenziale sowohl für die Wirtschaftsgeographie als auch die Erforschung von Mensch-Mitwelt-Verhältnissen erkennt, sowie von Geiselhart (2010), der eine pragmatisch inspirierte geographische Risikoforschung vorstellt und sich method(olog)ischen Fragen bzw. der Grounded Theory zuwendet – einem Forschungsstil, der auf pragmatischen Überlegungen beruht (Geiselhart et al. 2012).[11]

In jüngerer Zeit – und damit beziehe ich mich auf die vergangenen zehn Jahre – blieben pragmatisch inspirierte Beiträge in der Geographie weiterhin randständig. Es sind hier Barnett & Bridge (2013), die mithilfe einer pragmatisch-philosophischen Brille, angelehnt an Dewey, ein neues Nachdenken über Geographien der Demokratie anstreben. Dazu entwerfen sie am Beispiel transnationaler und städtischer Politik das Konzept des »transaktionalen Raums«, mit dem das Verständnis von Partizipation einerseits und Institutionalisierung des demokratischen Willens andererseits, neu konfiguriert werden soll. Bridge entwickelt sich in der englischsprachigen Geographie zu einem, wenn nicht zu *dem* Hauptvertreter der pragmatischen Philosophie

---

11 Die bis hierhin zitierte Liste an pragmatisch angelehnten Beiträgen in der angloamerikanischen und deutschsprachigen Geographie ist bewusst nicht vollständig gehalten und soll zunächst als eine erste Übersicht auf mögliche Anknüpfungen geographischer Forschungsbereiche an pragmatische Hintergründe verweisen. Eine lückenlose Aufarbeitung des entsprechenden Forschungsstandes bis zum Jahr 2012 kann in Steiner (2014a: 154ff) nachgelesen werden.

Deweys. Er denkt die Idee des »transaktionalen Raums« weiter und verbindet sie mit Themenfeldern wie soziales Lernen und Stadtplanung (Bridge 2013). Er stellt Verbindungen zwischen dem Pragmatismus und marxistischer Theorie her und macht diese für die kritische Stadtforschung fruchtbar (Bridge 2014), liefert einen neuen Zugang in Hinblick auf das Verständnis der Dynamik von Gewohnheiten (Bridge 2020) oder widmet sich den Einflüssen des Pragmatismus und dessen anhaltender Relevanz für Assemblage-Denken und die ANT (Bridge 2021). Ebenfalls angelehnt an Dewey ist der Beitrag von Holifield (2018), der erstmals die Grundzüge einer pragmatisch orientierten politischen Stadtökologie skizziert und diese als Grundlage für seine Analyse der Rolle städtischer Grünflächen bei der Bildung von Öffentlichkeit einsetzt. Harney et al. (2016), die einen sogenannten »Prozesspragmatismus« zur Untermauerung engagierter Forschung in der Humangeographie entwickeln sowie Shannon et al. (2021), die unter Berücksichtigung der pragmatischen Philosophie Deweys eine Gemeinschaftsgeographie (*community geography*) neu konzipieren, verfolgen wiederum anwendungsorientierte Perspektiven. Auch im weiteren Feld der Gesundheitsgeographie sind zwei neuere Beiträge mit Bezug zum klassischen Pragmatismus erschienen. Hier ist es erneut Geiselhart (2015), der als Vertreter der deutschsprachigen Geographie die Fruchtbarkeit eines pragmatischen Konzepts von Praxis für die Analyse medizinischer Praxisfelder in Botswana aufzeigt und es sind Finlay & Rowles (2021), die einen pragmatischen Ansatz für ihren Entwurf einer klinischen Geographie verwenden, um u.a. das körperlich-geistige Wohlbefinden von Patient:innen durch die (Wieder-)Herstellung des An-einem-Ort-Seins zu fördern. Meine eigenen Publikationen zusammen mit Christian Steiner verfolgen das Ziel, einen Beitrag zur Etablierung einer pragmatischen Perspektive in den neuen Tiergeographien und den mehr-als-menschlichen Geographien zu leisten, wozu sie das empirische Potenzial des Ansatzes für die Analyse dynamischer Mensch-Tier-Verhältnisse ausloten (Schröder & Steiner 2020; Steiner & Schröder 2022)[12].

Dass die Philosophie des klassischen Pragmatismus neue Aufschlüsse über Mensch-Tier-Verhältnisse geben kann, haben auch – wenngleich mit einem anderen Fokus – Vertreter:innen der Philosophie erkannt. So stellen McKenna & Light (2004) die Verlinkung zwischen Pragmatismus und Mensch-Tier-Beziehungen erstmals her und veröffentlichen dazu einen Sammelband

12 Der in diesem Absatz skizzierte Forschungsstand zum Thema Pragmatismus und Geographie ist nahezu vollständig bzw. bin ich im Zuge meiner Recherche auf keine weiteren geographischen Arbeiten mit pragmatischen Bezug gestoßen.

mit Beiträgen aus der Tierethik. Einer hiervon ist jener von Fesmire (2004), der die Dewey'sche Ethik bezogen auf Mehr-als-Menschliches weiterentwickelt und diese als Neubeschreibung einer Moraltheorie verstanden sieht, welche die Verwandtschaft zwischen Mensch und Tier sowie die Bedeutung von Empathie für das Verständnis von Mensch-Tier-Relationen anerkennt. Sieben Jahre später folgt eine Publikation von Kupper & De Cock Buning (2011), in der sich die Autoren gegen eine monistische Tierethik wenden und stattdessen eine pragmatisch-pluralistische Perspektive nahelegen, in der nicht mehr nach einer einzigen wesentlichen Eigenschaft gesucht wird, aus der sich die moralische Stellung von Tieren ableiten ließe. Während sich die bis hierhin zitierten Beiträge aus der Tierethik eher auf die Philosophien der klassischen Pragmatisten beziehen, liefert Hadley (2019) einen Beitrag mit neopragmatischen Bezug und stellt anhand von Tierschutz- und Tierrechtsdebatten die Rolle von Sprache in den Mittelpunkt philosophischer Analyse. Weniger auf tierethische Fragen bezieht sich die Anthropologin Servais (2018), die das Verständnis des Anthropomorphismus als eine Zuschreibung menschlicher Eigenschaften gegenüber Tieren kritisch hinterfragt und dieses vor dem Hintergrund des Pragmatismus als »situated direct perception of human properties by someone who is engaged in a given situation and sensitive to what the animal is doing to them« (ebd.: 1) neu konzeptualisiert. Den jüngsten Beitrag liefert Reynolds (2021) aus der Philosophie, der den Pragmatismus als einen Versuch der Wiedererlangung eines Gefühls für die »Animalität unseres Denkens« (ebd.: 95) versteht, im Sinne eines *becoming animal* (Deleuze & Guattari 1987, s. Kap. 3.2), einem Konzept bei dem die menschliche Perspektive zugunsten des/r zu untersuchenden Tiere/s in den Hintergrund gerückt wird.

Wie in diesem Abschnitt gezeigt werden konnte, bieten pragmatische Perspektiven einige Anschlusspunkte an geographische Subdisziplinen sowie Forschungsgegenstände und werden – wenn auch äußerst marginal – im Kontext von Untersuchungen zu Mensch-Tier-Verhältnissen eingesetzt. Inwiefern der Pragmatismus eine mehr-als-menschliche Geographie perspektivisch bereichern kann, er für die Erforschung und Beschreibung komplexer Mensch-Tier-Beziehungen anwendbar ist und welche konzeptionellen Konsequenzen dies mit sich bringt, ist Gegenstand der folgenden Ausführungen.

2.1.3 Entwicklung einer pragmatischen Geographie von Mensch-Tier-Verhältnissen

Um die Anschlussfähigkeit einer pragmatischen Perspektive an die mehr-als-menschlichen Geographien herstellen zu können, diskutiere ich zunächst deren zentrale Überschneidungspunkte[13]. Sowohl eine pragmatisch-transaktionistische Perspektive als auch eine Reihe von Ansätzen innerhalb der mehr-als-menschlichen Geographien teilen eine relationale Weltauffassung, in der Entitäten nicht getrennt voneinander betrachtet werden können. Im Rahmen letzterer wird hier beispielsweise mit Verweis auf Haraway (2003, 2008) von einer Ko-Konstitution menschlicher und mehr-als-menschlicher Akteure gesprochen, die als situierte, materiell-semiotische Knoten zu verstehen und unauflösbar miteinander verwoben sind. Damit wird die in der Moderne stattfindende Grenzziehung zwischen Menschlichem und Mehr-als-Menschlichem bzw. zwischen Kultur und Natur ontologisch in Frage gestellt, was ebenso ein zentrales Anliegen von pragmatisch-transaktionistischen Perspektiven darstellt. Überdies lenken mehr-als-menschliche Ansätze ihren Blick, ähnlich wie der Pragmatismus – in dem die Transformation des Erkenntnisgegenstandes und insofern der Wandel im Zentrum der Betrachtung steht (Suhr 2005: 139f) – vor allem auf Veränderungsprozesse, wobei hier in ersteren vor allem die Bedeutung von *agency* eine zentrale Rolle einnimmt. Die Überlegung, die Handlungs- und Wirkmächtigkeit von Tieren, Pflanzen, Viren oder Artefakten anhand ihrer Wirkung auf andere Elemente innerhalb eines relationalen Systems zu verstehen, kommt dem pragmatischen Grundsatz sehr nahe. Dieser begreift die Wirkung bzw. die Konsequenzen einer Denkfigur nämlich als entscheidend dafür, ob eine Idee sich experimentell bewährt und insofern als wahr betrachtet werden kann (Steiner 2014a: 92f). Ähnlich wie in den neuen Tiergeographien konzeptualisiert eine pragmatisch-transaktionistische Perspektive Menschen und Tiere als in und durch ihre verkörperten Praktiken mit der Welt verbunden, weswegen eine prozessorientierte Betrachtung der Beziehungen von Menschen und Tieren zu ihrer Mitwelt über sinnliche und affektive Körpererfahrungen im Zentrum beider Denkschulen steht. Gleichzeitig knüpft eine pragmatische Perspektive an die entwickelten nichtdualistischen und metatheoretischen Perspektiven in den *animal geographies* an. Sie bietet ein theoretisches Gebäude für die Auflösung

13 Einige Abschnitte dieses Kapitels basieren auf der Publikation Schröder & Steiner (2020) und wurden ergänzt und weiterentwickelt.

dualistischer und hierarchischer Denkfiguren im Kontext von Mensch und Tier sowie die ontologische Begründung einer verteilten Handlungs- und Wirkmächtigkeit mithilfe des Transaktionskonzepts, welches vor allem die einmalige Ereignishaftigkeit, Prozessualität, Verwobenheit und relationale Veränderlichkeit der gemeinsamen Mitwelt von Menschen und Tieren in den Blick nimmt und damit ein neues Verständnis der Beziehungen zwischen denselben eröffnet.

Transaktionsfelder, Trans-Mittler und Trans-Artefakte

Abgeleitet aus den geschilderten theoretischen Überlegungen wird zur besseren Veranschaulichung und empirischen Inwertsetzung einer pragmatisch-transaktionistischen Perspektive, ein Transaktionskonzept entwickelt (Abb. 2, Schröder & Steiner 2020). Mit dessen Hilfe lässt sich die Komplexität von Mensch-Wildtier-Beziehungen am Beispiel des Wolfes empirisch versteh- und greifbar machen[14]. In der Analyse legt das Konzept seinen Schwerpunkt auf die Veränderungen, Dynamiken und Rückkopplungseffekte im Gesamtgefüge ihrer gemeinsamen Mitwelt, die sich aus der transaktiven Beziehung und der *agency* der Transakteure entwickeln. Gerade weil die Identifikation und Sichtbarmachung von dynamischen Veränderungs- und Rückkopplungsprozessen in unterschiedlichen Dimensionen eines holistisch zu denkenden und sich ebenfalls permanent wandelnden Gesamtgefüges enorm komplex ist, erscheint es sinnvoll, für die Untersuchung des Zusammenlebens zwischen Mensch und Wildtier ein Analyseschema zu entwickeln, das nicht nur ermöglicht, das empirische Feld besser zu ordnen und damit zugänglich zu machen, sondern mit dessen Hilfe auch der Fokus auf die Dynamiken und Verwobenheiten im Feld gelenkt wird.

14 An dieser Stelle sei ausdrücklich erwähnt, dass es sich bei der analytischen Separierung im Rahmen des Transaktionskonzepts um keine ontologische handelt, sondern diese vielmehr dazu dienen soll, die komplexe transaktive Wirklichkeit besser beschreibbar zu machen.

Abb. 2: Der Entwurf eines Transaktionskonzepts zur pragmatisch-transaktionistischen Analyse von Mensch-Wolf-Beziehungen.

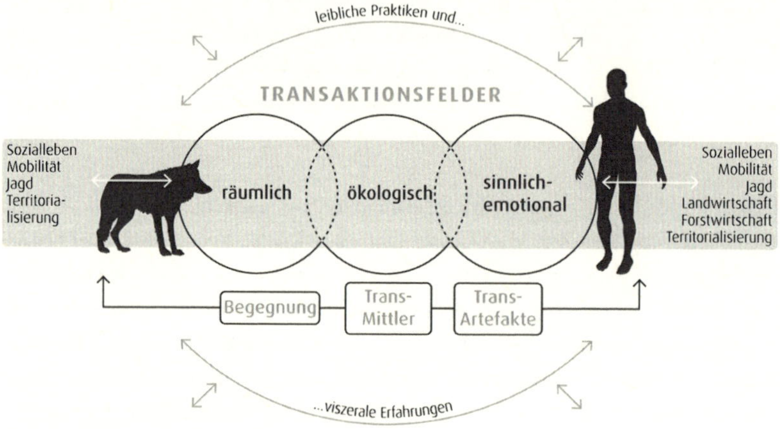

Quelle: verändert nach Schröder & Steiner 2020

Zu diesem Zweck können zunächst sogenannte »Transaktionsfelder« festgelegt werden, worunter unterschiedliche Dimensionen von Mensch-Wolf-Beziehungen zu verstehen sind, innerhalb derer Menschen und Wölfe miteinander transagieren und es folglich zu Veränderungsprozessen und Rückkopplungseffekten im Mensch-Mitwelt- bzw. Wolf-Mitwelt-Transaktionsgefüge kommt. Die Auswahl der Felder wird dahingehend getroffen, dass sie sowohl für den Mensch als auch für das in der Beziehung zu untersuchende Tier – in diesem Fall den Wolf – eine Relevanz haben müssen, wodurch einerseits eine menschzentrierte Herangehensweise an den Forschungsgegenstand minimiert und andererseits der Fokus auf die wechselseitig aufeinander bezogenen Aktivitäten geschärft wird. Darüber hinaus macht die analytische Unterscheidung der Transaktionsfelder deutlich, dass sich die Veränderungen von Erfahrungen und Praktiken von Mensch und Wolf im Kontext der Wolfsrückkehr in verschiedenen und sich überlappenden Dimensionen vollziehen, welche, wie die empirische Beobachtung später gezeigt hat, in erster Linie Aktivitäten im Rahmen des Soziallebens, der Mobilität, Jagd sowie Land- und Forstwirtschaft betreffen und mit denen oft innerhalb und zwischen den Spezies konkurrierende Territorialisierungen des Raumes verbunden sind. Die identifizierten Transaktionsfelder verdeutlichen mit ihrem ganzheitlichen Blick, dass es nicht hinreichend ist, nur die Transakteure selbst zu betrachten, sondern dass auch deren Wirkung und Einbettung in strukturelle Kontexte – ökologische, gesellschaftliche und institutionelle – bei der Untersuchung von Mensch-Wolf-Verhältnissen berücksichtigt werden müssen, wenn man die Transaktionen der Transakteure besser verstehen will. Da sich Menschen (und andere Lebewesen) in einer pragmatisch-transaktionistischen Perspektive Welt niemals nur kognitiv, sondern vor allem über verkörperte Erfahrungsprozesse aneignen und insofern jedes Aufeinandertreffen bzw. jeder Moment zwischen Mensch und Tier untrennbar mit der Ebene von Gefühlen verbunden ist, lenkt das entworfene Analysekonzept seinen Blick darüber hinaus auf die spezifischen leiblich-affektiven und sinnlich-emotionalen Verbindungen zwischen den Transakteuren. Diese zum Teil unsichtbaren und daher nur schwer greifbaren Verwobenheiten können in der direkten Begegnung, über andere Lebewesen, hier als »Trans-Mittler« bezeichnet (im Fall des Wolfes bspw. Rothirsche, Schafe, Hunde) oder über nichtlebendige Entitäten, hier »Trans-Artefakte« (bspw. Zäune, Wildtierkameras, Waffen, Naturschutzgesetze) hergestellt werden. Gerade um das im Falle von Wolf und Mensch verhältnismäßig umfangreiche indirekte Transaktionsgefüge besser greifbar zu machen, sind die Konstrukte der Trans-Mittler und Trans-Artefakte besonders hilfreich. Aus den direkten und indirekten Transaktionen und ihren strukturellen, ökologischen und sozialen Wirkungen, die sich quasi wellenförmig ausbreiten, ergeben sich wiederum unterschiedliche Rückkopplungseffekte auf das Gesamtgefüge der Mitwelt und die untersuchten Transakteure selbst.

Das entwickelte Analyseschema stellt einen ersten Versuch dar, die theoretischen Überlegungen von Dewey & Bentley (1949) zu Transaktion in eine mehr-als-menschliche Empirie zu übertragen, um so in komplexen Mensch-Tier-Beziehungen auf die organisch-relationale Verwobenheit in unterschiedlichen Transaktionsfeldern zu fokussieren. Im Ergebnisteil dieser Arbeit (s. Kap. 4) wird hierauf wieder Bezug genommen und die Fruchtbarkeit der Anwendung des Konzepts dargelegt.

2.2 Agentieller Realismus als quantenphysikalischer Schlüssel für die Untersuchung materiell-diskursiver Verstrickungen

Die Ontologie, oder besser gesagt, die »Onto-Epistemo-logie« (Barad 2012: 100) des agentiellen Realismus geht auf die Physikerin und feministische Wissenschaftstheoretikerin Karen Barad (2003, 2007, dt. Version 2012) zurück[15]. Ihren Ansatz entwickelt sie aus einer doppelläufigen Kritik am Repräsentationalismus der Sozial-, Geistes- und Kulturwissenschaften einerseits und der Blindheit der Naturwissenschaften für gesellschaftliche Fragen der Wohlstands- und Machtverteilung andererseits. Den Repräsentationalismus macht sie dabei gemeinsam mit dem metaphysischen Individualismus und dem Humanismus für die Aufrechterhaltung einer anthropozentrischen Weltanschauung verantwortlich, die den Mensch in den Mittelpunkt stellt und dabei von der Welt abtrennt. In ihrem vielzitierten Aufsatz zu »Agential Realism: How material-discursive practices matter« (Barad 2003) lehnt sie daher den repräsentationalistischen Glauben an die Macht von Sprache und Zeichen bei der Konstitution unserer Wirklichkeitsvorstellungen ab und stellt infrage, weshalb nur der Sprache eine eigene *agency*[16] und Historizität zugestanden wird, während Materie (oder Materialität) als passiv und unveränderbar, oder im Hinblick auf ihr Veränderungspotenzial bestenfalls als ein Ergebnis diskursiver Praktiken gedacht wird. An den Naturwissenschaften wiederum kritisiert sie, dass diese zu wenig Verantwortung in Hinblick auf die unterschiedliche Verteilung von Wohlstand, Ressourcen, Privilegien und Benachteiligungen übernehmen, zu denen sie wesentlich beitragen und so nicht zuletzt auch das Wesen von Macht (bspw. Atommacht, Biomacht) bearbeiten würden (Barad 2015: 175). Sie verfolgt daher in ihrem Ansatz das Ziel, soziale, ökologische und ökonomische Schieflagen aufzudecken. Dabei geht es ihr insbesondere um die Offenlegung rassistischer, kolonialistischer und sexistischer Ungerechtigkeiten, welche sie mit (natur-)wissenschaftlichen Praktiken in Zusammenhang sieht und weshalb sie ihre Vertreter:innen sowie alle anderen Menschen auch, als tätigen Teil des materiellen Werdens der Welt, in die Verantwortung nimmt. Fragen zu gesellschaftlichen Verhältnissen und Macht würden sich also nicht ergänzend zu den Naturwissenschaften stellen, sondern seien von naturwissenschaftlichem Theoretisieren und Experimentieren untrennbar zu denken (ebd.: 205).

15 Einzelne Abschnitte dieses Kapitels wurden direkt aus der Publikation Steiner & Schröder 2022 übernommen.

16 Barad versteht *agency* nicht als Attribut von Entitäten oder als demokratisch verteilt in einer Assemblage aus Menschen und Mehr-als-Menschlichem, sondern als »enactment, a matter of possibilities for reconfiguring entanglements« (Interview mit Karen Barad in Dolphijn & van der Tuin 2012: 54).

Vor diesem Hintergrund beabsichtigt Barad mit ihrem agentiell-realistischen Ansatz das Denken in Mensch-Natur-Dichotomien zu überwinden, wozu sie einerseits die Performativität von Diskurspraktiken und andererseits die aktive Teilhabe von Materialität am Werden der Welt betont[17]. Diese Dynamik und Aktivität von Materialität beschreibt Barad (2014: 164f, zit.n. Barad 2015: 206) folgendermaßen:

> »Doch das Leben, sei es organisch oder unorganisch, belebt oder unbelebt, ist kein sich entfaltender Algorithmus. Elektronen, Moleküle, Schlangensterne, Quallen, Korallenriffe, Hunde, Felsen, Eisberge, Pflanzen, Asteroiden, Schneeflocken und Bienen weichen von allen kalkulierbaren Pfaden ab, machen hier und da Sprünge, oder besser: erzeugen durch ihre Sprünge das Hier und Da; sie verschieben gewohnte Muster von Praktiken, sie testen die Wasser dessen, was vielleicht noch sein wird/gewesen ist/noch immer sein könnte, und machen Gedankenexperimente mit ihrem Sein. Gedankenexperimente sind materielle Angelegenheiten.«

Im onto-epistemo-logischen Konzept von Barad wohnt demnach jedem menschlichen und mehr-als-menschlichen Sein eine Unbestimmtheit inne. Ihre Argumentation baut dabei im Wesentlichen auf die Physik und Philosophie von Niels Bohr auf, der für sein Quantenmodell des Atoms im Jahr 1922 den Nobelpreis erhielt und der auf der Basis von empirischen Befunden feststellte, dass den Dingen keine inhärenten spezifischen Grenzen oder Eigenschaften zuzurechnen sind. Er bricht damit mit den philosophischen und dualistisch geprägten Überlegungen von Demokrit und René Descartes sowie mit der (Meta-)Physik von Isaac Newton, die teilweise noch heute das naturwissenschaftliche Weltbild prägen. Neben den Arbeiten von Bohr sind es außerdem die Werke von Emmanuel Lévinas, Michel Foucault, Judith Butler und Donna Haraway, auf welche Barad in ihrer Beschreibung des agentiellen Realismus immer wieder Bezug nimmt. Wie die Bezeichnung ihres Ansatzes nahelegt, bekennt sich Barad zu einer realistischen Haltung in ihrem theoretischen Rahmen, wobei sie – und das ist ihr wichtig – Realismus und Sozialkonstruktivismus nicht als Widerspruch denkt. Vielmehr grenzt sie sich von Diskussionen ab, die den Realismus in Opposition zum Relativismus set-

---

17 Aufgrund dieser Neukonzeptualisierung von Materialität werden Barads Arbeiten mit der Entwicklung des Neuen Materialismus in Verbindung gebracht (s. Kapitel 1.1).

zen oder die naturwissenschaftliche Erkenntnisse als einen Spiegel der Natur verstehen (Barad 2015: 11), was sie mit dem folgenden Zitat unterstreicht:

»Die Tatsache, dass naturwissenschaftliches Wissen sozial konstruiert ist, impliziert nicht, dass Naturwissenschaft nicht ›funktioniert‹, und die Tatsache, dass Naturwissenschaft ›funktioniert‹, bedeutet nicht, dass wir menschenunabhängige Fakten über die Natur entdeckt haben. Selbstverständlich ist die Tatsache, dass empirische Adäquatheit kein Beweis für Realismus ist, nicht der Endpunkt, sondern der Startpunkt für Konstruktivist:innen, die erklären müssen, wie es kommt, dass unsere Konstruktionen funktionieren – eine Verpflichtung, die angesichts der zunehmend überwältigenden Belege, dass die soziale Praxis von Naturwissenschaften konzeptuell, methodologisch und epistemologisch mit spezifischen Machtachsen alliiert ist, noch viel dringlicher scheint« (Barad 2015: 10).

Sozialkonstruktivistische und physikalische Einsichten werden bei Barad zu diesem Zweck diffraktiv gelesen[18], woraus sich ihrer Ansicht nach eine erhellende Vorstellung des Kulturellen und Natürlichen ergibt. Denn indem man sich »von der repräsentationalistischen Falle der geometrischen Optik der Widerspiegelung weg[bewegt] [in denen sich sozialkonstruktivistische und traditionell realistische Ansätze verstricken] und den Fokus auf die physikalische Optik, auf Fragen der Streuung anstatt der Reflexion [verlagert]« (Barad 2012: 12), wird deutlich, dass es kein absolutes Außen gibt, dass die Wahrnehmung eines Objektes niemals ein Objekt so spiegeln kann wie es ist. Barad stößt mit ihrem Ansatz damit eine dreifache Abgrenzungsbewegung an:

»The ontology I propose does not posit some fixed notion of being that is prior to signification (as the classical realist assumes), but neither is being completely inaccessible to language (as in Kantian transcendentalism), nor completely of language (as in linguistic monism)« (Barad 2007: 205).

Der »Realismus« im Barad'schen Sinne ist demzufolge nicht an ein Verständnis vorgängiger Entitäten in der Welt gebunden. Vielmehr steht das Attribut

18 Anknüpfend an die Gedanken von Donna Haraway zu Reflexion und Diffraktion, kritisiert auch Barad den Begriff der Reflexion, bei dem »die Welt auf Abstand« (Barad 2013: 53) gehalten und die Existenz eines »absoluten Außen« suggeriert werde. Während Reflexion spiegelbildlich abbildet, wo Differenzen erscheinen, geht es bei Diffraktion um die »von unseren Praktiken der Wissensproduktion gemachte[n] Unterschiede, und die Effekte, die sie auf die Welt haben« (ebd.: 28).

»agentiell« für eine Welt, die erst in Relation entsteht – was konkret bedeutet, dass erst Beziehungen situativ Natur und Kultur, Subjekt und Objekt oder Entitäten und Körper in Kraft setzen. Barads Ziel ist es demnach eine Onto-Epistemo-logie zu entwerfen, die der Bedeutung von Materie Rechnung trägt, diese aber zugleich nicht als etwas Fundamentales oder Stabiles voraussetzt (Hoppe 2017: 164f). In einer solchen Denkweise ist Realität dann auch keine fixe Substanz, die auf Praktiken des Bearbeitens, Erkennens und Wahrnehmens wartet und losgelöst von diesen existiert, sondern ihrerseits »agentieller« Teil verschiedener Prozesse ihres Werdens (Barad 2007: 43f).

2.2.1 Apparate, agentielle Schnitte und das Konzept der Intraaktion

Wie die Ausführungen im vorigen Abschnitt zeigen, entwickelt Barad mit ihren Überlegungen eine völlig neue Form des Realismus, in der sich Realität nicht aus »den Dingen-in-sich-selbst oder [den] Dingen-hinter-Phänomenen zusammen[setzt], sondern aus Dingen-in-Phänomenen« (Barad 2015: 37). Oder anders ausgedrückt: Naturwissenschaftliche Theorien bilden Realität nicht ab, vielmehr beschreiben sie eine agentielle Realität – eine »Teilhabe *in* Natur« (ebd.: 38) –, die von den Phänomenen, der ontologisch kleinsten materiellen Einheit im agentiellen Realismus, konstituiert wird. Für Barad macht es daher keinen Sinn, an die Existenz einer objektiven Realität zu glauben (wie sie von klassischen Realist:innen angenommen wird) oder über Akteure oder Entitäten »an sich« zu sprechen, da letztere immer Teil spezifischer Phänomene sind. Stattdessen lenkt der agentielle Realismus seinen Blick auf die Konsequenzen, Verantwortlichkeiten und kreativen Möglichkeiten des Zusammenwirkens zwischen Diskursivem und Materiellem, das die Quantenphysikerin mit dem Begriff der Intraaktion zu fassen versucht (ebd.: 61f). Es ist diese Intraaktion, durch die Begriffe bzw. materielle Gliederungen der Welt ihre Bedeutung erlangen und Grenzen sowie Eigenschaften von Entitäten ihre Bestimmtheit erhalten (Barad 2012: 19). Mit ihrer Idee von Intraaktion grenzt sich Barad – wie Dewey & Bentley (1949) auch – bewusst von der Perspektive der Interaktion ab, da für sie einzelne Entitäten erst aus spezifischen Intraaktionen hervorgehen (Barad 2012: 20). Damit meint sie konkret, dass Menschen, mehr-als-menschliche Akteure, Artefakte usw. sich erst in Beziehung zueinander konstituieren und dieser nicht bereits vorausgehen. Für die Charakterisierung dieses Gefüges, in dem sich die Dinge wechselseitig bestimmen und nicht mehr ontologisch getrennt voneinander verstanden werden, greift Barad auf den quantenphysikalischen Begriff der

Verschränkung (*entanglements*) zurück (Barad 2015: 130f). Übertragen auf die Beziehung zwischen Menschlichem und Mehr-als-Menschlichem impliziert Verschränkung, dass jede Veränderung auf der einen Seite eine unmittelbare Änderung auf der anderen Seite hervorruft. Hierauf baut Barad auch ihre, wie ich finde, sehr elementare These auf, wonach Getrenntsein als keine inhärente Eigenschaft von Welt anzusehen ist (Barad 2007: 137). Das heißt alles ist mit allem verbunden – oder um es an einem Beispiel festzumachen: Menschen nehmen sich in Raum und Zeit gegenüber anderen Entitäten zwar als abgegrenzte Lebewesen wahr, doch eigentlich werden fortlaufend Atome ausgetauscht – mit der Luft, die sie umgibt, dem Stuhl, auf dem sie sitzen, oder den Lebewesen, denen sie begegnen (vgl. Gregor & Rosa 2018).

Mit ihrer prozessualen Denkweise entwirft Barad ein höchst dynamisches Verständnis von Mensch-Natur-Beziehungen, in der Materie nicht (wie im Repräsentationalismus) passiv, sondern aktiv und agentiv aufgefasst wird, im Sinne »eine[r] Tätigkeit, eine[r] Gerinnung von Tätigsein« (Barad 2012: 40)[19]. Materie existiert in dieser Sichtweise nicht einfach, sondern ist stets im Werden begriffen. Dieses Werden wiederum ist immanent verschränkt mit dem Diskursiven, weswegen Barad Materie als dynamische Artikulation und Rekonfiguration der Welt begreift, in der sie wechselseitig mit dem Diskursiven in seiner fortlaufenden Materialisierung teilhat. Der Prozess der Relevanzbildung und Bedeutungsgebung ist für Barad daher nicht nur diskurshaft, sondern stets auch materiell zu denken. Wenn Materie intraaktiv *wird*, heißt das also, dass sie diskurshaft ist und dass im Umkehrschluss ebenso Diskurse materiell sind (und immer schon waren).

Dass Materialität und Diskurs im agentiellen Realismus nicht hierarchisch gedacht werden[20], spiegelt sich mitunter in Barads Auffassung von »Diskurs-

19 Hier unterscheidet sich agentiell-realistisches Denken bspw. von poststrukturalistischen Ansätzen, die der Materialität keine eigene Logik zuschreiben, sondern diese vielmehr nur als Produkt diskursiver und machtvoller Praktiken theoretisieren und ihr letztlich erst auf diese Weise gesellschaftliche Wirklichkeit zugestehen. Spezifische Eigenschaften menschlicher Körper, mehr-als-menschlicher Lebewesen oder technischer Artefakte nehmen daher in poststrukturalistischen Erklärungen von Mensch-Natur-Verhältnissen – im Vergleich zur agentiell-realistischen Perspektive – eine nachgelagerte Rolle ein (Mattissek & Wiertz 2014: 159).

20 In der Vermeidung einer Hierarchisierung zwischen Diskurs und Materialität im agentiellen Realismus können Parallelen zur Assemblage-Theorie (Deleuze & Guattari 1987) gezogen werden. Anderson et al. (2012) zeigen wesentliche Überschneidungen sowie Unterscheidungen zwischen beiden theoretischen Ansätzen auf.

praktiken« wider. Als Teil fortlaufender agentieller Intraaktionen der Welt verstanden, beinhalten sie ein stetes Mitdenken von Materialität, und zwar nicht wie bei Foucault als Stütze oder als Unterhalt des Diskurses, sondern im Sinne einer Materialität, die Bedeutung erzeugt (Barad 2012: 34). Weder Diskurspraktiken noch materielle Phänomene sind ontologisch vorgängig, keine von beiden hat einen privilegierten Status bei der Erklärung der anderen (ebd.: 41). Es geht also nicht darum, dass es zusätzlich zu den diskursiven Einflüssen spezifische materielle Einflüsse gibt, vielmehr geht es um die Berücksichtigung der miteinander verwobenen, materiell-diskursiven Form von Praktiken (ebd.: 42). Die primären semantischen Einheiten im agentiellen Realismus sind demnach auch nicht Wörter, sondern materiell-diskursive Praktiken, durch die sowohl Relevanzen gebildet als auch Grenzen konstituiert werden (ebd.: 22). Und genau für den Blick auf Grenzen bzw. die materiell-diskursiven Praktiken, welche diese konstituieren, möchte Barad mit ihrer agentiell-realistischen Perspektive sensibilisieren.

Hierzu führt sie die Begriffe des »Apparats« und des »agentiellen Schnitts« in ihre Überlegungen ein. Ersterer ist nicht, wie in seinem konventionellen Begriffsverständnis, als Instrument zu verstehen, mit dem man Messungen in einer präexistenten Welt vornehmen kann, sondern als stets erweiterbare materiell-diskursive Praxis, oder als Set von Intraaktionen, welches Phänomene in ihrem Werden erst hervorbringt, daher deren Teil ist und so Materie und Bedeutung formt (Barad 2012: 22; Hoppe & Lemke 2015). Der agentielle Schnitt wird im Apparat vollzogen und stellt jenen Moment dar, in dem »das Phänomen aus der Leere auftaucht« (Richthofen 2021: 30). Oder anders formuliert: Das Subjekt ist weder die Ursache des Objekts und umgekehrt, noch geht das eine dem anderen ontologisch oder erkenntnistheoretisch voraus. Vielmehr entstehen beide erst durch agentielle Schnitte, die Subjekt von Objekt, Natur von Kultur, Mensch von Tier oder *gender* von *sex* trennen. Die vermeintlichen Gegensatzpaare werden also erst durch agentielle Schnitte hervorgebracht. Im Sinne eines Zusammen-Auseinander-Schneidens (Barad 2015: 182) werden diese Trennungen (das heißt bestimmte Praktiken) jedoch nicht ein für alle Mal vollzogen, sondern bleiben sich immanent. Barad zeigt dies beispielhaft an der kalifornischen Rosine auf, zu deren Konstitution als Untersuchungsgegenstand eine Reihe materiell-diskursiver Apparate, wie u.a. der Kapitalismus, US-Einwanderungspolitiken, Arbeiter:innen, die die Trauben pflücken, organisierter Widerstand gegen die Arbeitsbedingungen, Pestizide, Düngemittel, Bakterien uvm. beteiligt sind. Das Beißen auf eine kalifornische Rosine bedeute also mehr, als das Essen einer Traube. Als weiteres

Beispiel wählt Barad den menschlichen Fötus, der aus historisch und kulturell spezifischen Intraaktionen mehrerer Apparate der körperlichen Produktion heraus iterativ rekonstituiert wird. Diese umfassen u.a. die schwangere Frau, deren Körper den Fötus trägt und ernährt, Ultraschalltechnologien, die die physiologischen und ökonomischen Terrains des Körpers kartieren, die Ausweitung der Persönlichkeitsrechte auf den Fötus, den Nahrungs-, Bakterien- und Blutaustausch durch die Plazenta, Lärm, Geräusche, Luftqualität uvm. In einer agentiell-realistischen Analyse würde es nun darum gehen zu fragen, wer/was materialisiert/materialisierend ist und was konstitutiv ausgeschlossen wird, wer/was also keine Bedeutung bzw. Materialisierung erfährt. Dies ist ganz wesentlich an die jeweils spezifische und kontextgebundene Beschaffenheit der materiell-diskursiven Apparate gebunden, weswegen sie Barad auch als »grenzziehende Praktiken« (Barad 2012: 35) bezeichnet, die das in Kraft setzen, was in spezifischen Konstellationen »relevant ist und was vom Relevantsein ausgeschlossen ist« (ebd.: 34)[21]. Apparate produzieren also Unterschiede, die von Belang sind und sind zugleich selbst ihr Ergebnis – sie sind in Abgrenzung vom herkömmlichen Kausalitätsverständnis zugleich Ursache und Wirkung. Menschen und Mehr-als-Menschliches wirken dabei in den Praktiken mit, die die Apparate konstituieren, mit denen unsere Welt sich ordnet und deren Grenzziehungen zentral sind für die jeweils spezifische Konstitution von Phänomenen. Grenzen und Grenzziehungen sind daher für Barad immer kontextuell gebunden. Im Hinblick auf Grenzen geht es Barad aber mit ihrer agentiell-realistischen Perspektive nicht nur um das Aufzeigen von Ausschlüssen im Zuge von Grenzziehungen, sie deutet ebenso auf die Verflüssigung von Grenzen hin und zeigt am Beispiel eines Blindenstocks und anlehnend an den Phänomenologen Merleau-Ponty die Unbestimmtheit von Körpergrenzen auf:

> »[D]er Stock […] ist für sich selbst nicht mehr wahrgenommen, sein Ende ist zu einer Sinneszone geworden, er vergrößert Umfänglichkeit und Reichweite des Berührens, ist zu einem Analogen des Blicks geworden. […] Sich an einen Hut, an ein Automobil oder an einen Stock gewöhnen heißt, sich in ihnen einrichten, oder umgekehrt, sie an der Voluminosität des eigenen Leibes teilhaben lassen« (Merleau-Ponty 1966: 173, zit.n. Barad 2012: 50f).

21 An der Stelle lassen sich Parallelen zu den Science and Technology Studies (Jasanoff et al. 1995; Knorr Cetina 2007) und zu Performativitätstheorien erkennen (MacKenzi & Millo 2003).

Vor dem Hintergrund einer agentiell-realistischen Perspektive verdeutlicht dieses Beispiel sehr schön, dass wir nicht nur mit den Augen sehen – die Intraaktion mit und als Teil von der Welt gehört wesentlich zum Sehen dazu (Barad 2012: 50).

Zusammenfassend präsentiert Karen Barad also eine neue Onto-Epistemologie, die Materielles und Diskursives als dynamisch-intraaktiv verschränkte Einheit von Diskurspraktiken denkt. Diese bilden kontextuell spezifische Apparate heraus, mit denen im Rahmen agentieller Schnitte performativ die Bedeutungsstrukturen und damit auch Phänomene der Welt gebildet werden. Dabei wird, anders als im Repräsentationalismus, der Materie ein entscheidender Anteil am Werden der Welt eingeräumt. Mit dieser Dynamisierung der ontologischen Basis verlagert sich dann für Barad der wissenschaftliche Fokus weg von Fragen nach der Entsprechung zwischen Beschreibungen und der Realität hin zu Fragen nach Praktiken und *agency* sowie nach der Konstitution von Phänomenen und der Konstitution von Grenzziehungen (Barad 2015: 203f). Doch wie wird das abstrakte Vokabular von Barad bislang innerhalb der Geographie und für die mehr-als-menschliche Forschung fruchtbar gemacht, welche Gedankenstränge werden aufgegriffen und was scheint für die Debatte produktiv zu sein?

2.2.2 Rezeption des agentiellen Realismus und mehr-als-menschliche Implikationen

Die Anwendung des Intraaktionskonzepts in empirischen Forschungsarbeiten konzentriert sich bisher vorrangig auf die Analyse technowissenschaftlicher Praktiken (Aradau 2010; Fitsch & Engelmann 2013), also auf Praktiken, die durch eine Verflechtung von Wissenschaft, Technologie und Gesellschaft gekennzeichnet sind. Der Grund hierfür liegt vermutlich darin, dass Barad selbst in ihren Arbeiten auf diesen Bereich fokussiert. Auch Barads Terminologie – wie bspw. der Stellenwert des Begriffs des Apparats – legt nahe, dass die analytische Reichweite ihres Konzepts sich auf eine wissenschaftlich-experimentelle Umgebung beschränkt (Hoppe & Lemke 2015). Die Tatsache, dass der agentielle Realismus für die Erforschung technowissenschaftlicher Untersuchungsgegenstände besonders fruchtbar ist, deutet jedoch nicht auf eine systematische Begrenztheit dieses theoretischen Konzepts hin. Denn wie Birke et al. (2004) bereits früh zeigen, ist das empirische Analysepotenzial des agentiellen Realismus auch auf Mensch-Tier-Beziehungen erweiterbar. Indem die Autorinnen Barads Gedanken zu Performativität und Intraaktion aufgreifen, gelingt es ihnen in ihrer Untersuchung zu Laborratten darzulegen, dass diese in und durch ihre Intraaktionen mit Laborangestellten wissenschaftliche Praxis koproduzieren. Die Versuchstiere könne man daher aus spezifischen wissenschaftlichen Praktiken materialisiert und als aktive Teilnehmer an der Schaffung ihrer eigenen Bedeutung sowie der Bedeutung von Wissenschaftler:innen betrachten. Einen ähnlichen Fokus wählen auch Maurstad et al. (2013) in ihrer Analyse von Mensch-Pferd-Beziehungen. Die Idee der Intraaktion bzw. der materiell-diskursiven Verschränkungen hilft ihnen dabei, die durch die kollaborative Praxis des Reitens ausgelösten, beidseitigen Transformationsprozesse besser zu fassen und zu verstehen. Denn Reiter:in und Pferd würden im Zuge ihrer körperlich-leiblichen Begegnungen in interkorporeale Momente der Veränderung treten, in denen ihre Körper synchron werden. Dieses synchrone Sein und Werden intraaktional zu verstehen, lenke den Blick auf die Lern- und Anpassungsprozesse zwischen Mensch und Tier, bei denen sich beide Entitäten wechselseitig abstimmen. Weder das Handeln des Pferdes noch jenes des Menschen sei gänzlich kalkulierbar. Vielmehr können beide Lebewesen Überraschungen hervorrufen und so gewohnte Muster und Praktiken verschieben.

Auch in geographischen Zeitschriften wird auf Barad mittlerweile öfter Bezug genommen. In einem theoretischen Beitrag arbeiten Anderson et al. (2012) beispielsweise die Gemeinsamkeiten und Unterschiede zwischen dem Assemblage-Denken und den Überlegungen von Barad zum agentiellen Realismus und Intraaktion heraus. Wright (2015) liefert einen Beitrag, in dem sie »Zugehörigkeit« (*belonging*) als einen Prozess, als ein Tun, »a congealing of agency« (Barad 2007: 151) zwischen menschlichen und mehr-als-menschlichen Entitäten konzeptualisiert und sich hierbei u.a. von agentiell-realistischen Gedanken inspirieren lässt. Smith & Reid (2018) beziehen sich auf den Intraaktionsgedanken im Zuge ihrer Untersuchungen zu Glück und Wohlbefinden; Waterton & Tsouvalis (2015) versuchen am Beispiel des sogenannten Loweswater Care Project (LCP) aufzuzeigen, wie eine »intraaktive kollektive Politik« zwischen Umweltmanagement und posthumanistisch-wissenschaftlichem Denken gelingen kann, in der man sich der Relationalität und Kontingenz unserer Welt bewusst ist und Neely (2021) entwirft unter Verwendung von Barads Konzeption des Phänomens und der Verschränkung ein neues Verständnis von Krankheitsursachen, welches die Kausalitätsmodelle in der Biomedizin und der politischen Ökologie infrage stellt. Einen völlig neuen Blick auf das Thema Wetter liefern Wright & Tofa (2021), indem sie dieses als intraaktiven Prozess konzipieren, dessen *Werden* wesentlich durch unsere Körper mitbestimmt wird.

Wie die bisherige Zusammenstellung des Forschungsstandes zeigt, wird der agentielle Realismus in Arbeiten mit mehr-als-menschlichen Bezügen rezipiert. Stellvertretend für die neuen Tiergeographien ist mir bislang nur ein Beitrag bekannt, der agentiell-realistische Gedanken aufgreift. Hierbei handelt es sich um die empirische Arbeit von McKiernan & Instone (2016), die Mensch-Ibis-Beziehungen intraaktiv konzipieren, wodurch sie die gängige Erzählung des Ibis als »Schädling« infrage stellen und die politische wie auch ethische Verantwortung im Zusammenleben mit den »unbequemen Anderen« (*uncomfortable others*, ebd.: 475) herausfordern. In der deutschsprachigen Debatte ist es Strüver (2019), die agentiell-realistisches Denken für mehr-als-menschliches Denken in der Geographie fruchtbar macht, indem sie bspw. auf Körperfett und -gewicht als aktive Teile sozialer und räumlicher Ungleichheiten aufmerksam macht. Der Beitrag von Dzudzek & Strüver (2022) bezieht sich ebenfalls auf theoretische Überlegungen Barads. Sie greifen das Thema Körpergrenzen auf und zeigen am Beispiel von Smartwatches und Fitnessarmbändern, dass diese nicht als etwas dem Körper Äußerliches zu verstehen seien, sondern als digitale Selbstsorge aktiv an der Produktion von Verkörperung teilhaben. Daneben bezieht sich Egner in ihren Beiträgen auf die Überlegungen Barads, indem sie beispielsweise Wasser versucht intraaktiv zu begreifen (Egner 2019, 2020) oder den agentiellen Realismus für ein neues Denken im Anthropozän als fruchtbaren Ansatz versteht und hieraus ableitend dazu auffordert, die Bedeutung unserer bisherigen Auffassung des Wortes »Wir« im Sinne einer intraaktiven Verschränkung zwischen Menschlichem und Mehr-als-Menschlichem neu zu überdenken (Egner 2022).

Der theoretische Rahmen des agentiellen Realismus kann die mehr-als-menschlichen Geographien und die neuen Tiergeographien – und somit auch den Forschungsgegenstand komplexer Mensch-Wolf-Beziehungen – bereichern. Denn er ermöglicht es, eine Welt zu denken, in der Wölfe und andere Lebewesen nicht festgelegt sind und auch nicht gleichzeitig als ein Produkt verschiedener Prozesse aufgefasst werden. Eine Welt, in der Menschen und mehr-als-menschliche Entitäten inhärent durch ihre Körper verbunden sind und in der ihre Verschiedenheiten zwar eine Rolle spielen, aber nicht als selbstverständlich vorausgesetzt werden. Damit gibt es sowohl zu den Überlegungen von Dewey zahlreiche Überschneidungspunkte als auch zur Resonanztheorie nach Rosa, deren wesentliche und für diese Arbeit relevanten Charakteristika, im nächsten Abschnitt beschrieben werden.

2.3 Resonanz als Gegenentwurf zur Verdinglichung von Mensch-Tier-Beziehungen

Die Resonanztheorie nach Rosa (2016) stellt eine erneuerte Form der Kritischen Theorie dar und lässt sich als ein Kontraentwurf zum Beschleunigungsanspruch der Spätmoderne verstehen. Sie hat ihren Ursprung innerhalb der phänomenologischen Tradition und diagnostiziert eine Verknüpfung der Steigerungs- und Beschleunigungslogik moderner Gesellschaften mit einer Belastung des menschlichen Weltverhältnisses. Die Beziehungen des Menschen zu Raum und Zeit, zu menschlichen und mehr-als-menschlichen Entitäten sowie zu sich selbst seien gestört, was in allen großen Krisentendenzen der Gegenwartsgesellschaft, wie der ökologischen Krise, der Demokratiekrise oder der Psychokrise mit ihrem Anstieg an Depressions- und Burnouterkrankungen deutlich werde (Rosa 2016: 77). Im Falle ersterer besteht der Kern ihrer Erscheinung laut Rosa nicht darin, dass Menschen mit den zur Verfügung stehenden Ressourcen nicht vernünftig umgehen würden, sondern dass sie »Natur« bzw. Mehr-als-Menschliches (nur mehr) als Ressource oder als etwas Verdinglichtes betrachten und sie als Resonanzsphäre verloren hätten. Ergänzend diagnostiziert Rosa, dass in der Spätmoderne »strikt zwischen einer *beseelten Kultur* und einer *stummen Natur*« (ebd.: 461) unterschieden werde, weswegen man mehr-als-menschlichen Entitäten auch keine Resonanzqualitäten zuschreibe. Was aber versteht Rosa nun konkret unter Resonanz und welche weiteren Überlegungen liegen seiner Theorie zugrunde?

2.3.1 Das Resonanzkonzept und die Rolle körperlicher Weltbeziehungen

In Rosas Theorieentwurf bildet Resonanz das Gegenstück von Entfremdung – und zwar jener Entfremdung, die aus der oben angesprochenen Beschleunigungsdynamik spätmoderner Gesellschaften hervorgeht und als misslingende »Weltanverwandlung« (ebd.: 316) gefasst werden kann. Als ein Modus, in dem

> »Welt dem Subjekt gleichgültig gegenüberzustehen scheint (Indifferenz) oder sogar feindlich entgegentritt (Repulsion). Entfremdung bezeichnet damit eine Form der Welterfahrung, in der das Subjekt den eigenen Körper, die eigenen Gefühle, die dingliche und natürliche Umwelt oder aber die sozialen Interaktionskontexte als äußerlich, unverbunden und nichtresponsiv beziehungsweise als stumm erfährt« (ebd.: 306).

Resonante Beziehungen hingegen äußern sich durch eine spezifische Art des In-Beziehung-Tretens zwischen Subjekt und Welt, wobei »durch die Schwingung des einen Körpers die *Eigenfrequenz* des anderen angeregt wird« (ebd.: 282). Resonanz kann somit nicht als ein emotionaler Zustand, sondern als Beziehungsmodus verstanden werden, bei dem sich zwei Entitäten nicht nur berühren, sondern ihrerseits berührt werden und so wechselseitig aufeinander antworten (ebd.: 270, 285, 288). Vom Standpunkt eines Körpers aus, ist Resonanz dann als eine Verbindung zu verstehen,

> »[die] durch Affekt und Emotion, also durch die doppelseitige Bewegung des Affiziertwerdens und der (aktiven) Bezugnahme, gebildet wird. [...] Gefühle im Sinne der Affekte gehen einher mit Empfindungen des Durchströmtwerdens, beispielsweise von Hitze oder Kälte, von angenehmen oder beunruhigenden Schauern, von Wallungen etc., während unsere Emotionen dann Ausdruck finden in Momenten des Sich-Aufrichtens oder Zusammensinkens, Lachens oder Weinens usw.« (ebd.: 280, 296).

So wird dann auch verständlich, wenn Rosa (2016: 269) schreibt, dass Resonanz »gerade nicht Harmonie, nicht Einklang und nicht Konsonanz, sondern prozesshaftes Antworten, Bewegung und Berührung« darstellt. Resonanz impliziert damit sowohl eine doppelseitige Antwortbeziehung als auch eine doppelseitige Transformation, bei der jede Entität erst durch

> »die wechselseitige Bezogenheit [...] geformt, geprägt, ja mehr noch: konstruiert [wird]. Was und wie ein Subjekt ist, lässt sich erst bestimmen vor dem Hintergrund der Welt, in die es sich gestellt und auf die es sich bezogen findet; Selbstverhältnis und Weltverhältnis lassen sich in diesem Sinne nicht trennen« (ebd.: 62).

Subjekte sind damit für Rosa niemals abgekoppelt zur Welt verstehbar. Er fasst sie einerseits als diejenigen Entitäten, die Erfahrungen machen und andererseits als Orte, »an [denen] sich psychische Energie motivational materialisiert, an [denen] also Handlungsantriebe wirksam werden« (Rosa 2016: 65). Welt wiederum wird konzeptualisiert als alles, was begegnet bzw. begegnen kann und schließt sowohl Menschen, Tiere, Dinge, Situationen, aber auch Ideen mit ein. Das heißt was in dem einen Moment noch Subjekt war, kann in dem anderen Welt sein. In einer resonanztheoretischen Perspektive werden Subjekte und Welt somit nicht in kausaler Beziehung zueinander konzeptualisiert oder sich oppositionell gegenüberstehend. Vielmehr finden sich Subjekte immer schon – auf Basis eines inneren Berührens und wechselseitigen Reagierens – in und mit Welt verwoben, »die sie [entweder] fürchten oder lieben, in die sie sich geworfen oder in der sie sich getragen fühlen« (ebd.: 63). Je nach Art und Weise der Weltbeziehung lassen sich damit nach Rosa verschiedene menschliche Daseinsformen erschließen (ebd.: 70). Wird die Welt beispielsweise schlechthin als gegeben erfahren, so versucht das Ich sich an diese entsprechend anzupassen. Rosa bezeichnet diesen Modes des In-der-Welt-Seins als sogenannte »Weltverankerung« (ebd.: 243). Erfährt das Subjekt dagegen sich selbst schlechthin als gegeben und die Welt als potenziell formbar, entspräche dies einer »Ich-Verankerung« (ebd.). Eine Differenzierung an dieser Stelle scheint insofern von Relevanz zu sein, als dass sie Aufschluss darüber gibt, ob Menschen ihre Aufmerksamkeit und Energie eher auf die Arbeit an sich selbst richten und damit zu Veränderung bereit sind – wie im Sinne der Weltverankerung –, oder ob diese versuchen, ich-verankert die sie umgebende Welt bzw. deren Position darin zu verändern.

In einer resonanztheoretischen Perspektive auf die Welt zeichnen sich Entitäten demnach durch unterschiedliche Weltbeziehungen aus, die sich in Praktiken und emotional bedeutsamen Erfahrungen herausbilden und in Verbindung mit Resonanzsphären wie beispielsweise Natur, Kunst oder Religion entspringen (ebd.: 296). Innerhalb der jeweiligen Resonanzsphären besteht die Möglichkeit zur Etablierung individueller Resonanzachsen, entlang derer resonante Beziehungen erfahrbar werden (ebd.: 296). Dabei unterscheidet Rosa analytisch zwischen der *horizontalen Resonanzachse*, welche die resonanten Beziehungen zwischen Subjekten meint, der *vertikalen*, worunter er die Verbundenheit mit Natur, dem Leben, der Welt und dem Universum versteht und der *diagonalen*, die Resonanzbeziehungen mit Materialitäten und Artefakten aller Art umfasst[22]. Damit sich resonante Beziehungen überhaupt entfalten können, bedarf es Momente der Unverfügbarkeit (Rosa 2018), womit Rosa darauf hinweisen möchte, dass sich Resonanz niemals erzwingen, vorhersagen oder künstlich herstellen lässt (Rosa 2016: 295) und grundsätzlich immer ergebnisoffen ist. An dieser Stelle drückt sich Rosas Kritik an der

22 Rosa ist es wichtig zu betonen, dass Resonanz sich nicht nur zwischen menschlichen Subjekten ereignet (s. bspw. Gregor & Rosa 2018: 92). Die Beschreibung resonanter Beziehungen zwischen menschlichen und mehr-als-menschlichen Subjekten findet in seinen Werken jedoch bisher kaum Beachtung.

spätmodernen Gesellschaft besonders gut aus, denn diese agiere gegensätzlich, indem sie nicht oder zu wenig offen für Neues und Überraschungen sei. Stattdessen würde sie versuchen Welt bzw. das jeweils Fremde und Andere zu kontrollieren und zu verarbeiten, anstatt sich diesem zu öffnen, ihm etwas zurückzugeben und mit ihm in eine Antwortbeziehung zu treten, welche die »eigene Stimme dieses Anderen« (ebd.: 326) anerkennt:

> »Ganz so, wie es das Resonanzkonzept verlangt, impliziert dabei die Idee des antwortenden Materials immer auch die Möglichkeit und das Auftreten von Widerstand, von Unvorhergesehenem und von Überraschungen: Der Teig, der Text, den ich zu schreiben versuche, sie alle ›sprechen mit eigener Stimme‹; sie erweisen sich mitunter als widerspenstiges Material, lassen sich niemals vollkommen beherrschen, berechnen und vorhersehen. Tun sie es doch, hört die Beziehung auf, eine Resonanzbeziehung zu sein: Sie wird dann zu einer reinen Routine« (ebd.: 396).

Hierin wird nicht nur deutlich, dass Rosa Materielles als etwas Aktives versteht, das mit eigenen Logiken ausgestattet ist, sondern auch, dass Subjekte, in der resonanztheoretischen Diktion, auf ihre Welt stets leiblich bezogen sind[23]. Diese tiefgreifende Verbundenheit starte bereits im Mutterleib, indem wir Welt durch Nahrungsaufnahme und die Reaktion auf Sinnesreize einverleiben würden und diese nach der Geburt vom ersten Atemzug an kontinuierlich durch uns hindurchprozessieren (ebd.: 67). Vergleichbar mit Barads Argument, Verbundenheit als inhärente Eigenschaft von Welt zu verstehen (Barad 2007: 137), könnte man Rosas Theoretisierung als eine verstehen, die leibliche Responsivität als eine Grundeigenschaft des Menschen und anderer Lebewesen auffasst. Weltbeziehungen können nach Rosa daher nie ausschließlich kognitiv verfasst sein, weswegen er diese ebenso auch leiblich und emotional konzeptualisiert und dabei anmerkt, dass es sich nicht um verschiedene Verhältnisse, sondern ausschließlich um unterschiedliche Aspekte ein und derselben Verbindung handelt:

> »Menschen sind unaufhebbar auf Welt bezogen (*être au monde*, wie es bei Merleau-Ponty heißt) und durch diesen Bezug bestimmt, und in dieser Be-

23 Rosa (2016: 144) verzichtet in seiner Theorieentwicklung darauf, zwischen Körper und Leib eine systematische Trennlinie zu ziehen. Er begründet dies mit der wissenschaftlichen Uneinigkeit, die diesbezüglich herrsche und erntet hierfür teilweise kritische Stimmen (bspw. Gugutzer 2017).

ziehung überlagern sich all jene Aspekte. Daher ist eine Analyse, die zuerst die leiblichen und dann getrennt davon die kognitiven [...] Beziehungen untersucht, prinzipiell problematisch. Sie kann dieser Problematik nur dadurch begegnen, dass sie deutlich macht, dass es ihr jeweils nur um die leiblichen, emotionalen und/oder kognitiven Äußerungsformen des Weltverhältnisses geht und dass ihr Interesse gerade auf die Resonanzverhältnisse *zwischen* diesen Dimensionen gerichtet ist« (Rosa 2016: 132).

Vor diesem Hintergrund und hinblickend auf den Forschungsgegenstand dieser Arbeit wird in diesem Abschnitt insbesondere auf körperlich-leibliche Weltbeziehungen näher eingegangen, innerhalb derer Rosa (2016: 83ff) wiederum in Arten und Weisen, in denen Menschen in Verbindung zur Welt treten, diese erfahren und sich in ihr orientieren, unterscheidet. Mit Bezug auf die Phänomenologien von Merleau-Ponty (1966), Waldenfels (2000) und Fuchs (2000) gehören laut Rosa dazu beispielsweise das In-die-Welt-Gestelltsein über die Haut, durch welche die Beziehung zwischen Körper und Welt einerseits und zwischen »Person« und Leib andererseits vermittelt und ausgedrückt wird.

> »[L]ange bevor Menschen *auf eigenen Beinen in der Welt stehen*, erweist sich die Haut als [...] die entscheidende ›Schnittstelle‹ für jede leibliche Weltbeziehung. Nicht nur der Sinn für die Welt – als das Widerständige, Begegnende *da draußen* –, sondern auch der Sinn für das Selbst, für das Eigene, und für die Grenze oder die Unterscheidung zwischen beiden entsteht durch (taktile) Hauterfahrungen: durch berühren, begreifen, behandeln, aber ebenso durch das Berührt-, Ergriffen- und Behandeltwerden« (Rosa 2016: 85).

Haut fungiert damit als empfängliche und durchlässige Membran zugleich, über die menschliche wie mehr-als-menschliche Entitäten mit Welt in wechselseitige Beziehung treten. Neben dem Atmen, Essen und Trinken, dem Gehen, Stehen und Schlafen sowie dem Lachen, Weinen und Lieben sieht Rosa außerdem die Stimme, den Blick und das Antlitz als wesentliche Schnittstellen, sich körperlich-leiblich mit der Welt in Beziehung zu setzen. So stellen beispielsweise die Augen für Rosa zentrale Empathiepunkte in der Begegnung zwischen menschlichen Entitäten dar, durch welche die Verletzlichkeit des Gegenübers in gewisser Weise nachempfunden werden kann (ebd.: 120). Die Überschneidung des resonanztheoretischen Gerüsts mit Ansätzen der Phänomenologie sind an dieser Stelle unübersehbar. Doch während letztere nach Rosa in aller Regel an der Generalisierung, Universalisierung oder gar

Transzendenz der Bedingungen und Aspekte menschlicher Weltverhältnisse Interesse haben, geht es ihm dagegen um die Frage nach ihrer gesellschaftlichen Prägung, ihrer Variabilität und Veränderlichkeit (ebd.: 70).

Wie die Ausführungen dieses Abschnitts gezeigt haben, gibt es zwischen der resonanztheoretischen Perspektive und der Transaktions- sowie der Intraaktionstheorie zahlreiche Anknüpfungspunkte (s. dazu im Detail Kapitel 2.4). Nicht zuletzt deshalb und aufgrund ihres tiefgehenden Blicks auf leibliche Weltverhältnisse, bietet sich deren Anwendung auf mehr-als-menschliche Kontexte an. Auf das Potenzial einer entsprechenden Verknüpfung und auf verschiedene resonanztheoretische Forschungsarbeiten nimmt das nächste Kapitel Bezug.

2.3.2 Resonanztheoretische Forschung und mehr-als-menschliche Anknüpfungspunkte

Die Resonanztheorie nach Rosa (2016) wird – von wenigen Ausnahmen abgesehen (D'Ambrosio 2019; Taylor 2019; Susen 2020) – bislang vor allem im deutschsprachigen Raum rezipiert. Dies liegt vor allem daran, dass Rosas Werk vergleichsweise jung ist[24], original im Deutschen veröffentlicht und erst vor vier Jahren ins Englische übersetzt wurde (Rosa 2019). Mit seiner Kritik an der Spätmoderne ist Rosa heute nicht nur einem akademischen Publikum bekannt, sondern er stößt auch in medialer Hinsicht auf eine breite Nachfrage (u.a. Die ZEIT 2014, 2020; Die Presse 2016; NZZ 2019; SZ 2020b; Der Standard 2021; TAZ 2021). In der Soziologie und von Vertreter:innen der Philosophie wird Rosa mittlerweile zahlreich zitiert, wobei die jeweiligen Beiträge sich in erster Linie theoretisch am resonanztheoretischen Gerüst abarbeiten und dieses in Beziehung zu anderen Theorien setzen. So bringen beispielsweise Waldenburger & Teutoburg-Weiss (2017) Rosas Resonanztheorie mit dem Kritischen Realismus und hier vor allem der Subjekttheorie nach Archer (1995) in Verbindung und arbeiten sowohl Ambivalenzen als auch Synergiepotenziale zwischen den Ansätzen heraus. Bösel (2017) versucht über die Auseinandersetzung mit Affekt- und Emotionstheorien und ihrer Grenzen, Potenziale

24 An dieser Stelle sei erwähnt, dass Rosa bereits vor der Veröffentlichung seines Werks »Resonanz: Eine Soziologie der Weltbeziehung« (2016) zu Resonanz, Entfremdung und Beschleunigung geforscht und publiziert hat (s. bspw. Rosa 2012, 2013). Einer breiten Öffentlichkeit bekannt wurde er allerdings erst mit der Veröffentlichung seines umfangreichen Buches im Jahr 2016.

und Verbindungslinien, mögliche Anschlusspunkte an Rosas Theorieentwurf zu finden. Dabei geht es ihm insbesondere darum, den Affektbegriff für das »Fremde«, aus dem Resonanz erst resultieren kann, stark zu machen. Daniel (2017) versucht mit einer praxistheoretisch fundierten Kritik, Rosas Übertheoretisierung von Alltagspraktiken entgegenzuwirken sowie die soziologischen Schwachstellen des Resonanzkonzepts durch eine konzeptionelle Erweiterung aus praxistheoretischer Perspektive zu bearbeiten. Henkel (2017) wiederum zeigt, wie sich Kritische Theorie und Systemtheorie über den Resonanzbegriff »näherkommen« und Meißner (2017) fordert durch eine Kritik an der verallgemeinernden Problemdiagnose in Rosas Resonanztheorie und eine Problematisierung des darin implizierten Subjektbegriffes dazu auf, neue Potenziale einer Kritischen Soziologie herauszuarbeiten. Die Autorin legt den Fokus dabei verstärkt auf Weltbeziehungen als Effekte von Grenzziehungen sowie auf die kontingente Gestaltbarkeit der Welt. Sehr hilfreich für die vorliegende Arbeit ist die Analyse von Hoppe (2017), die sich mit der Frage auseinandersetzt, inwiefern Rosas Kritische Theorie eine neomaterialistische Orientierung aufweist. Dabei irritiert sie seinen Ansatz mit der agentiell-realistischen Perspektive von Barad, um so auf bislang unausgeschöpfte Potenziale seiner Theoriebildung zu verweisen. Innerhalb eines politischen Kontextes ist der Beitrag von Buchstein (2018) angelegt, der sich mit postwachstumsgesellschaftlichen Aspekten auseinandersetzt und dabei vor allem auf Rosas resonanztheoretisches Konzept der Selbstwirksamkeitserfahrung zurückgreift und ebenso weiterentwickelt. Eine Verknüpfung zwischen verschiedenen Identitätskonzepten und Resonanz stellt D'Ambrosio (2019) her, der erstere dadurch um eine zeitliche Ebene erweitert und insbesondere mit Rosas Beschleunigungsthese verbindet. In dem Sammelband von Wils (2019) wird das Thema Resonanz interdisziplinär und auch mit Rosa selbst breit diskutiert. Sommer (2019) wendet sich darin beispielsweise dem Verhältnis von Resonanz und Nachhaltigkeit zu, wohingegen Taylor (2019) die ethischen Implikationen des resonanztheoretischen Denkens nach Rosa erörtert. Hauptanliegen des Beitrages von Susen (2020) ist eine Auseinandersetzung mit Rosas Kernkonzepten der Resonanz und Entfremdung, die sie neu in Beziehung setzt und so mögliche Kritikpunkte gegenüber der Resonanztheorie ausfindig macht.

Da sich diese Arbeit insbesondere mit leiblichen Aspekten im Zuge der Wolfsrückkehr auseinandersetzt, ist der Beitrag von Gugutzer (2017) zu Resonanz äußerst wertvoll. Denn der Autor zeigt nicht nur die Problematik an Rosas nicht dezidierter Unterscheidung zwischen Leib und Körper auf, er lotet zugleich die Anschlussfähigkeit des Resonanzbegriffs für die verkörperte Soziologie aus und stützt sich hierfür insbesondere auf den leibphänomenologischen Ansatz von Schmitz (2003, 2009, 2011). Resonanz als leibliche Kommunikation (Schmitz 1978, 2011) zu konzipieren, würde Resonanzphänomene aufdecken und präzisieren und insofern »den Resonanzbegriff auf ein theoretisch stabil(er)es Fundament« (Gugutzer 2017: 76) stellen. Außerdem scheint für ihn ebenso bemerkenswert zu sein, dass Tiere in Rosas Resonanzkonzept keine Rolle spielen, wenn doch gerade »Hunde und Katzen [...] in spätmodernen individualisierenden Gesellschaften für viele Menschen eine eminent wichtige Resonanzquelle darstellen« (ebd.: 77)[25]. Wenn auch mit Blick auf ein anderes Tier, wird in der vorliegenden Arbeit versucht, diese Lücke zumindest etwas zu schließen und die Resonanztheorie auf ihre mehr-als-menschlichen Qualitäten hin zu untersuchen. Damit erweitert sie die mehr-als-menschlichen Geographien einerseits um einen resonanztheoretischen Blickwinkel auf die Beziehungen zwischen Mensch und Tier, andererseits schließt sie an den Beitrag von Dörfler & Rothfuß (2018) an, der – wenn auch nur am Rande erwähnt und ohne empirische Erprobung – auf das Potenzial einer Übertragung von resonanztheoretischen Überlegungen in die Geographie bereits hingewiesen hat. Doch inwiefern erscheint die Resonanztheorie nun für den Forschungsgegenstand dieser Arbeit anwendbar? Worauf lenkt sie im Kontext der Rückkehr von Wölfen ihre Aufmerksamkeit?

Grundsätzlich konzipiert eine resonanztheoretisch orientierte mehr-als-menschliche Geographie Tiere als mit eigenen Empfindungen und Erfahrungen ausgestattete Lebewesen. Dies bedeutet in der Analyse von Mensch-Tier-Beziehungen, dass »die eigene Stimme« (Rosa 2016: 285) von Tieren anerkannt und berücksichtigt wird, indem körperlich-leibliche Aspekte in den Fokus rücken, die mittels Sprache nicht immer ausdrückbar sind. Entsprechend der Annahme von doppelseitigen Antwortbeziehungen zwischen Entitäten

25 Ein Jahr nach der Veröffentlichung von Gugutzer (2017) äußert sich Rosa in einem Interview indirekt zur Rolle von Tieren im Rahmen seines Resonanzkonzepts, indem er den masseindustriellen Umgang mit Tieren und Tierversuche als wichtige Merkmale einer resonanzfeindlichen und stummen Welthaltung diagnostiziert (Gregor & Rosa 2018: 95). Mit Verweis auf die wichtige Rolle von Zwischenleiblichkeit im Zuge des Kommunizierens räumt er außerdem ein, dass das Thema der eigenen Körperlichkeit und Leiblichkeit in seiner Ausbuchstabierung von Vertreter:innen der Soziologie, Philosophie und Kritischen Theorie bislang unterschätzt wurde und fordert zu einer entsprechenden Auseinandersetzung auf (ebd.: 96).

werden dann insbesondere wechselseitige Momente der Unverfügbarkeit fokussiert, und die damit in Zusammenhang stehenden Affekte, Emotionen und Transformationen festgehalten. Resonante Beziehungen zwischen Mensch und Tier können auf diese Weise eruiert werden. Gleichzeitig wird mit einem resonanztheoretischen Blickwinkel aber auch nach den Bedingungen für die Unterbindung oder Kappung resonanter Beziehungen gefragt. Woran wird im Kontext rückkehrender Wölfe und der hiermit verbundenen Reaktionen eine Entfremdung postmoderner Gesellschaften von Welt erkennbar? Welche Rolle spielen welt-verankerte oder ich-verankerte Haltungen im Umgang mit den rückkehrenden Wildtieren? Wo so gefragt wird, können sich neue und tiefgehende Einsichten in die wechselseitige Konstitution von Menschlichem und Mehr-als-Menschlichem ergeben, die neben trans- und intraaktionistischen Erkenntnissen eine weitere Grundlage für mehr-als-menschliche Geographien des Verbundenseins schaffen.

2.4 Konzeptionelle Gemeinsamkeiten und Unterschiede von Transaktion, Intraaktion und Resonanz

Vergleicht man die Konzepte von Transaktion, Intraaktion und Resonanz tritt eine sehr große Anzahl von Überschneidungen zutage[26]. Dennoch lassen sich auch einige grundlegende Unterschiede feststellen, die letztendlich alle drei Ansätze klar voneinander abgrenzen. Der transaktions-, intraaktions- und resonanztheoretische Ansatz haben gemeinsam, eine metatheoretische Neukonzeptualisierung der Beziehungen zwischen Mensch und Natur in den Blick zu nehmen. Dazu wenden sie sich nicht nur von dualistischen Denkmustern, sondern auch von selbst- und interaktionistischen Denkfiguren mit ihrem substanzialistischen Fokus und ihrer traditionellen Idee von Kausalität explizit ab. Rosa spricht sich zwar nicht ausdrücklich gegen den Interaktionsbegriff aus, doch für ihn sind Menschen immer schon in und mit Welt verflochten und mehr als die Summe ihrer Teile, weswegen nicht nur transaktives und intraaktives, sondern auch resonantes Denken letztlich eine Neudefinition von Kausalität erfordert, welche menschliche wie mehr-als-menschliche Entitäten weder als »reine Ursachen noch reine Wirkungen [versteht], sondern als ein Teil der Welt in ihrem unabgeschlossenen Werden«

26 Teile dieses Kapitels basieren auf den Ausführungen in Steiner & Schröder (2022) und wurden in dieser Arbeit ergänzt.

(Barad 2012: 38). Allen drei Ansätzen geht es um eine Neukonfiguration der Perspektiven auf Welt, Organismen und Dinge, in der relationales In-der-Welt-Sein betont und als kontinuierlich und performativ im Werden begriffen wird. Das heißt Menschen und andere Entitäten sowie Welt werden daher nicht als gegeben angenommen, sondern prozessual-dynamisch und in fortlaufender und wechselseitiger Rekonfiguration verstanden. Dewey beschreibt dieses Gefüge als transaktive Organismen-in-Umwelten-als-Ganzes, Barad als intraaktive Dinge-in-Phänomenen und Rosa als resonante Weltbeziehung, bei der Subjekt schon immer »*eingelassen in* oder *umhüllt von* und *bezogen auf* eine *Welt als Ganzes*« (Rosa 2016: 66) gefasst wird.

Alle drei Ansätze beziehen sich auf Praktiken, in denen Transaktionen, Intraaktionen und Resonanzbeziehungen bzw. die Bedeutungen und Bedeutungsstrukturen der Welt performativ hervorgebracht werden, wobei der Praxisbegriff in allen Theorien recht weitumfassend zu verstehen ist. Eine Übereinstimmung findet sich bei Dewey, Barad und Rosa ebenso in der Annahme, dass Erfahrungsprozesse und die damit verbundenen Transformationen von Entitäten niemals nur auf einer kognitiven Ebene stattfinden, sondern im Sinne von »Er*leben*« (Steiner 2014: 115) immer auch körperlich-leiblich und insofern auch materiell gedacht werden müssen. Das heißt Menschen und andere (leibliche) Wesen eignen sich Welt in verkörperten Erfahrungsprozessen an, wobei Rosa an dieser Stelle wohl mit dem »leibnahsten« Grundbegriff arbeitet und auch entsprechend argumentiert, wenn er schreibt, dass resonante Verhältnisse spürbar nahe gehen oder entfremdete und damit stumme Weltverhältnisse auf ein Nicht-Spüren von sich selbst und von Welt zurückführbar wären (Rosa 2016: 71f). Ähnlich wie Rosa stellt auch Dewey (1995: 26) 90 Jahre[27] zuvor Ähnliches fest, wenn er bezogen auf nichtempirische Methoden, die mit »Resultaten einer Reflexion« beginnen, schreibt, dass diese »den erfahrenen Stoff und die Operation und die Zustände des Erfahrens« künstlich entzweireißen würden (Dewey 1995: 26).

Transaktions-, intraaktions- und resonanztheoretisch gesprochen sind menschliche und mehr-als-menschliche Entitäten demnach leibliche und die Welt mit allen Sinnen erfahrende Wesen. In dieser Auffassung liegt auch einer der Gründe, weshalb Dewey, Barad und Rosa die klassische Vorstellung einer Subjekt-Objekt-Dichotomie der Erkenntnis ablehnen. Erstere formulieren dies in ihren Werken sehr umfassend und argumentieren dabei mit ihren Konzepten von Transaktion und Intraaktion inhaltlich nahezu deckungsgleich.

27 Deweys Werk »Erfahrung und Natur« erschien erstmals im Jahr 1925.

Ihre Ausführungen implizieren, dass Handlungsmacht und -wirkmächtigkeit nicht als Eigenschaft eines intentionalen Akteurs, sondern als das Ergebnis und das Mittel verteilter Fähigkeiten zu verstehen ist, die aus transaktiven und intraaktiven Beziehungen heraus emergieren. Materie und Sinn werden in beiden Ansätzen daher auch als füreinander ko-konstitutiv gesehen und können insofern auch nicht mehr sinnvoll als separate Einheiten betrachtet werden[28]. Den Menschen nun aber nicht mehr als neutralen Beobachter zu verstehen, sondern als Teil eines prozessual verwobenen Ganzen, dezentriert ihn gegenüber der Welt (Steiner 2014b). Dies hat nicht nur ontologische und epistemologische (vom neutralen, objektiven Beobachter zum transaktiv, intraaktiv und resonant eingebundenen), sondern auch ethische und politische Konsequenzen. Allen drei Theorien ist es daher ein Anliegen, nicht nur analytisch aufzufächern, wie unsere Wirklichkeiten warum beschaffen sind, sondern es liegt ihnen gleichermaßen am Herzen, auch die Konsequenzen, Verantwortlichkeiten und kreativen Möglichkeiten, die sich aus spezifischen Trans- und Intraaktionen sowie Resonanzen ergeben, in den Blick zu nehmen. Damit ist für alle drei Theorien die Thematisierung von ethischen Fragen immanent verbunden. In dem Zusammenhang fordern insbesondere Dewey und Barad mit unterschiedlichen inhaltlichen Aufmerksamkeiten die Wissenschaft auf, politische und ethische Verantwortung für die Weltentwürfe zu übernehmen, die in wissenschaftlicher Praxis hervorgebracht werden. Barad (2007: 392) formuliert in dem Zusammenhang eine »Ethik der Weltgestaltung« (*ethics of worlding*), in der der Imperativ zu verantwortlichem Handeln darin besteht, jedem Moment aufmerksam zu begegnen und lebendig für die verschiedenen Möglichkeiten des Werdens zu sein. Demnach stünden einem in jedem Moment mehrere Optionen offen. Man könne sich also jederzeit entscheiden, andere Wege zu gehen und hätte aufgrund der Verwobenheit mit dem Anderen die ethische Verpflichtung, zu antworten: »Each of ›us‹ is

28 Rosa arbeitet sich in seinen Werken nicht am Begriff *agency* oder der Infragestellung des klassischen Subjekt-Objekt-Modells ab. Er nimmt aber ausdrücklich jenes Verständnis von Wissenschaft in die Kritik, welches die »›Objekte‹ [wie] Wälder oder Steine, de[n] Kosmos oder auch die Neuronen oder die […] Individuen kaum als Antwortende« (Rosa 2016: 290) denkt und deren »eigene Stimme« (ebd.: 326) nicht anerkennt. Vor diesem Hintergrund und seiner relational entworfenen Ontologie, interpretiere ich seine Auffassung von Materie und Sinn als füreinander ko-konstitutiv. Indirekt wird dies auch durch folgende Äußerung von ihm bestätigt: »[indem] beide Seiten sich transformieren, gibt es nicht einfach die Materialität und die Sozialität, sondern das, was Realität sein kann, kann sich prozesshaft ko-konstruieren« (ebd.: 100).

constituted in response-ability. Each of ›us‹ is constituted as responsible for the other, as being in touch with the other« (Barad 2014: 161). Wie Rosas Ansatz der Resonanz und dem darin beschriebenen antwortenden Gegenüber, koppelt auch das Intraaktionskonzept seine Ethik an die Idee des Aufeinander-Antwortens (vgl. Hoppe 2017). Ähnlich wie Barad und Dewey versteht auch Rosa seine Theorie als »eine politische Idee« (Gregor & Rosa 2018: 95), weswegen er u.a. Wege eines In-der-Welt-Seins aufzeigt, welches stumme Weltbeziehungen nicht vorherrschend werden lässt und stattdessen auf alternativen, leiblich-resonanten Weltbeziehungen aufbaut (Rosa 2016: 739ff).

Wenn sich nun aber die Welt und menschliche sowie mehr-als-menschliche Entitäten in fortlaufender Wechselbeziehung permanent verändern – so wie dies durch alle drei Theorien vermittelt wird –, dann gilt es jeden Anspruch auf dauerhafte Stabilität und absolute Beherrschung zu hinterfragen. Dewey macht dies, indem er die Welt prinzipiell als offen konzipiert und Wandel sowie die Veränderung von Erkenntnisgegenständen ins Zentrum der Betrachtung rückt (Suhr 2005: 139f). Für Barad (2007) ist es die »Unbestimmtheit der Welt«, die sie in ihre Theorie einschreibt, wobei bei ihr die Theoretisierung dieses unbeherrschbar Ereignishaften insbesondere an eine Reformulierung des Materialitätsbegriffs geknüpft ist (Hoppe 2017). Bei Rosa wiederum ist es der unverfügbare Moment jenseits menschlichen Zugriffs und jenseits menschlicher Kontrolle, dem er Aufmerksamkeit schenkt. All diese Überlegungen implizieren im Grunde dasselbe, nämlich eine grundsätzliche Offenheit gegenüber dem Unvorhersehbarem, dem Ungewissen und gegenüber Neuem.

Die Parallelen zwischen den Ansätzen sind zahlreich und diese erscheinen umso erstaunlicher, als dass Barad in ihren Arbeiten keinen ideengeschichtlichen Bezug auf den klassischen Pragmatismus von Dewey nimmt und Rosa in seinem Werk keine Bezüge zu Barad herstellt, obwohl er für seine Theorieentwicklung ebenso auf physikalische Erkenntnisse zurückgreift (Rosa 2016: 282ff)[29]. Dass Barad Deweys Arbeiten nicht zur Kenntnis genommen hat, ist, wie man nur vermuten kann, möglicherweise ihrer naturwissenschaftlichen

29 Erwähnenswert in dem Zusammenhang ist der Beitrag von Fischer (2018), der auf Überschneidungen zwischen Deweys Transaktionstheorie und den Konzepten zu Intraaktion (Barad 2007) und Transkorporealität (Alaimo 2008) aufmerksam macht. Die Autorin zeigt sich ebenfalls über die fehlende Beachtung pragmatischer Überlegungen von neumaterialistischen Denker:innen verwundert und sieht im Pragmatismus nach Dewey eine wichtige theoretische Quelle für all jene Vertreter:innen feministischer Wissenschaften, die an der jüngeren Hinwendung zu Materialität und Affekt interessiert sind.

Sozialisation geschuldet und in Rosas Fall kann auch nur die Vermutung angestellt werden, dass dies auf seinen soziologischen Hintergrund zurückführbar ist und Barads Überlegungen erst in jüngerer Zeit von Soziolog:innen rezipiert werden (Folkers 2013; Hoppe & Lemke 2015; Hoppe 2017; Gregor et al. 2018)[30].

Dass Barad ohne Kenntnis von Deweys Arbeiten ihr Konzept des agentiellen Realismus entwickelt und sich Rosa in seiner Theorieentwicklung nicht auf Barad bezieht, ist mutmaßlich jedoch auch dafür verantwortlich, dass sich die jeweiligen Ansätze in einigen entscheidenden Punkten unterscheiden (Abb. 3). So sind beispielsweise die empirischen Foki jeweils andere: In einer pragmatisch-transaktionistischen Analyse bilden die sich kontinuierlich verändernden transaktiven Verwobenheiten von Ereignissen und von Organismen mit ihrer Mitwelt den zentralen Untersuchungsgegenstand. Dabei rücken insbesondere die Praktiken und Erfahrungen von Akteuren ins Blickfeld und werden auf ihre sinnlichen und emotionalen Qualitäten hin erforscht (vgl. Geiselhart 2015). Im agentiellen Realismus bildet empirisch betrachtet die Analyse der Praktiken und Apparate von Grenzziehungen das Hauptaugenmerk, wobei es konkret um die Frage geht wer/was materialisiert/materialisierend ist und was konstitutiv ausgeschlossen wird, wer/was also keine Bedeutung bzw. Materialisierung erfährt. Eine resonanztheoretisch angelegte empirische Untersuchung wiederum lenkt ihren Blick auf die Bedingungen für die Etablierung stabiler Resonanzachsen und die Identifikation einzelner, resonanter Erfahrungen. Es werden vor allem leibliche Erfahrungen sowie die Welt in ihrer Unverfügbarkeit in den Fokus gerückt. Während die Bedeutungen der Welt für Vertreter:innen des Pragmatismus in menschlichen Erfahrungs- und Forschungsprozessen performativ in transaktiver Verbindung mit der Welt hervorgebracht werden, werden sie im agentiellen Realismus durch Apparate und in der Resonanztheorie durch selbstwirksame Erfahrungen erzeugt.

30 In einem jüngeren Interview weist Rosa auf die Nähe seines entwickelten Konzepts zum agentiellen Realismus hin (Gregor & Rosa 2018). So stimme er in einigen Punkten mit Barad überein, beispielsweise in der Annahme, dass Relation immer schon war, ist und sein wird, oder auch in der Ko-Konstruktion zwischen Ontologie, Epistemologie und Ethik (ebd.: 101ff). Ebenso findet er ihr Verständnis von Materie sehr ansprechend und gesteht die fehlende Ausdifferenzierung des Materialitätsbegriffs in seiner Theorieentwicklung als mögliche Schwäche ein (ebd.: 97).

Abb. 3: Die Konzepte Transaktion, Intraaktion und Resonanz im Vergleich.

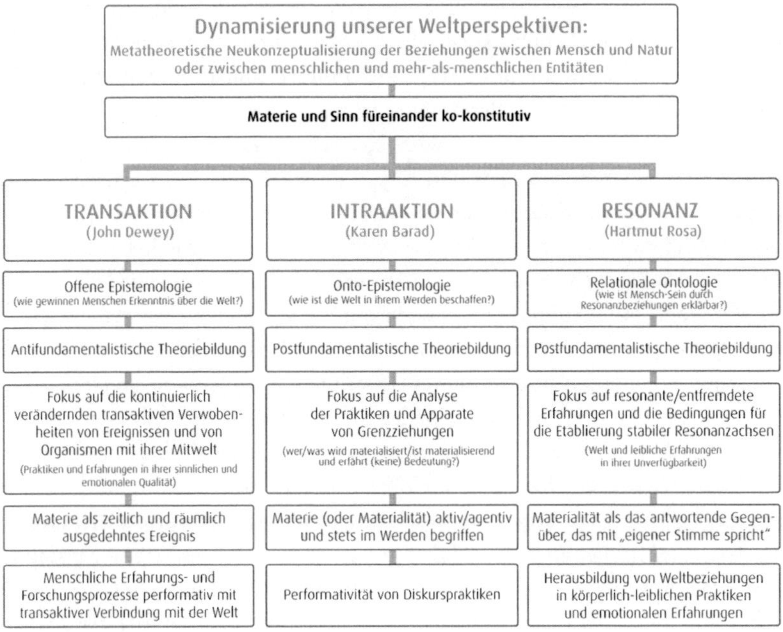

Quelle: verändert und erweitert nach Steiner & Schröder 2022

So wichtig diese Unterschiede auch sein mögen, liegt jedoch der zentrale Unterschied der Perspektiven in ihrer metatheoretischen Grundkonzeption. Während Dewey Interesse daran hat zu verstehen, wie Menschen in praktisch tätigen, alltäglichen Erfahrungs- und Forschungsprozessen zu ihren Überzeugungen von der Wirklichkeit der Welt gelangen, entwickelt Barad eine neue Onto-Epistemo-logie, die erklärbar machen soll, wie Diskurs und Materie miteinander verwoben sind und dabei die für unsere Wirklichkeitskonstitution notwendigen Grenzziehungen hervorbringen. Rosa wiederum entwickelt eine relationale Ontologie, mit der er das Ziel verfolgt entfremdete Weltverhältnisse sichtbar und verstehbar zu machen und Resonanz als »ein Metakriterium des gelingenden Lebens« (Rosa 2016: 749) zu etablieren. Damit ist Rosas Theorieentwurf im Unterschied zu den Überlegungen von Dewey und Barad ein normativer, da er Resonanz bzw. regelmäßig stattfindende Resonanzerfahrungen als Maßstab für ein gutes Leben setzt. Einen weiteren Unterschied zwischen der entwickelten Resonanztheorie nach Rosa und den

Konzepten der Transaktion und Intraaktion besteht darin, dass ein Verbundensein im Sinne von Resonanz an bestimmte Voraussetzungen geknüpft ist. Das heißt ein Verhältnis zwischen Mensch und Welt erweist sich erst dann als resonant, wenn dieses durch einen unverfügbaren Moment der Affizierung und Berührung, der Erfahrung von Selbstwirksamkeit sowie von Transformation beider Seiten gekennzeichnet ist. Resonanz beschreibt also eher ein Gefühl, ein viszerales und responsives Erlebnis, ein wechselseitiges Gewahrsein, während Dewey und Barad ihre Transaktions- bzw. Intraaktionsentwürfe weniger stark auf der leiblich-spürbaren Ebene konkretisieren. An dieser Stelle sieht Rosa auch einen wesentlichen Unterschied zwischen seinem Konzept und den Überlegungen von Barad. Denn während diese jedes Beziehungsverhältnis responsiv bzw. intraaktiv beschreibe, unterscheide er zwischen resonanten und stummen Relationsmodi – um so konzeptionell letztlich jene dispositionale Haltung der Offenheit zu berücksichtigen, die ein Berühren, Antworten und Transformieren zulässt (Gregor & Rosa 2018: 99ff)[31].

Barad entwickelt also eine Ontologie, die Materie als etwas auffasst, das aus sich selbst heraus tätig ist und auch Rosas Idee des »antwortenden Materials, [welches] immer auch die Möglichkeit und das Auftreten von Widerstand, von Unvorhergesehenem und von Überraschungen [miteinschließt]« (Rosa 2016: 396), impliziert eine ähnliche Auffassung. Mit dem Begriff der Transaktion hingegen versucht Dewey zu beschreiben, wie Materialität »in die Erfahrung menschlicher Organismen eingebettet ist, direkt als Formen des Widerspruchs (oder der Kraft) und gleichfalls als qualitative, soziale und kulturelle Erfahrung« (Bridge 2013: 306, eigene Übersetzung). Im klassischen Pragmatismus nach Dewey ist Materie insofern nicht als etwas zu verstehen, das »aus eigener Kraft heraus« tätig werden kann, weswegen der Transaktionsansatz auch weniger Gefahr läuft, naturalistische Ansichten zu generieren. Zudem wendet sich Dewey von ontologischem Denken ab »und erfasst die

31 An der Stelle gilt es anzumerken, dass es Barad nicht um die Differenzierung zwischen unterschiedlichen Weltverhältnissen geht, sondern um den Nachweis, dass ein In-der-Welt-Sein immer schon Antwortbeziehungen impliziert. Das Gegenüber ist im agentiellen Realismus daher nicht »in einem Außen« begriffen, dem es zu antworten gilt. Vielmehr sind die Beziehungen unendlich ausgedehnt, da jede Intraaktion zugleich eine Beziehung der Verantwortlichkeit (im Sinne der auf S. 73 angesprochenen *responseability*) ist. Wie sich diese Ver-Antwortungs-Beziehung aber konkret zwischen Entitäten ausgestaltet, wird von Barad bislang nicht ausreichend beschrieben (vgl. Hoppe 2017: 171).

Auseinandersetzung des Menschen mit der seiner Erkenntnis vorausgehenden Welt als den Bezugspunkt und den Ursprung allen Denkens« (Geiselhart 2015: 206). Der Pragmatismus verhält sich damit metaphysisch agnostisch und präsentiert eine rein epistemologische Perspektive auf die Dinge (Steiner 2014a: 113). Er argumentiert daher antifundamentalistisch, während Barad und Rosa ihre Theorien postfundamentalistisch[32] begründen. Dass Dewey sein Bild der Welt prozessual-dynamisch entwirft (so wie auch Barad und Rosa) drückt insofern nicht seine ontologische Überzeugung aus, sondern begründet sich dadurch, dass sich ein solcher Entwurf praktisch besser zum Verständnis der Welt bewährt hat, als andere Entwürfe. Indem Dewey also argumentativ dafür eintritt die Welt in dieser Art und Weise zu verstehen, heißt für ihn nicht, dass sie so ist. Barad hingegen begründet die Existenz von Dingen ontologisch-epistemologisch und nicht praktisch wie der Pragmatismus. Sie entwirft ihre Neologismen aber grundsätzlich offen und denkt gegen die Universalisierung von Theorien an. Es geht ihr also nicht um die Absolutsetzung von Begrifflichkeiten, sondern darum von ihnen ausgehend Bündnisse zu schließen. Nirgendwo wird diese Offenheit und zugleich auch Irritierung deutlicher, als bei der Benennung ihres Konzepts des »agentiellen Realismus«. Diese widersprüchliche Begriffskombination hilft ihr darauf

32 Die Frage inwiefern Barads und Rosas Ansätze fundamentalistisch oder nicht-fundamentalistisch zu charakterisieren sind, ist durchaus nicht einfach zu beantworten (für eine Diskussion zu Barad siehe Hoppe & Lemke 2015). Denn Barad beispielsweise sieht die ihrer Onto-Epistemo-logie zugrundeliegende Quantenphysik einerseits nicht als unabhängige und objektive Wahrheit über die Welt an. Vielmehr beinhaltet ihre agentiell-realistische Interpretation von Quantenphysik eine Kritik und Neubearbeitung traditioneller Konzeptionen von Ontologie, Epistemologie und Ethik sowie der Auffassung, dies seien voneinander abkoppelbare Analysekategorien. Dezidiert tritt sie daher auch für die Überzeugung ein, dass auch ihr agentieller Realismus keine in sich geschlossene Perspektive darstellt, sondern sich weiterentwickeln können müsste. Andererseits deuten ihre entwickelten Neologismen und die vielen ontologischen Setzungen ihres Ansatzes darauf hin, dass sie ihr Konzept ontologisch-epistemologisch grundlegend und in diesem Sinne fundamentalistisch denkt. Auch Rosa baut seine Theorie auf der Annahme auf, dass das menschliche Dasein grundlegend auf der Basis von Resonanzbeziehungen fußt. Da aber sowohl das Intraaktions- als auch das Resonanzkonzept auf einer sich ständig im Fluss befindenden und kontingenten Basis gründen, die fortlaufend (re)konfiguriert wird und insofern für Veränderungen offen gestaltet ist, stimme ich an der Stelle Hoppe & Lemke (2015) zu, die Barads Theoriebildung als »postfundamentalistisch« (Marchart 2010: 16) einordnen und schlage vor Rosas Theorieentwurf ebenso als solchen zu bezeichnen.

hinzuweisen, dass es nicht unwesentlich ist, wie Realität, auch jenseits des Sozialen und Menschlichen, theoretisiert wird: »How *reality* is understood matters« (Barad 2007: 205). Ihr geht es darum die realistische Ontologie zu unterlaufen, indem sie Materie in ihrer Unbestimmtheit theoretisiert, wobei das Attribut »agentiell« darauf hinweisen soll, dass sie die Welt als eine auffasst, die in Relationen erst entsteht (vgl. Hoppe 2017: 164). Rosa wiederum stellt sich hinsichtlich ontologisch-epistemologischer Aspekte die Frage, ob Resonanz nur rein psychisch stattfindet, als eine Weise zu fühlen, oder sie tatsächlich ontologischen Status hat und sich zwischen einem selbst und Welt ereignet. In seiner Antwort bezieht er sich interessanterweise auf Barad (Gregor & Rosa 2018: 93), indem er an ihre Gedanken anlehnend feststellt, dass sich »ontologische, epistemologische und ethische Fragen nicht mehr so leicht voneinander unterscheiden lassen, weil es um eine bestimmte Haltung zur Welt geht«. Für Rosa sind Kognition und Ontologie in dem Punkt untrennbar miteinander verschränkt.

Wenn sich – wie alle drei Theorien nahelegen – unsere Welt und wir uns permanent verändern, dann müssen auch unsere Theorien zur Erklärung dieser stetig im Fluss bleiben und veränderbar sein. Vor diesem Hintergrund und anknüpfend an den offenen Charakter der drei gewählten Konzepte schlage ich daher vor diese weniger voneinander abgegrenzt, als vielmehr in fruchtbarer Konfrontation zueinander zu betrachten. Inwieweit die Auswahl der Theorien die Absteckung des Methodenrepertoirs beeinflusst hat, soll nun im nächsten Kapitel besprochen werden.

3 Mensch-Tier-Verstrickungen fassen und vermitteln

Methodologische Konsequenzen und methodisches Herangehen

Das Ideal einer forschenden Person, die aus einer externen Position auf die Welt blickt und Prozesse und Phänomene zu erklären versucht, wird mit einer transaktions-, intraaktions- und resonanztheoretischen Perspektive aufgegeben. Dies erklärt sich dadurch, dass sich die gewählten Konzepte vom klassischen Denken in Subjekt-Objekt-Kategorien abwenden, indem sie dieselben nicht als determiniert, sondern erst in Beziehung zueinander hervorgebracht und insofern als Produkte situierter menschlicher und mehr-als-menschlicher *agency* verstehen. Wenn wir nun aber für unsere wissenschaftlichen Untersuchungen solch relationale und nichtdualistische Theorien heranziehen, in denen Welt nicht mehr als eine»da draußen wartend« aufgefasst wird, die wir als Forschende *from a distance* beobachten und »objektiv« analysieren, dann hat dies Auswirkungen auf unsere Method(ologi)en und wirft für den vorliegenden Forschungskontext eine Reihe neuer Fragen auf: Wie erforschen wir Mensch-Tier-Verknüpfungen, wenn die Kommunikation zwischen Mensch und Tier mittels gesprochener Sprache stark eingeschränkt ist? Was können wir verstehen? Wie nähern wir uns weniger anthropozentrisch dem Feld und den zu untersuchenden tierlichen Individuen und welche Konsequenzen ergeben sich aus der nichtdualistischen Untersuchung von Mensch und Tier einerseits für die Repräsentation und Kommunikation der Forschungsergebnisse und andererseits für uns als Forschende und unser Verhältnis zu Tieren? Dieses Kapitel will durch die Beantwortung dieser Fragen einer mehr-als-menschlichen Geographie des Verbundenseins eine methodologisch-methodische Grundlage geben. Dazu wird zunächst der aktuelle Forschungsstand zur Methodik in den mehr-als-menschlichen Geographien bzw. den neuen Tiergeographien geschildert. Danach folgt mit einem Fokus auf Leiblichkeit die Erörterung jener Dimension, die Menschen und Tiere miteinander verbindet. Im darauffolgenden Teil wird das Thema »des Verstehens von Tieren« in den Blick genommen und die damit verbundene Situiertheit von Forschenden im Rahmen mehr-als-menschlicher Forschung behandelt. Das nächste Unterkapitel skizziert das auf den drei vorigen Abschnitten entwickelte Forschungsdesign, welches über die konventionellen textbasierten Arbeitsmethoden der Humangeographie hinausgeht und neben traditionellen Herangehensweisen auf experimentellen Praktiken aufbaut, die leibliche und viszerale Erfahrungsdimensionen aktiv miteinschließen. Und schließlich folgt eine Reflexion über die Vermittlung von Erkenntnissen aus mehr-als-menschlicher Forschung, wobei ich hier mit der Erörterung von Comics als narratives Medium sowie der kollaborativen Comicgestaltung als Methode, die Debatte um neue, mehr-als-sprachliche Zugänge und Kommunikationsmöglichkeiten, erweitere. Vor dem Hintergrund ist dieses Kapitel nicht als ein Methodenteil zu verstehen, in dem die gewählten Herangehensweisen an das Feld sowie ausschließlich die Auswertung der Ergebnisse beschrieben werden. Vielmehr möchte ich mich darin grundsätzlicher mit den empirischen Konsequenzen aus transaktions-, intraaktions- und resonanztheoretischer Forschung beschäftigen, verschiedene Herangehensweisen im Kontext ihrer jeweiligen Forschungsstände diskutieren und neue Vorschläge für eine nichtdualistische(re) Erschließung von Mensch-Tier-Dynamiken formulieren.

3.1 Ethnographische Dezentrierung des Menschen: ein Methodenüberblick

Mehr-als-menschliche Geographien und neue Tiergeographien zeichnen sich prinzipiell durch einen nichtdualistischen Anspruch aus. Geht es in der Feldforschungsphase allerdings darum, diesem Anspruch gerecht zu werden und beispielsweise Elemente abseits des Verbalen zu berücksichtigen und zu kontextualisieren, stoßen Forschende mit dem etablierten methodischen Repertoire der empirischen Sozialforschung an ihre Grenzen. Schon Whatmore (2004: 1362) hat deshalb festgestellt, dass mit den mehr-als-menschlichen Geographien die dringende Notwendigkeit einhergeht, die in der Humangeographie vertrauten Herangehensweisen, die darauf basieren Gespräche und Texte zu generieren oder bestehende Textkorpora zu analysieren, um experimentelle Praktiken zu ergänzen, die andere leibliche und sensorische Erfahrungsdimensionen miteinschließen und so auch das Verständnis unserer Forschungsgegenstände erweitern. Doch während die konzeptionelle Debatte zur Überwindung dualistischer Denkkategorien zwischen menschlichen und mehr-als-menschlichen Akteuren weiter fortgeschritten ist, sind – wie bereits in Kapitel 1.1 angesprochen – die Beiträge zu den daraus ableitbaren method(olog)ischen Konsequenzen bis heute vergleichsweise unterrepräsentiert (Lorimer 2010: 239; Dowling et al. 2017: 824). Nicht zuletzt deshalb besitzen die mehr-als-menschlichen Geographien und ebenso die neuen Tiergeographien kein abgestecktes Methodenrepertoire. Vielmehr fließen die methodologischen und methodischen Diskussionen aus den nicht-repräsentationalen Geographien (Thrift 2008; Schurr & Strüver 2016), den affektiven Geographien (Anderson 2006; Dirksmeier & Helbrecht 2013; Schurr 2014; Militz 2022), den feministischen Geographien (Longhurst 2001; Bondi 2005; Bruckner 2018), den Multispezies-Ethnographien (Kirksey & Helmreich 2010; Ogden et al. 2013) und den sensorischen Ethnographien (Pink 2015) in die Forschungsfelder ein, in denen es auch um die Berücksichtigung von viszeralen Elementen im Forschungsprozess (Longhurst et al. 2009; Hayes-Conroy & Hayes-Conroy 2010; Hafner 2022) und damit verbunden um das Experimentieren in der Erhebung und Analyse von Daten sowie der (Re-)Präsentation derselben geht.

Vor diesem Hintergrund und angesichts der überschaubaren Anzahl method(olog)isch orientierter Beiträge, überrascht es auch nur bedingt, dass im Lehrbuch zur Geographie von Mensch-Tier-Verhältnissen (Urbanik 2012) ein Kapitel zur Methodik in den neuen Tiergeographien fehlt. Stattdessen weist die Autorin auf die Herausforderung des Fassens von Mensch-Tier-Beziehungen hin und stellt in Aussicht, dass die methodische Annäherung an Tiere als individuelle Subjekte künftig die größte Schwierigkeit für Tiergeograph:innen darstellen wird. Auch Buller (2015) identifiziert in seinem Review-Artikel zur Methodik in den neuen Tiergeographien drei konkrete Herausforderungen: Erstens müssten entsprechende Methoden über eine abstrakte Kategorisierung von Tieren nach Art, Funktion oder Vorkommen hinauskommen und Tiere als in ein soziales Gefüge mit Menschen eingebettet verstehen; zweitens seien Untersuchungen erforderlich, die den Subjektstatus von Tieren anerkennen – im Sinne eines »the animal that sees« (Derrida 2008: 82) und nicht entlang eines »the animal as it is seen« (ebd.); und drittens bedürfte es einer engeren Zusammenarbeit zwischen den Natur- und Sozialwissenschaften für die Entwicklung geeigneter Konzepte und Methoden.

Abb. 4: Situiertheit der forschenden Person im mehr-als-menschlichen Feldforschungsprozess mit Tieren.[1]

Quelle: eigener Entwurf; Grafik: K. Wycik

Eine überschaubare Anzahl an Geograph:innen versucht sich dieser Herausforderungen anzunehmen, indem sie den Mensch im Feldforschungsprozess durch die Fokussierung auf die Ko-Konstitution von Mensch-Tier-Beziehungen (und nicht durch die Fokussierung auf die Entitäten »an sich«), ethnographisch dezentriert (Abb. 4). Dazu wird einerseits auf konventionelle Herangehensweisen wie qualitative Einzelinterviews, Fokusgruppen oder Fotografie und Film zurückgegriffen, in denen das Fühlbare zwischen Menschlichem und Mehr-als-Menschlichem über Sprache, Text, Zeichnungen und (bewegtem) Bild versucht wird einzufangen. So sehen beispielsweise Fletcher & Platt (2018) in Walking-Interviews mit Hundebesitzer:innen eine Möglichkeit, um die verkörperten Beziehungen zwischen Mensch und Tier tiefgehender zu erschließen. Alam et al. (2018) versuchen die partizipative Fotografie als Methode für die mehr-als-menschliche Forschung fruchtbar zu machen und Lorimer

1 In einer mehr-als-menschlichen Feldforschung mit nichtdualistischem Anspruch wird der Mensch ethnographisch dezentriert, indem der Fokus auf die Ko-Konstitution der Beziehungen zwischen menschlichen und mehr-als-menschlichen Entitäten gerichtet wird und mehr-als-sprachliche Dimensionen des In-Beziehung-Tretens Berücksichtigung finden.

(2010) sowie Bear et al. (2017) wiederum schlagen den Einsatz von Videoaufzeichnungen vor, um tierliche Aktivitäten und die damit verbundenen Affekte stärker in den Blick zu nehmen und die Lebewesen in gewisser Weise »für sich selbst sprechen zu lassen« (ebd.: 252).

Andererseits gibt es Beiträge, die wie Dowling et al. (2017: 825) es bezeichnen,»*mehr* mit Mehr-als-Menschlichem machen« und dem nichtdualistischen Anspruch in empirischer Hinsicht versuchen gerecht(er) zu werden. Beispielsweise indem die Forschenden die menschliche Kontrolle im Feld ablegen und sich von tierlichen Bewegungen leiten lassen (Bell et al. 2018), oder sich in die Perspektive mehr-als-menschlicher Entitäten versuchen zu versetzen und multisensorisch in deren Lebenswelten eintauchen (Hinchliffe et al. 2005; Schröder & Steiner 2020). Das methodische Experimentieren ist bei diesen als *messy* bezeichneten Herangehensweisen vordergründig (Buller 2015: 376; Dowling et al. 2017: 330), indem der Körper des:r Forschenden zum Erhebungsinstrument und damit zur Quelle leiblich-affektiver und viszeraler Primärdaten wird.

3.2 Leiblichkeit als verbindendes Element und die (Re-)Aktivierung der Sinne

Im Rahmen experimentell angelegter mehr-als-menschlicher und tiergeographischer Forschung, gewinnen nun also verkörperte und damit nicht-verbalisierbare Elemente jenseits der Ratio an Bedeutung[2]. Dies ist insofern naheliegend, da die gesprochene Sprache als Mittel zur Kommunikation mit tierlichen Wesen weitgehend ausfällt. In dem Zusammenhang weist Buller (2015: 378) darauf hin, dass sich Menschen und Tiere zwar nicht via Worten gemeinsam unterhalten können, sie aber ein leibliches Leben und Bewegungen miteinander teilen, die im alltäglichen Tun biologisch und sozial unterschiedliche Formen des In-der-Welt-Seins zur Folge haben. Demnach lässt sich über die Dimension der Leiblichkeit und über unsere Körpersprache eine Verbindung zu Lebewesen herstellen. Oder anders ausgedrückt: Leibliche Erfahrungen im Zuge von Mensch-Tier-Begegnungen stellen eine »nonverbale Kommunikationsbasis« dar.

2 Die Überlegungen dieses Kapitels basieren auf der Publikation Schröder (2022b). Sie wurden stellenweise verändert und ergänzt.

Dass sich die Beziehung zwischen Mensch und Tier in erster Linie leiblich ausdrückt, darauf weist beispielsweise auch Pütz (2019) in seiner Untersuchung zu Mensch-Pferd-Beziehungen hin – und zwar im Sinne eines Berühren (und Berührt-Werden), Betrachten (und Betrachtet-Werden), Hören (und Gehört-Werden) sowie Riechen (und Berochen-Werden). Die Entitäten erkennen und spüren sich durch »leibliche Kommunikation« (Schmitz 2009) im jeweils anderen, wenn dieser auf die eigenen Bewegungen reagiert (Pütz 2021; Pütz et al. 2022). Diese zwischenleibliche Beziehung bezeichnet Brandt (2004: 307) als »dritte Sprache«, welche die Lebewesen im Zuge ihrer Begegnung ko-kreieren und gemeinsam erst lernen müssen. Maurstad et al. (2013: 332) schreiben von »sprechenden Körpern«, die menschliche und tierliche Entitäten im Zusammensein haben und Haraway (2008: 25) formuliert das gegenseitige und sensorische Kennenlernen als »Tanz der Relationen« (*the dance of relating*) – ein gemeinsames Werden ohne Worte[3], ein Fadenspiel aus dem Mensch und Tier gemeinsam hervorgehen.

Die Beachtung dieser leiblichen »zwischen-mensch-tierlichen Beziehung« ist für eine mehr-als-menschliche Geographie des Verbundenseins von Relevanz. Für die Feldforschungsphase bedeutet sie aber, dass das Fassen dieser Verbindung ein zutiefst sensorisches Unterfangen wird – »eine Auseinandersetzung mit etwas, das nicht einfach zu sehen ist oder erzählt werden kann, sondern vor allem gefühlt wird« (Davies & Dwyer 2007: 262, eigene Übersetzung). Da die aktive Berücksichtigung und Benennung des Viszeralen im Rahmen der Feldphase keine traditionelle Herangehensweise der Humangeographie (und anderer Disziplinen) darstellt und wir daher als Studierende und Forschende nicht darauf geschult sind, müssen leibliches Spüren sowie die (Re-)Aktivierung aller fünf Sinne im Forschungsprozess, eigens eingeübt werden. Latour (2004: 205) beschreibt diesen Prozess auf einer konzeptionellen Ebene – und ohne Bezug zum Begriff des Viszeralen – als *learning to be affected*, ein Lernen von anderen Wesen affiziert zu werden und die Entwicklung eines Bewusstseins dafür, dass auch wir in der Lage sind, andere zu affizieren. Pütz & Schlottmann (2020: 103) denken Latours Ausführungen weiter und schlagen ein *learning to be intercorporeal* vor, ein Lernen von leiblicher Verbundenheit zur Welt und zu den begegnenden Anderen, den Tieren. Inwiefern diese Ansätze

3 Die Verwendung des Begriffs »Tanz« erscheint mir für die nonverbale Begegnung und Kommunikation zwischen Mensch und Tier besonders passend. Denn in Studien wurde herausgefunden, dass Tanzen ein Gefühl der Verbundenheit und Gleichheit entstehen lässt und Menschen empathischer macht (Tarr et al. 2014; Christensen et al. 2016).

im Kontext von Mensch-Wolf-Beziehungen operationalisiert werden können und der Forschungsgegenstand damit mit einem »zusätzlichen Layer der Körper_Geist Intra-Aktionen« (Hafner 2022: 297) analysierbar wird, zeigt die Diskussion im Abschnitt zum entwickelten Forschungsdesign (Kap. 3.4). Im Kontext des Erforschens leiblicher und multisensorischer Mensch-Tier-Beziehungen stellt sich auch unmittelbar die Frage nach dem Verstehen und der Nachvollziehbarkeit tierlicher Logiken und Gefühle, die im Nachfolgenden bearbeitet wird.

3.3 Being human - becoming animal? Zum Verständnis tierlicher Perspektiven

Der Mensch ist eines von vielen Tieren und als leibliches Wesen vielfältig mit seiner Mitwelt verbunden[4]. In der Verhaltensforschung ist man sich allerdings uneinig darüber, inwiefern tierliche Erfahrungen von Menschen erfasst und tatsächlich verstanden werden können. So spricht beispielsweise eine Gruppe von Verhaltensforscher:innen den Tieren zwar ein Erleben von Freude, Angst oder Schreck zu, zweifelt allerdings an der angemessenen wissenschaftlichen Repräsentation derselben. Diese Vertreter:innen argumentieren, dass die Repräsentation tierlicher Affekte und Emotionen anthropozentrisch wäre und den Fallstricken des Anthropomorphismus erliegen würde – der Projektion menschlicher Eigenschaften auf andere Lebewesen (für eine Diskussion siehe bspw. Dawkins 2012). Demgegenüber stehen Etholog:innen, welche die Herausforderungen bei der Analyse leiblich gemachter Tiererfahrungen zwar anerkennen, der Idee des Verstehens tierlicher Affekte und Emotionen aber pragmatischer gegenüberstehen und in dem Zusammenhang auch auf die Schwierigkeit des Fassens und Nachspürens menschlicher Gefühle verweisen (Burghardt 2007). Basierend auf Beobachtungen und Verhaltensexperimenten sowie neueren Erkenntnissen zum neuronalen Netzwerk von Wirbeltieren, schreiben die Vertreter:innen dieser Position den Tieren auch Gefühle wie Stress, Scham, Trauer, Reue, Erstaunen, Empathie und Altruismus zu (Bekoff 2007; de Waal 2012, 2020). Da sich diese Forscher:innengruppe nicht in Opposition zu tierlichen Lebewesen versteht, sieht sie im Anthropomorphismus

4 Teile dieses Kapitels basieren wörtlich auf der Publikation Schröder (2022b).

für die Erklärung tierlichen Verhaltens auch nichts grundsätzlich Negatives, sofern er reflektiert und investigativ betrieben wird[5].

Vor diesem Hintergrund und hinsichtlich des Verstehens tierlicher Lebenswelten, kann es in der mehr-als-menschlichen Feldforschung demnach nicht darum gehen, tierliche Affekte und Emotionen so treu wie möglich abzubilden – wie dies beispielsweise mit rationalen Zugängen in Form von Messungen und Verhaltensexperimenten angestrebt wird. Vielmehr gilt es im Sinne eines *Mit-fühlens* danach zu fragen, wie es für Wölfe beispielsweise ist, auf eine ungeschützte Schafsherde, auf Elektrozäune, auf Menschen oder Herdenschutzhunde zu treffen und wie diese Begegnungen wiederum auf die jeweiligen Tiere zurückwirken. Der Erkenntnishorizont der Forschenden wird so weit als möglich ausgedehnt, bei gleichzeitiger Anerkennung, dass eine Horizontverschmelzung im Sinne eines »Rollentausches« nicht möglich ist[6]. Was aber möglich erscheint, ist seine Verwandtschaft zu den Tieren im Sinne Merleau-Pontys (2003: 63) Erkenntnis anzuerkennen:

> »Von dem Augenblick an, in dem ich erkannt habe, dass meine Erfahrung, gerade insofern sie die meine ist, mich dem öffnet, was ich nicht bin, dass ich für die Welt und die Anderen empfindsam bin, nähern sich mir in einzigartiger Weise alle Wesen, die das objektive Denken auf Distanz hielt. Oder umgekehrt: Ich erkenne meine Verwandtschaft mit ihnen, ich bin nichts als ein Vermögen ihnen Widerhall zu geben, sie zu verstehen, ihnen zu antworten«.

Eine solche empathische Perspektivenerweiterung (s. dazu im Detail Kap. 3.4.4 »Empathisch-multisensorisches Im-Feld-Sein und -Werden) knüpft an die Idee von *becoming animal* (Deleuze & Guattari 1987) an, deren Kern darin besteht, die menschliche Perspektive zugunsten des zu untersuchenden Tieres in den Hintergrund zu rücken und ein Verständnis für dessen Logik,

5 Dieser dann als so bezeichnete »kritische Anthropomorphismus« verwendet im ersten Schritt anthropomorphe Muster, um tierliches Verhalten überhaupt beschreiben zu können, um im darauffolgenden Schritt zu prüfen, ob diese Muster für die Erklärung des Verhaltens angemessen sind (Wild 2007; Lorimer et al. 2019).

6 Eine Horizontverschmelzung ist übrigens auch zwischen Mensch und Mensch nicht möglich (siehe bspw. Gebhardt et al. 1995: 20f und Mattissek et al. 2013: 138f), wenngleich der Versuch einer Perspektivenübernahme zwischen Menschen einfacher erscheint, als zwischen Menschen und Tieren.

Physiologie und ökologische Einbettung zu generieren[7]. Für Deleuze und Guattari beinhaltet Tier-Werden auch eine politische Dimension, da durch das Einnehmen der Position des Anderen, des Fremden und Unterdrückten, Machtverhältnisse hinterfragt werden (Kompatscher et al. 2017: 175).

Verstehen im Kontext mehr-als-menschlicher Forschung ist vor dem skizzierten Hintergrund also immer »nur« eine Annäherung an tierliche Lebenswelten. Selbst die sehr bekannten und jeweils über mehrere Wochen angelegten Projekte von Foster (2016) wie ein Dachs, Otter oder Hirsch zu leben, können letztlich auch nur als eine solche, wenngleich als eine sehr intensive, an tierliches In-der-Welt-Sein, begriffen werden. Solche Herangehensweisen oder auch jene, die beispielsweise auf ein Mitmachen und eine leibliche Verinnerlichung von menschlichen Praktiken im Zusammenleben mit Tieren abzielen, können jedoch für ein tieferes Verstehen von menschlichen wie tierlichen Erlebnissen und deren Beziehungserfahrungen fruchtbar sein (vgl. Kusenbach 2003; Wenzl et al. 2019: 345f). Denn durch die leibliche Eingebundenheit und die Bewegung im Raum lassen sich mehrere Aspekte menschlicher wie tierlicher Alltagserfahrung ausleuchten und reflektieren.

Für die mehr-als-menschliche Feldarbeit *mit* Tieren bedeutet dies aber, dass diese Prozesse der Annäherung und die damit verbundenen leiblichen und viszeralen Erfahrungen, aktiv benannt und transparent zu machen sind. Der nachfolgende Abschnitt zum entwickelten Forschungsdesign liefert einen methodischen Rahmen hierfür. In Teilen wurde dieser bereits in Schröder

---

7 Das Konzept *becoming animal* zielt nicht darauf ab, tatsächlich Tier zu werden, sondern ein kommunikatives Bündnis zu erzeugen (Kompatscher et al. 2017: 175). Dieses Bündnis kann entweder zwischen der forschenden Person und einem Tier aufgebaut und analysiert werden, wie es beispielsweise Stewart (2011) mit ihrem Versuch ein Sperling zu werden beschreibt und nachspürt, wie der Vogel saisonal lebt, was er braucht und wie sein soziales Umfeld sein Leben prägt. Oder das Mensch-Tier-Bündnis wird durch eine dritte Person untersucht, wie in der Analyse von Lorimer (2008) zur Beziehung von Ornitholog:innen und Wachtelkönigen. Das Zählen der Vögel beschreibt Lorimer als leiblich-affektive Praxis, die den Vogelforscher:innen mit der Zeit ein Nachspüren tierlicher Rhythmen ermöglicht, bis hin zum Erkennen einzelner Individuen durch deren spezifische Laute. Sehr ähnlich formulieren es Bear & Eden (2011), die den Angelsport als *becoming fish* interpretieren. Demnach würden Angler:innen versuchen, sich in die Denke von Fischen zu versetzen (um »ihre« Beute zu überlisten), genauso reagieren die Fische auf die Rhythmen und Praktiken der Menschen (*becoming human*). Wie ein Fisch »zu denken« ist den Autor:innen zufolge insofern reflexiv, als Angler:innen die potenzielle Adaption der Fische wiederum in ihrer Jagdstrategie berücksichtigen.

& Steiner (2020) sowie Schröder (2022a, 2022b) beschrieben und im Rahmen dieser Arbeit durch weitere Inhalte ergänzt. Es handelt sich hierbei um keine geschlossene Auswahl methodischer Handreichungen, denn dies würde dem offenen Charakter der drei gewählten Theorien widersprechen, auf denen diese Arbeit aufbaut und aus denen sich die Methodenwahl ableitet. Vielmehr ist es ein Mix bestehend aus etablierten humangeographischen Herangehensweisen und alternativen, mehr-als-rationalen Zugängen, die für den gewählten Forschungsgegenstand dieser Arbeit neu erarbeitet und experimentell erprobt wurden.

3.4 Auf dem Weg zu einem nichtdualistischen Forschungsdesign

Die in dieser Arbeit durchgeführte Empirie zielt im Wesentlichen darauf ab, sowohl sichtbare als auch unsichtbare Verbindungen zwischen menschlichen und tierlichen Entitäten aufzudecken, indem sie die veränderten Praktiken und gemachten Erfahrungen im Zuge der Wolfsrückkehr in ihrer leiblichen, affektiven, materiellen und viszeralen Qualität sichtbarer macht und dadurch das Verständnis für den Umgang der Menschen mit den rückkehrenden Beutegreifern schärft. In dem Zusammenhang war es mir ein Anliegen, die anthropozentrische Voreingenommenheit so weit als möglich zu reduzieren und damit verbunden offen für jene unkonventionellen Methoden zu sein, die neben dem Sicht- und Hörbaren noch andere Dimensionen des (Er-)Lebens berücksichtigen (vgl. Schurr & Strüver 2016). Vor dem Hintergrund werden nach einer Vorstellung des Untersuchungsgebiets und einer Beschreibung des Feldzugangs die angewandten und teils neu entwickelten Methoden vorgestellt. Diese gestalten das Fassen der Verwobenheiten zwischen Mensch und Tier möglichst umfangreich und mehrdimensional, um so nicht zuletzt auch für die beschriebenen Herausforderungen mehr-als-menschlicher Methodik (s. Kap. 3.1) neue Lösungswege anzubieten.

3.4.1 Untersuchungsregion Calanda (CH) und Feldzugang

Die empirische Untersuchung dynamischer Mensch-Wolf-Beziehungen erfolgte im Gebiet des Calandamassivs nahe der Stadt Chur (Abb. 5 und 6a), wo sich im Jahr 2012 seit 150 Jahren erstmals wieder ein Wolfsrudel in der Schweiz etablierte (Abb. 7a und 7b). Die beiden Elterntiere sind aus Italien eingewandert und haben bis einschließlich 2018 jährlich zwischen vier und acht Welpen aufgezogen (AJF 2014–2019). Letztere sind in andere, teilweise benachbarte Gebiete innerhalb des Kantons Graubünden oder darüber hinaus abgewandert und haben neue Rudel gegründet[8], sie verunfallten im Straßen- und Bahnverkehr oder wurden illegal erlegt. Während der letzte genetische Nachweis des Leitrüden des Calandarudels im Jahr 2020 erfolgte, lebete die Leitwölfin noch weitere drei Jahre im Gebiet, bevor sie im Sommer 2023 von der Wildhut aufgrund „ihres schlechten körperlichen Zustands und fehlender Fluchtreaktion" (AJF 2023: 3) erlegt wurde. Aktuell werden Teile des ehemaligen Streifgebietes der Calandawölfe vom Calfeisentalrudel bei Vättis und vom Vorabrudel (zuvor Ringelspitzrudel) beansprucht (KORA 2024).

Abb. 5: Untersuchungsgebiet und Streifgebiet des Calandarudels (Stand 2018).

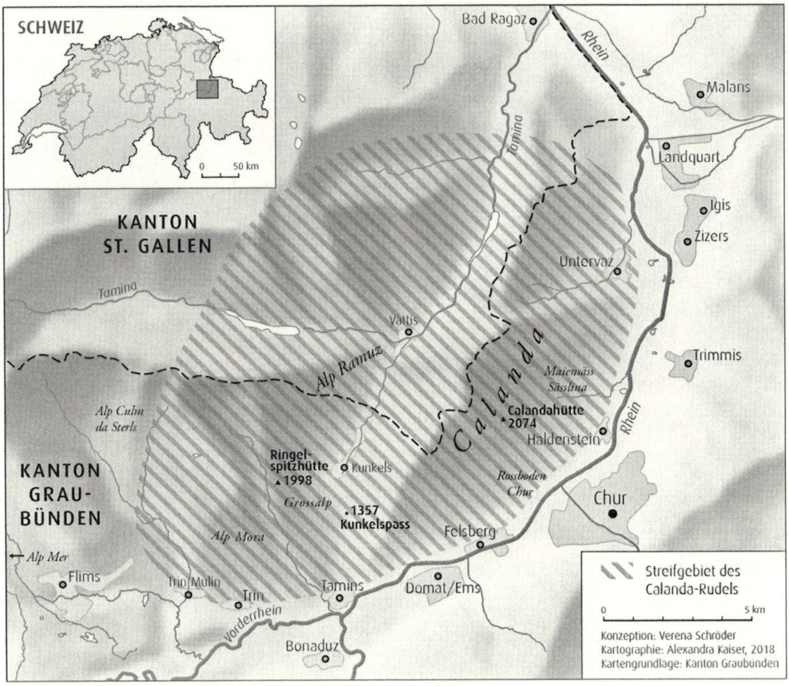

8 Mit Stand März 2024 sind in der Schweiz 36 Wolfsrudel registriert, wovon elf grenzüberschreitend sind (KORA 2024).

Abb. 6a-b: Blick vom Calanda-Gebiet in Richtung Chur (links); Grossalp mit Blick auf das Calandamassiv (rechts).

Quelle: eigene Aufnahmen

Abb. 7a-b: Aufnahmen des Calandarudels mithilfe von Wildtierkameras (2014, 2017).

Quelle: © Rene Gadient

Die Auswahl der Calanda-Region als Untersuchungsgebiet begründet sich neben der Reproduktion beider Elterntiere über sieben Jahre und insofern mehrjähriger Erfahrung in der Koexistenz, auf folgende weitere Gründe: Das Gebiet ist durch Land-, Alp-, Jagd-, Forst- und Tourismuswirtschaft erschlossen (Abb. 8a-c) und befindet sich in der Nähe zahlreicher Gemeinden des Alpenrheintals, weswegen ich nicht nur von einem diversen Interessenfeld ausging, sondern zugleich auch von mehreren stattgefundenen Mensch-Wolf-Begegnungen, die für diese Arbeit von Interesse sind. Im Gebiet sind außerdem sowohl durch Genossenschaften betriebene als auch private Schaf- und Rinderalpen (Mutterkuhhaltung, Milchwirtschaft) vorhanden, auf denen

– je nach Herdengröße und Topographie – unterschiedliche Herdenschutzmaßnahmen wie Behirtung, Herdenschutzhunde und/oder elektrische Zäune bereits mehrere Jahre Anwendung finden[9]. Die Weidegebiete kennzeichnen sich durch sehr steiles, felsiges und gekammertes Terrain sowie durch weitläufige, hügelige und kupierte Flächen. Sie erstrecken sich auf einer Höhe zwischen 560m und 2500m, sind zwischen 15ha und 250ha groß und können häufig in den oberen Bereichen nicht eingezäunt werden. Die offene Haltung der Interviewpartner:innen im Rahmen einer Voruntersuchung, bestärkte mich zusätzlich in der Wahl des Calandas als Untersuchungsregion und nicht zuletzt war die Dichte an bereits existierenden Informationsmaterialien ausschlaggebend. Denn durch zahlreiche Zeitungsartikel sowie den jährlich publizierten und öffentlich zugänglichen Wolfsbericht des Bündner Amtes für Jagd und Fischerei (AJF) über die Situation des Calandarudels, genetische Untersuchungen und Wolfsbeobachtungen, wurde das Gebiet in den vergangenen Jahren zu einer bekannten, wenn nicht zu der bekanntesten Wolfsregion des Alpenraums.

Der Feldzugang erfolgte über die Kontaktierung des Schweizer Vereins CHWOLF, der sich für den Schutz von Wölfen und ein konfliktarmes Zusammenleben der Tiere mit den Menschen einsetzt. Ich erkundigte mich nach deren geförderten Projekte im Bereich des Herdenschutzes und erhielt drei Kontakte von in der Untersuchungsregion ansässigen Alpbewirtschafter:innen, die sich für ein Treffen und die Durchführung eines Interviews bereit erklärten. Über die drei Landwirt:innen erhielt ich wiederum neue Kontaktempfehlungen, sodass ich mir über das Schneeballverfahren in Kombination mit Internetrecherchen, sukzessiv einen umfangreichen Datensatz potenzieller Gesprächspartner:innen erarbeiten konnte. Meine Basis während der Feldphase war die Stadt Chur. Von dort erschloss ich mir die Untersuchungsregion und die umliegenden Gemeinden des Alpenrheintals und nächtigte für

9 Unterstützt durch den Bund und die Kantone, hat sich der Schweizer Herdenschutz innerhalb kurzer Zeit über die landwirtschaftliche Beratungszentrale AGRIDEA institutionalisiert. Den Alpbewirtschafter:innen steht es darüber hinausgehend offen, um finanzielle Unterstützung beim Verein CHWOLF anzusuchen. Mit Ausnahme der Grossalp, auf der ausschließlich Milchwirtschaft betrieben wird und weiterer Weideflächen am Kunkelspass, ist der Herdenschutz auf allen anderen Weidegebieten des Calandas durch Herdenschutzhunde gekennzeichnet. Die Alpen Culm da Sterls (800–900 Schafe von verschiedenen Besitzer:innen), Mora (110 Mutterkühe von verschiedenen Besitzer:innen) und Ramuz (400 Schafe von zwei Besitzer:innen) werden zudem ständig behirtet und wenden ein Umtriebsweidesystem an (s. auch Kap. 4.2.4).

meine Erhebungen im Alp- bzw. Berggebiet zudem auf der Ringelspitz- und Calandahütte des SAC sowie in privaten Maiensässen und Jagdhütten.

Abb. 8a-c: Calanda-Hütte des Schweizer Alpen-Clubs (SAC, oben); Kunkelspass mit Berggasthaus Überuf (unten links); »Wolfs-Kaffee« im Angebot auf der Ringelspitzhütte des SAC (unten rechts).

Quelle: eigene Aufnahmen

3.4.2 Episodische Interviews, Go-Alongs und tierzentrierte Geschichtenerzählung

Die erste Säule des empirischen Herangehens bilden 48 episodische Interviews (Flick 2000) mit Vertreter:innen der Land- und Alpwirtschaft, der Wildhut, des Hüttenwesens sowie der Jagd- und Forstwirtschaft, die in insgesamt vier Feldforschungsphasen zwischen Oktober 2017 und Juli 2019 im Untersuchungsgebiet des Calandas durchgeführt wurden. Bei den Interviews waren manches Mal weitere Personen anwesend oder kamen später dazu, sodass insgesamt 56 Gesprächspartner:innen erreicht werden konnten. Hinsichtlich der Auswahl der Interviewpartner:innen verfolgte ich das Ziel, insbesondere jene Menschen zu befragen, die bereits Erfahrungen mit dem Calandarudel gemacht hatten, sei es in Form von Begegnungen, Beobachtungen, Nutztierrissen oder veränderter Rahmenbedingungen für die alltägliche (Arbeits-)Praxis[10]. Soweit möglich wurden die Interviews entsprechend eines ethnographischen »Go-Alongs« (Kusenbach 2003) direkt im Feld während der alltäglichen Tätigkeiten der befragten Personen – beim Stallarbeiten, Melken, Besuch der Herden, Füttern von Herdenschutzhunden und Schafen, oder dem Gang ins Jagdrevier – abgehalten, um ein tieferes Verständnis von performativen Ereignissen und verkörperten Erfahrungen der Interviewpartner:innen durch Miterleben ihrer Lebenswelten zu ermöglichen. Die Gespräche fanden teilweise in und teilweise ohne Anwesenheit von Tieren statt. Im Fall von ersterem öffnete ich mich dann nicht nur gegenüber den menschlichen Lebenswelten, sondern auch gegenüber jenen der Tiere möglichst weit, indem ich sie intensiv beobachtete, Augenkontakt aufnahm, wenn möglich berührte und Praktiken wie beispielsweise deren Fütterung selbst übernahm, um so mehr über die Lebewesen in ihrem jeweiligen Umfeld zu erfahren (s. dazu im Detail Kap. 3.4.4).

Die gewählte Interviewform des episodischen Interviews erwies sich für den vorliegenden Forschungskontext als besonders geeignet, da sie sowohl auf die Erschließung gegenstandsbezogener Alltagserfahrungen als auch fachlichen Wissens abzielt. Um diese Wissensformen zugänglich zu machen, sind Narrationen der Befragten zentraler Bestandteil des Gesprächs. Dabei geht es jedoch nicht um ununterbrochene Erzählungen. Vielmehr liegt das Interesse auf kürzeren, durch Fragen ausgelösten Erzählepisoden, in denen die Interviewten situationsbezogen von ihren Erfahrungen berichten (Flick 2000).

Vor dem Hintergrund des transaktions-, intraaktions- und resonanztheoretischen Ansatzes richtete sich der Fokus im Rahmen der Interviews u.a. auf die Beschreibung neuer und veränderter Praktiken, die mit der Wolfsrückkehr einhergehen und auf damit verbundene, beobachtete Rückkopplungseffekte auf Seiten der Tiere, auf die viszerale Qualität dieser Praktiken, auf leibliche und multisensorische Beziehungserfahrungen im Zuge von Mensch-Tier-

10 An der Stelle gilt es zu erwähnen, dass von den 19 befragten und in der Untersuchungsregion wohnhaften Landwirt:innen nicht alle ihre Tiere auf den Alpen des Calandas sömmern, sondern auch auf anderen Bündner und St. Gallener Alpen unterbringen. Die Präsenz von Wölfen ist jedoch auch auf diesen Alpen jederzeit möglich.

Begegnungen, auf leibliche Kommunikation und Momente der Irritation, Überraschung und Unverfügbarkeit im Zusammensein mit tierlichen Lebewesen, auf Fragen zur Übernahme tierlicher Perspektiven, auf die Bereitschaft zu Veränderung und die Offenheit gegenüber Neuem sowie auf Praktiken der Grenzziehung. Für die episodischen Interviews entwickelte ich zudem eine ergänzende Erzählform, die ich »tierzentrierte Geschichtenerzählung« (Schröder 2022b) nenne. Darunter ist eine Art der Befragung zu verstehen, in der die interviewten Personen dazu aufgefordert werden, über ihre persönlichen Verhältnisse zu verschiedenen Tieren bzw. über außergewöhnliche Beziehungserfahrungen mit tierlichen Entitäten zu erzählen. Meist berichten die Interviewpartner:innen von Erlebnissen mit einzelnen (charismatischen) Tieren (Lorimer 2007), zu denen sie eine besondere (körperlich-leibliche) Beziehung pflegen bzw. pflegten (vgl. Greenhough & Roe 2019). Aus diesen Geschichten lässt sich nicht nur Wissen über tierliche *agency* und Mensch-Tier-Beziehungen generieren, sondern darin spiegelt sich aufgrund der Bezugnahme auf ein spezifisches Tier auch dessen Individualität wider. Die Methode bietet daher die Möglichkeit, die Individualität von Tieren hervorzuheben und damit dem Vorwurf der Verallgemeinerung tierlichen Handelns (bspw. Bear 2011) entgegenzutreten.

3.4.3 Die Piktogramm-Methode: Leibliche Verbindungen und Viszerales fassen mittels visueller Impulse

Um im Rahmen der Interviews eine zusätzliche Möglichkeit zu schaffen, die Dimension des Fühl- und Spürbaren in Mensch-Wolf-Beziehungen zu erschließen, wurde eine Methode integriert, die ich »Piktogramm« nenne (Abb. 9). Die Bezeichnung erklärt sich dadurch, dass die visuellen Darstellungen den Betrachter:innen ohne Worte und auf einen Blick erkennend Information geben. Es handelt sich hierbei um einen Versuch, die Interviewpartner:innen mittels Stimmungsbildern dazu anzuregen, über ihre Gefühle bezogen auf die Rückkehr von Wölfen zu erzählen und damit verbundene Körperrektionen einzufangen. Basierend auf der Annahme, dass Bilder nicht nur repräsentativ zu verstehen sind, sondern eine affektive Materialität besitzen, die durch den Körper fühlbar wird (Latham & McCormack 2009), rufen die visuellen Impulse Assoziationen hervor, die mit nichtvisuellen Impulsen nicht unbedingt zustande kommen. So kann die Betrachtung der Fotos bei den befragten Personen Erinnerungen an gemachte, emotionale Erfahrungen bewirken. Ebenso kann das auf den Fotos Dargestellte, Affekte auslösen und neue Erzählimpulse setzen. Mit der Verwendung von Fotos in Interviews ist daher die Chance verbunden, nicht unmittelbar Sichtbares zum Thema zu machen.

Für den vorliegenden Forschungskontext wurden Bilder gewählt, welche verschiedene affektive und emotionale Zustände, wie u.a. Angst, Erstaunen, Freude, Gelassenheit, Hilflosigkeit, Neugierde, Trauer oder Zuversicht repräsentieren. Ebenso wurden Fotos von unterschiedlichen Gebieten, wie beispielsweise einem Gebirgsraum, einem Wald oder einer Stadt zur Bildauswahl hinzugefügt, da auch Räume mit leiblichen und viszeralen Erfahrungen in Verbindung stehen und ich mir hiervon erwartete, mehr über Mobilitäten sowie Immobilitäten und die Art und Weise verschiedener Mensch-Tier-Grenzziehungen zu erfahren. Die Umsetzung der Methode Piktogramm erfolgte immer im Anschluss an die episodischen Interviews bzw. Go-Alongs. Ich legte die ausgedruckten Bilder beispielsweise auf einem Tisch, am Boden oder auf der Wiese auf und bat die Interviewpartner:innen jeweils drei Bilder zu wählen, mit denen sie Wölfe verbinden und drei, mit denen sie die Tiere eher weniger assoziieren. Im Anschluss folgte ein offener Dialog über die Wahl der insgesamt sechs Bilder, die ich fotografisch festhielt sowie eine Interpretation derselben durch die Gesprächspartner:innen. Dabei spielte nicht nur die Verbalisierung der in Verbindung mit Wölfen gemachten leiblichen, viszeralen und emotionalen Erfahrungen eine Rolle, die ich via Smartphone aufzeichnete, sondern ich beobachtete auch Gestik und Mimik des Gegenübers und hielt diese im Anschluss an das Interview im Feldtagebuch fest.

Abb. 9a-b: Piktogramme als visuelle Impulse im Rahmen von Interviews, um leibliche, viszerale und emotionale Erfahrungen zugänglicher zu machen.

Quelle: eigene Aufnahmen

Auch wenn ich durch die episodischen Interviews und die Piktogramm-Methode mehr über die Emotionalität, Leiblichkeit und Viszeralität in Mensch-Wolf-Beziehungen erfahren konnte, »trennte« mich der verbale Filter der befragten Personen von der unmittelbaren, leiblichen und sinnlichen Erfahrbarkeit im Feld. Um zum Unnennbaren, zum Unübersetzbaren in Zusammenhang mit Mensch-Tier-Beziehungen tiefer vordringen zu können, wurden erweiternd zu den bereits beschriebenen Methoden, Zugänge jenseits des Sprachlichen gewählt, die das nachfolgende Kapitel behandeln wird.

3.4.4 Empathisch-multisensorisches Im-Feld-Sein (und -Werden)

Die dritte Säule im entwickelten Forschungsdesign repräsentiert eine Herangehensweise, welche körperlich-leibliche und viszerale Aspekte menschlichen und tierlichen In-der-Welt-Seins in den Vordergrund rückt. Ziel ist es, die Erfahrungen anderer menschlicher und mehr-als-menschlicher Entitäten miterleb- und mitfühlbarer zu machen und so eine Annäherung an die jeweiligen Lebenswelten und die Konstitution von Mensch-Tier-Beziehungen zu erhalten. Der methodische Ansatz baut dabei auf dem Konzept *engaged witnessing* (Bell et al. 2018) auf:

> »Engaged witnessing takes into consideration the affective nature of encountering non-human actors, and involves a concerted attempt to accept or be open to being changed, moved or shifted through paying close attention and becoming immersed in more-than-human engagements. This openness is respectfully reciprocal and involves a focus on the ›multi-sensual business‹ (Whatmore 2002: 37) of ›becoming with‹ (Haraway 2008: 19), where encounters are both transformative and creative [...] Engaged witnessing [...] is not a static or one-way process, but involves acknowledging that research practices, and the knowledges and worlds they create, are co-fabricated by human and non-human research partners« (ebd.: 137f).

Bei *engaged witnessing* geht es also um eine spezifische Art des Im-Feld-Seins, die sich von konventionellen methodischen Vorgehensweisen der Humangeographie unterscheidet. In der praktischen Umsetzung bedeutet der Ansatz, sich von den Bewegungen der zu untersuchenden Tiere leiten zu lassen und dabei autoethnographisch über die eigenen Gefühle, Erfahrungen und Veränderungen zu reflektieren. Damit soll in gewisser Weise die eigene (menschliche) Kontrolle über den Forschungsprozess abgelegt und stattdessen die Aufmerksamkeit auf das Unerwartete gelegt werden[11]. Zudem wird beobachtet, wie Tiere mit anderen Lebewesen oder Gegenständen in Wechselbeziehung treten und sich hierdurch und durch ihre Bewegungen Raum und Atmosphäre verändern (ebd.: 139ff).

Inspiriert von diesem mehr-als-rationalen Weg der Erkenntnisgewinnung und übertragen auf den Forschungskontext der vorliegenden Arbeit, entwickelte ich den methodischen Zugang des »Empathisch-multisensorischen Im-Feld-Seins und -Werdens«. Durch ihn wird Beziehungswissen generiert, welches auf Leiblichkeit und Viszeralität beruht und einerseits durch spezifisch gestaltete Beobachtungen (= »empathisch-multisensorische Beobachtung«) und Begehungen (= »empathisch-multisensorische Begehung«) zugänglich wird. Zudem leitet er sich aus den drei gewählten theoretischen Konzepten ab, die auf eine Berücksichtigung der körperlich-leiblichen Dimension in Mensch-Mitwelt-Beziehungen hinweisen und, damit verbunden, Forscher:innen als Mitagierende im Feld verstehen[12], die sich darin auch gleichzeitig transformieren.

Beobachtungen im Rahmen eines empathisch-multisensorischen Im-Feld-Seins unterscheiden sich dann beispielsweise gegenüber der teilnehmenden Beobachtung (Lüders 2000) insofern, als dass der Feldforschungsprozess weniger konsumierend, sondern vielmehr als Praxis im Sinne von *response-ability*[13] verstanden wird. Das heißt die forschende Person versteht sich gegenüber mehr-als-menschlichen Lebewesen als antwortende Entität, indem sie ihnen respektvoll begegnet, ihre Aktivitäten achtsam fokussiert und sich leiblich-affektiv bewusst macht[14], dass sie durch ihre Mimik, Gestik, ihren

---

11 Hier lassen sich Überschneidungen zum Prinzip von *serendipity* in der ethnographischen Feldforschung erkennen (Rivoal & Salazar 2013). Im Kontext von Mensch-Tier-Beziehungen ließe sich dann beispielsweise eine »*more-than-human serendipity*« entwerfen.

12 Die Bedeutung von Wissenschaftler:innen als Mitagierende wird von Dewey und Barad im Vergleich zu Rosa deutlich stärker betont.

13 An dieser Stelle lehne ich mich sowohl an den *response-ability*-Begriff von Barad (2007) (s. Kap. 2.4 in diesem Buch), die unter der Bezeichnung u.a. ein »In-Kontakt-Sein« versteht, aus dem und in dem wir hervorgehen. Ebenso beziehe ich mich auf Albright (1997: xxii) und ihre Idee zu *response/ability*. Mit ihrer Wortkreation grenzt sich die Autorin vom *consuming gaze* in der Feldforschung ab und findet, dass Beobachtung immer eine körperlich-leibliche und relationale Komponente umfasst.

14 Die gewählte Bezeichnung des »leiblich-affektiven Bewusstmachens« soll darauf hindeuten, dass ich »Bewusstsein« nicht als »reine Kopfsache« verstehe.

Augenkontakt, ihre Laute oder beispielsweise auch durch Aktivitäten wie Fotografieren, aktiv dazu beiträgt, dass sich das tierliche Gegenüber mit ihr verbindet und mit ihr gemeinsam transformiert. Empathisch-multisensorisches Im-Feld-»Sein« impliziert daher auch ein »Werden«, dem durch die Beachtung von Gefühlen und sinnlichen Wahrnehmungen, Körperreaktionen, Veränderungen, Wechselbeziehungen und Möglichkeiten, die sich aus der Begegnung mit dem Anderen ergeben sowie von Momenten, die sich im Plötzlichen, im Zufälligen und Flüchtigen offenbaren und Affekte und Emotionen bzw. Resonanz auslösen können, aktiv Raum gegeben wird. Unter empathisch-multisensorisches Beobachten fallen dann auch Aktivitäten, die auf Berührung und ein Mitmachen im Feld durch den:die Forscher:in abzielen. In der praktischen Umsetzung für den vorliegenden Forschungskontext bedeutete dies das Streicheln von Schafen, Kühen und Herdenschutzhunden sowie die Übernahme der Fütterung derselben. Dadurch transformierte ich mich nicht nur von einer passiven zu einer aktiven und antwortenden Beobachterin und erhielt einen neuen Zugang zu den Entitäten – durch die Inkorporation der haptischen Elemente konnte ich mich auch besser in die Lage der zu untersuchenden mehr-als-menschlichen wie menschlichen Lebewesen versetzen (vgl. Gruen 2014a, 2014b).

Über diese Beobachtungen hinausgehend unternahm ich den Versuch, mittels empathisch-multisensorischer Begehungen mein Verständnis für das Sozial- und Raumverhalten von Wölfen, deren Überlebens- und Jagdstrategien sowie deren Präferenzen der Nahrungsaufnahme in Abhängigkeit von den Lebensraumbedingungen zu erweitern. Zu diesem Zweck besuchte ich einen 14-monatigen Lehrgang zum Thema »Säugetiere – Artenkenntnis, Ökologie und Management« an der Zürcher Hochschule für Angewandte Wissenschaften. Dieser ermöglichte mir tiefgehende Einsichten in wildtierökologische Zusammenhänge und in wildbiologische Feldmethoden und schulte mich für das Fassen der gelebten Geographien tierlicher Lebewesen (*beastly places*, Philo & Wilbert 2000), die im Verhältnis zu den *animal spaces* (ebd.) – der Orte, die Menschen den Tieren zugestehen – vergleichsweise wenig untersucht sind (Hodgetts & Lorimer 2015; Gibbs 2020). Für die Umsetzung dieser Begehungen im Alp- und Waldgebiet des Calandas ließ ich mich nicht ausschließlich durch visuelle Eindrücke leiten, sondern nahm auch bewusst Vorder- und Hintergrundgeräusche, Gerüche und Windverhältnisse wahr, um damit Räume ähnlich wie Wölfe und andere Säugetiere im Gebiet zu erschließen. Ebenso lenkte ich den Blick auf die Topographie und wurde gegenüber tierlichen und menschlichen Spuren und meine damit verbundenen Körpergefühle aufmerksam.

Zusammenfassend eröffneten sich mir durch die Effekte der empathisch-multisensorischen Beobachtungen und Begehungen analytische Erweiterungen zu sprachlich basierten Herangehensweisen sowie eine Sensibilität für andere Rhythmen und Kräfte der gemeinsamen Mitwelt, womit ebenjene nicht-intendierten Beziehungen zugänglich wurden, die zu einer »dichten Beschreibung« (Geertz 1987) konstitutiver Mensch-Tier-Verhältnisse beitragen.

3.4.5 Aufbereitung und Auswertung der Daten

Mit dem Einverständnis der Interviewpartner:innen wurden alle der 48 Interviews bzw. Go-Alongs inklusive der sprachlichen Ausführungen zu den Stimmungsbildern mittels Smartphone aufgezeichnet und nach jeder Feldphase transkribiert (Dresing & Pehl 2013). So konnte nicht nur das Gesagte möglichst genau wiedergegeben, sondern zugleich die Emotionalität und zwischenmenschliche Stimmung des Gesprächs, zu einem späteren Zeitpunkt, (wieder) abgerufen werden. Durch die Audioaufzeichnung der Gespräche war es mir möglich, den jeweiligen befragten Personen, ihren Aktivitäten und ihrer Körpersprache ungeteilte Aufmerksamkeit zu schenken. Ebenso konnte ich mich auf die Koexistenz zwischen dem zu untersuchenden Menschen, des/der zu untersuchenden Tiere/s und mir als Forschende im Feld, auf die Ausübung von Tätigkeiten sowie auf gemeinsame Feldbegehungen unmittelbarer fokussieren und war nicht durch das Halten oder die Verwendung von Schreibutensilien abgelenkt. Letztere kamen erst im Anschluss an die jeweiligen Gespräche zum Einsatz, indem ich meine Eindrücke der Interviews sowie beobachtete Beziehungen der Gesprächspartner:innen zu Tieren in einem Feldtagebuch schriftlich zusammenfasste. Nach Eintritt einer empirischen Sättigung folgten eine thematische (Flick 2009) sowie nach dem Grundgedanken der Grounded Theory (Strauss & Corbin 1990) eine offene Kodierung, wobei ich hier zur Generierung eines besseren Überblicks und für die anschließende Auswertung, auf die Software MAXQDA zurückgriff. Für die thematische Kodierung orientierte ich mich an dem theoretischen Rahmen dieser Arbeit, weswegen hier das Textmaterial beispielsweise nach Codes wie Veränderung von Praktiken, agentive Materie, räumliche Effekte, Unverfügbarkeit oder Leiblichkeit und Viszeralität untersucht wurde. Die Codes der offenen Kodierung hingegen entwickelten sich aus dem Datenmaterial neu heraus. Sie wurden genutzt, um das Material kontinuierlich zu rekodieren und bildeten gemeinsam mit den Codes der thematischen Kodierung die Grundlage für die inhaltsanalytische Auswertung (Kuckartz 2012) und insofern für die Erkennung spezifischer Muster und Zusammenhänge sowie für eine Typenbildung (Kluge 1999).

Die Erfahrungen während der empathisch-multisensorischen Beobachtungen und Begehungen wurden ebenso in einem Feldtagebuch festgehalten. Ergänzend dazu habe ich Erlebnisse, die mir spürbar durch den Körper gingen, unmittelbar nach dem Erleben via Smartphone aufgezeichnet und transkribiert, um so zumindest die mit dem Moment verbundene Emotionalität und Viszeralität – wenn auch zeitverzögert und nur akustisch – offenzulegen bzw. greifbarer zu machen. Die Selbstgespräche hatten zudem den Zweck, viszeral gemachte Erlebnisse auch Monate später »abrufen« zu können und mich über den stimmlichen Ausdruck, die Atmung und die Hintergrundgeräusche mit den Erlebnissen im Zuge der Feldforschung zu verbinden. Fotografien von Beobachtungen ergänzten die Datenaufnahme und ermöglichten eine Untersuchung von miteinander in Beziehung stehenden Elementen, wie dem Räumlich-Atmosphärischen, dem Körperlich-Leiblichen und Affektiv-Emotionalen (vgl. Duffy et al. 2016). Zudem fertigte ich Porträtfotografien der Interviewpartner:innen an, die ich in einem Fotoband veröffentlichen möchte und die sich insbesondere als Datengrundlage für den kollaborativen Comic (s. nachfolgender Abschnitt) als vorteilhaft erwiesen.

Denkt man die bis hierhin erwähnten Ausführungen zur Rolle von Leiblichkeit und Viszeralität in Mensch-Tier-Beziehungen und damit auch die Ansprüche transaktions-, intraaktions- und resonanztheoretischen Denkens konsequent zu Ende, dann bedarf es einer Diskussion darüber, inwiefern mit solch relational-verkörperten Perspektiven auf Welt, sich nicht auch unsere gewohnte wissenschaftliche Ausdrucksform der Verschriftlichung verändern oder durch neue Modi der Repräsentation ergänzt werden muss. Denn bestimmte Erfahrungen lassen sich mittels linearem Textformat nicht vermitteln. Oder anders ausgedrückt: »[W]hen dealing with abstract (intangible) or visceral (tangible but invisible) feelings that are hard to see, they can be even harder to write about« (Jacobs 2016: 485). Vor diesem Hintergrund schlägt die vorliegende Arbeit vor, den Comic als narratives Medium für die Geographie fruchtbar zu machen, dessen Bedeutung im Wissenschaftskontext und dessen mehr-als-menschliche Qualitäten in den nachfolgenden Kapiteln erläutert werden.

3.5 Erkenntnisse aus mehr-als-menschlicher Forschung ausdrücken

Während in den mehr-als-menschlichen Geographien und in den neuen Tiergeographien die Bedeutung körperlich-leiblicher und sinnlich-emotionaler Aspekte für die Konstitution von Beziehungen erkannt wurde und auch im Zuge der Datenerhebung thematisiert wird, erfährt deren Rolle über die Feldforschungsphase hinausgehend vergleichsweise wenig Beachtung. Nach wie vor greifen die Vertreter:innen dieser Forschungsrichtungen nahezu ausschließlich auf das Format der Verschriftlichung zurück. Angesichts des hohen Präzisionsgrades, den die Vermittlung wissenschaftlicher Erkenntnisse erfordert und der durch Text möglich wird sowie der wachsenden Bedeutung quantitativer, wissenschaftlicher Bewertungskriterien wie Publikationsindizes und Impactpunkten, ist dies wenig verwunderlich. Doch wie lassen sich »Verbindungen und Vermischungen in multiplen Welten und Ordnungen« (Gesing et al. 2019: 24) adäquat ins lineare Textformat übersetzen? Wie»schreiben wir beispielsweise nicht von ›Körpern an sich‹, sondern von Körpern-in-Umgebung, Körpern-in-Praxis, Körpern-in-Aktion« (ebd.), wie von gemeinsam-werdenden-Menschen-und-Tieren und nicht von voneinander abgekoppelten Wesen? Besteht bei wörtlichen Übersetzungen multisensorischer Elemente nicht auch immer die Gefahr, dass einige für die Erkenntnisgewinnung zentrale er- und gelebte Wirklichkeiten im Da_zwischen von Menschlichem und Mehr-als-Menschlichem unterbelichtet bleiben? In der Geographie wird über diese Frage zunehmend diskutiert (Jacobs 2016; Gesing et al. 2019; Hafner 2022; Steiner et al. 2022; Schröder 2022a) und während Dowling et al. (2017) die ausschließliche Verschriftlichung mehr-als-menschlicher Forschungsergebnisse als eine Blockade für die methodologische Innovation in den mehr-als-menschlichen Geographien ausmachen, will Garrett (2011) in der Dominanz des Textlichen als einzig anerkannte wissenschaftliche Präsentationsform gar ein zentrales Hindernis dafür sehen, dass sich das kreative Potenzial geographischen Arbeitens vollständig entfalten kann. Vor diesem Hintergrund hat sich diese Arbeit zum Ziel gesetzt, die Diskussion um alternative wissenschaftliche Repräsentationsformen zu erweitern, indem sie die Rolle von Comics in der Geographie erstmals erörtert und seine verschiedenen Stilmittel im Hinblick auf ihr Potenzial für mehr-als-menschliche Narrative diskutiert. Anhand eines kollaborativ entwickelten Comics mit einem Illustrator (s. Ergebnisteil Kap. 5), wird der leiblichen Verbundenheit, dem Atmosphärischen, dem Viszeralen und damit dem schwer

Sagbaren im Kontext von Mensch-Tier-Beziehungen, eine alternative Ausdrucksform verliehen und der Forschungsgegenstand der Wolfsrückkehr in ein neues Licht gerückt.

3.5.1 Comics als Forschungs- und Kommunikationsmedium und deren Rolle in der Geographie

Comics erfahren als Forschungs- und Kommunikationsmedium in jüngerer Zeit und in unterschiedlichen Wissenschaftsdisziplinen zunehmend Aufmerksamkeit (Kuttner et al. 2021)[15]. Sowohl naturwissenschaftliche wie auch geistes- und sozialwissenschaftliche Themen werden mittels Comics erschlossen (bspw. Thébaud et al. 2017; Weaver-Hightower 2017; Schlünder & Ahrens 2019) und in sehr renommierten Fachzeitschriften publiziert (bspw. Monastersky & Sousanis, 2015). Aber nicht nur etablierte Journale zeigen sich der bilderzählerischen Vermittlung von wissenschaftlichen Erkenntnissen gegenüber offen. Es sind auch Wissenschaftsverlage, die sich dem Medium Comic annähern: So hat Taylor & Francis beispielsweise begonnen, Cartoon-Abstracts zu wissenschaftlichen Artikeln zu veröffentlichen und mit der erst kürzlich gegründeten Buchserie »ethnoGRAPHIC« möchte die University of Toronto Press ein Format anbieten, um Feldforschungsprozesse und daraus gewonnene Ergebnisse visuell zu erzählen. Parallel wurden mit der »Bonn Online Bibliography of Comics Research« (BOBC) der Universität Bonn eine umfangreiche digitale Comic-Literaturdatenbank geschaffen und mit »The Comic Grid«, dem »Journal of Comics and Culture«, dem »Journal of Graphic Novels and Comics« und dem »Sequentials« Peer-Review-Journale gegründet, die die Produktion und Verbreitung von Wissen durch comicbasierte Inhalte unterstützen. Comics stellen also mittlerweile ein ernstzunehmendes Wissenschaftsmedium dar, welches auch in der Geographie unter den Schlagwörtern der »Comic Book Geographies« (Dittmer 2014), der »Comic Geographies« (Fall 2020a) oder der »geoGraphic novel« (Peterle 2021) in den vergangenen Jahren nicht unbeachtet blieb[16]. Aber aus welchem Anlass und zu welchem

---

15 Dieser Abschnitt basiert wörtlich auf der Publikation Schröder (2022a).

16 Comics erfahren nicht zuletzt auch aufgrund der Entwicklung von Graphic Novels erhöhte Aufmerksamkeit, welche im Buchformat erscheinen, abgeschlossene Geschichten darstellen und sich meist an Erwachsene als Zielgruppe richten. Die Etablierung von letzteren in Abgrenzung zu Comics stellt den Versuch dar, grafischen Erzählungen eine gewisse Ernsthaftigkeit und Autorität zuzuschreiben (Schwender et al. 2019: 388). In der Comicszene wird diese Unterscheidung durchaus kritisch bewertet (Beatens &

Zweck greifen Geograph:innen auf das Comicformat zurück, welche zentralen Erkenntnisse liegen vor und welche Strömungen lassen sich identifizieren?

Im Wesentlichen können in der Geographie drei unterschiedliche Annäherungen an Comics ausgemacht werden (Abb. 10). Im ersten und ältesten Zugang, den ich »Comicanalyse« nenne, werden bereits veröffentlichte Comics als Datenmaterial herangezogen und beispielsweise hinsichtlich ihres Ausdrucks über Geopolitik (Dodds 1996; Dittmer 2007a; Rech 2014), feministischer Geopolitik (Fall 2014) oder Identitätsbildung (Dittmer 2007b) untersucht. Das Medium dient hier vor allem als Grundlage für inhaltsanalytische Auswertungen und wird als Repräsentation spezifischer gesellschaftspolitischer Entwicklungen und Diskurse verstanden. Als »Comicsemiotik« definiere ich eine zweite Phase, in der es vor allem um Fragen des Aufbaus und des Lesens bildbasierter Erzählungen geht. Entsprechende Beiträge greifen ebenfalls auf bereits publiziertes Comicmaterial zurück und setzen sich u.a. mit der Rolle der Leser:innenschaft für die Konstruktion comicbasierter Narrative und der Bedeutung des Panels (*panel*) – der kleinsten Einheit im Comic, welche von anderen Bildern mittels Rahmen getrennt wird – und der Zwischenräume (*gutter*) – der Abstände und topologischen Verbindungen zwischen den Panels – auseinander (Dittmer 2010; Gallacher 2011; Dittmer & Latham 2015). Es sind also nicht nur die Inhalte von Comics, die das Interesse von Geograph:innen wecken, sondern auch die Gestaltung der Seite, die Anordnung der Panels, Sequenzen und Zwischenräume, die in ihrer jeweils spezifischen Anordnung dazu beitragen können »to hold time still« (Dittmer 2010: 232) und den Lesenden die Möglichkeit bieten »[to] create geographical space [...] to produce their own narrative« (ebd.: 233). Vor diesem Hintergrund unterscheidet sich die Praxis des Comiclesens auch wesentlich von der (linearen) Praxis des Filmeschauens, bei der die Regie und nicht die Lesenden bzw. Zusehenden das Tempo bestimmen. Groensteen (2007: 108) bezeichnet diese besondere Eigenschaft als »plurivektorial«, womit gemeint ist, dass Comiclesende regelmäßig dazu angehalten werden, nach vorne und nach hinten bzw. nach oben und nach unten zu blicken, um das jeweils aktuelle Panel zu verstehen oder um bereits betrachtete Bilder neu zu interpretieren und so letztlich eine simultane Auffassung von Raum und Zeit erhalten. Basierend auf Groensteen (2007: 61), der die Praxis des Comiclesens als »natural rhythm« bezeichnet, als ein Musizieren, ein Atmen »aroused by its discrete apparatus of enunciation,

Surdiacourt 2011), da sie suggeriert, dass Comics anspruchsloser als Graphic Novels wären.

which, discontinuous, is laid out in strips and tabular« (ebd.), fasst sie Dittmer (2010: 229) als »embodied musical affect« zusammen. Erste gedankliche Ansätze zur viszeralen Dimension von Comics finden Anklang, aber werden trotz der Debatten um mehr-als-repräsentationale Theorien und mehr-als-menschliche Zugänge in der Geographie nicht weiter aufgegriffen.

Abb. 10: Drei identifizierte Annäherungen an Comics in der Geographie.

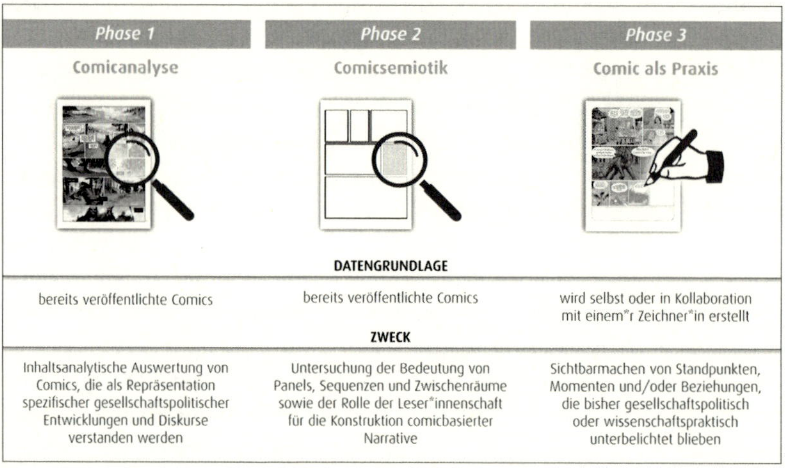

Quelle: Schröder 2022a

Einen Wendepunkt in der geographisch-wissenschaftlichen Auseinandersetzung mit Comics stellt die Arbeit von Laurier (2014) dar, der seine ethnographischen und mittels Video erhobenen Daten in Comic-Transkripte übersetzt und so die dritte Phase einleitet, die ich »Comic als Praxis« nenne. In dieser werden Comics nicht mehr ausschließlich analysiert, sondern durch Geograph:innen selbst oder in Kollaboration mit Zeichner:innen erstellt und kommen entweder ergänzend oder alternativ zur Verschriftlichung von wissenschaftlichen Ergebnissen zum Einsatz. Eine Möglichkeit des aktiven Einbaus von Comics in den Datenerhebungsprozess stellen Aalders et al. (2020) mit ihrer entwickelten Methode der *collaborative comic creation* (CCC) vor. In Zusammenhang mit einem geplanten Infrastrukturprojekt in Kenia geht es den Autor:innen in ihrem Beitrag um die Sichtbarmachung von Zukunftsvorstellungen marginalisierter Gruppen. Dazu werden die Gesprächspartner:innen in mehreren Workshops angehalten, ihre Eindrücke und Vorstellungen zu verbildlichen, welche anschließend und nach erneuter Rücksprache mit den Beteiligten durch erfahrene Illustrator:innen in Form von Comicstrips nacherzählt werden. Während die comicbasierte Vermittlung wissenschaftlicher Erkenntnisse im Beitrag von Aalders et al. kollaborativ zwischen einem Forschenden und Comiczeichner:innen erfolgt, gestalten Fall (2020a, 2020b, 2021) und Peterle (2019, 2021) als zentrale Vertreterinnen der Comic-Geographien ihre Zeichnungen selbst. Erstere setzt das Comicformat beispielsweise ein, um die (Re-)Materialisierung von Staatsgrenzen im Zuge der Covid-19-Pandemie zu diskutieren (Fall 2020a). In einem anderen Beitrag arbeitet sie die Benennung eines Gebäudes der Universität Genf nach Carl Vogt kritisch auf (Fall 2020b). Sie wendet sich darin mit einem persönlichen und comicbasierten Brief an den einstigen Politiker und Naturwissenschaftler selbst, macht auf dessen rassistisches Gedankengut aufmerksam und zeigt wie dieses durch seinen Namenszug am Universitätseingang, einer Statue und einer nach ihm benannten Straße, symbolisch präsent ist. Für Fall bedeutet die Kreation von Comics ein Zusammenstellen ausgewählter Momente zu einer Assemblage sowie ein Kreieren alternativer Erzählungen. Während dies auch bei der Verschriftlichung von Erkenntnissen eingelöst werden kann, sei man sich in der Comicerstellung der spezifisch auszuwählenden Momente bewusster, indem diese zielgerichtet und rhythmisch an- bzw. untereinander gereiht würden und potenzielle Affekte in den Zwischenräumen Berücksichtigung fänden (Fall 2020a, 2020b). In ähnlicher Weise argumentiert Peterle (2021: 151), wenn sie die Wichtigkeit der Herausstellung *des* Moments in der Comicerstellung betont. Sie versteht Comics performativ und affektbasiert und unterscheidet hier einerseits zwischen *the practice of doing comics*, »that is able to merge the moment of research with its representation through a process of co-production between page and place« (ebd.: 17) und *comics as doings*, womit sie den Comic selbst als Materialität mit *agency* meint, der Affekte auslöst und Beziehungen herstellt und insofern über das Panel und die Comicseite hinauswirkt. Mit ihrem kreierten Begriff der geoGraphic novel will Peterle auf die Potenziale eines neuen narrativen Formats aufmerksam machen, welches geographisches Denken bilderzählerisch vermitteln und hierdurch in neue Richtungen lenken soll, indem »the subjective and precognitive, […] the representational and embodied, and the human [and] more-than-human […] aspects of doing (and reading) comics« (ebd.: 15) Berücksichtigung finden. Sie zeigt dies beispielhaft in einem Comic zum öffentlichen Verkehrsnetz der finnischen Stadt Turku, indem sie verschiedene Geschichten des Städtischen in unterschiedlichen Zeitrahmen miteinander koexistieren lässt, ihre Gedanken, Mimik und Gestik in die Erzählung einbaut und damit ihre Persönlichkeit als Teil ihrer Positionierung im Feld offenlegt.

Zusammenfassend lässt sich festhalten, dass comicbasierte Forschung zunehmend Relevanz erfährt und Wissenschaftler:innen aus unterschiedlichen Disziplinen und epistemologischen Hintergründen tangiert. In der Geographie werden Comics nicht mehr ausschließlich als Forschungsobjekte, sondern als Forschungspraxis begriffen, wobei es den geographischen Comicvertreter:innen in ihren praktischen Arbeiten vor allem darum geht, Standpunkte, Momente, Emotionen und Beziehungen sichtbar zu machen, die bisher entweder gesellschaftspolitisch oder wissenschaftspraktisch unterbelichtet blieben. Oder wie Fall (2021: 32) schreibt: es geht darum Forschung anders zu gestalten, um »alternative Welten« zu kreieren. An dieses Motiv möchte ich anknüpfen, indem ich zunächst verschiedene mehr-als-menschliche Qualitäten von Comics identifiziere und darauf aufbauend den Entstehungsprozess des kollaborativ entwickelten Comics vorstelle.

3.5.2 Mehr-als-menschliche Qualitäten von Comics

Nonverbale Elemente wie Bewegungsabläufe sowie Mimik und Gestik – und damit Relationen zwischen Entitäten – lassen sich in Comics vergleichsweise gut abbilden. Nicht zuletzt deshalb spielen sie für die Erzählung von Mensch-Tier-Beziehungen schon lange eine zentrale Rolle (bspw. Lucky Luke, Die Peanuts mit Snoopy und Charlie Brown, Garfield etc. – für eine Übersicht s. Herman 2018a und Yezbick 2018). Mehr als andere Medien sind Comics dazu in der Lage, innige Verbindungen zwischen menschlichen und tierlichen Lebewesen zu zeigen – wie dies insbesondere Watterson (2003) mit seinem bekannten Comicstrip »Calvin und Hobbes« gelingt –, oder die Grenze zwischen Mensch und Tier aufzulösen, wie u.a. im Comic »Maus« von Spiegelman (1986) sehr eindrücklich gezeigt wird. Bezogen auf letzteren hält Spiegelman in einem Interview fest, dass die Benutzung von Tieren als Chiffre einen direkten Zugang zu menschlichem Trauma ermöglichen soll (Groth & Fiore 1988: 190f). Die Lesenden in einen entfremdeten Raum der Assoziation und Dissoziation führen (Whitlock 2006: 977) und durch Tierformen hindurch zu den erlebten Gefühlen von Menschen im Holocaust vordringen, darum geht es dem Zeichner, der sich hiervon und durch die strategische Vermeidung menschlicher Gesichtsdarstellungen, »a much more direct way of dealing with the material« (ebd.) verspricht. Durch diese unmittelbare Direktheit zum Materiellen hebt sich der

Comic von der reinen Textform ab, weshalb Herman (2018b) in ihm und mit Bezug zu den Multispezies-Ethnographien (Kirksey & Helmreich 2010) vor allem ein Potenzial zur Beschreibung von Prozessen in Mensch-Tier-Kontaktzonen sieht, »for (re)imagining the dynamics of self-other relationships that cross the species boundary« (Herman 2018b: 12).

Abb. 11: Simultanität von Verkörperung, Gefühlen, Sound uvm. und die Aneinanderreihung ausgewählter und miteinander in Beziehung stehender Elemente bzw. Panels als grundlegende Comic-Anatomie.

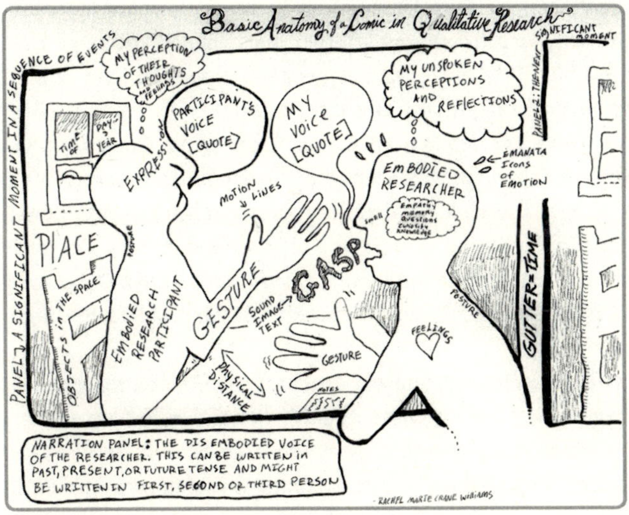

Quelle: Williams 2012, zit.n. Kuttner et al. 2021: 202

Diese Ausführungen legen nahe, dass dem Comic mehr-als-menschliche Qualitäten zuzuschreiben sind, auf welche Williams (2012) – wenn auch nicht in einem mehr-als-menschlichen Kontext – indirekt verweist (Abb. 11). In ihrem Beitrag zur comicbasierten Darstellung von Gesprächen mit inhaftierten Frauen gelingt es der Autorin aufzuzeigen, wie Comics als Instrument zur Vermittlung von Emotionen und sinnlichen Erfahrungen im Austausch mit Interviewpartner:innen eingesetzt werden können. Dabei sieht sie im Comic mehr als nur eine Geschichte: »this way of presenting experiences also allows me to succinctly share the sounds, sights, and even smells of prison, as well as the conversations and body language« (ebd.: 92). Comics verfügen demnach über das Potenzial, das leiblich-affektive Erleben von Situationen und Atmosphären zu vermitteln, die ganz wesentlich durch Geräusche und Gerüche und/oder die Körpersprache von den an der Begegnung beteiligten Entitäten konstituiert werden. Während Peterle (2021: 59) ebenfalls konstatiert, dass es vor allem die Beziehung zwischen Körpern und der Umgebung ist, die im Comic (ohne erforderliche textliche Beschreibung) sichtbar werde, trägt Flowers (2017) die Diskussion über den Ausdruck leiblichen Spürens eine Ebene weiter, wenn sie beschreibt, wie sie und andere sich leiblich und affektiv in die Bewegungen und Gefühle der gezeichneten Comicfiguren hineinversetzen. Viszerales lässt sich in Form von Comics demzufolge nicht nur vermitteln, ausdrücken und sichtbar machen, sondern in gewisser Weise auch nachfühlen. Vielleicht ist dies genau das, was Latham & McCormack (2009: 253) als »pre-signifying affective materiality« bezeichnen, die den Bildern innewohnt und leiblich-affektiv spürbar wird. Oder der von Roberts (2013: 386) angeführte »›in-between‹ status [...] haunting between material and immaterial, real and virtual«, den die Autorin in ihrer Konzeptionalisierung von Bildern in der Humangeographie ableitet und der die Vermittlung und Nachempfindung visueller, auditiver, gustatorischer und olfaktorischer Elemente zwischen Menschlichem und Mehr-als-Menschlichem durch Comics erklärbar(er) macht.

Um Affekte auszulösen und wissenschaftliche Erkenntnisse nachfühlbarer zu machen, wird auch im wissenschaftlichen Schreiben mit neuen performativen Formen experimentiert (Lorimer & Wylie 2010; Stewart 2011, 2014). Zudem lassen sich Geräusche und Gerüche mittels Beschreibung in (mehr) Worten übermitteln. Die Wirkung der Übersetzung viszeraler Elemente in Bildform unterscheidet sich dennoch von jener in Text, da sie jeweils auf zwei unterschiedliche Modi des Verstehens verweisen. Während der Prozess des Verstehens in der comicbasierten Vermittlung im Wesentlichen über Affekte sowie sinnliches Nachspüren eingeleitet wird und die Lesenden dadurch multisensorisch in die Geschichte »eintauchen«, geschieht das Verstehen beim Lesen von wissenschaftlichen Texten vor allem durch Reflexion[17]. Oder anders formuliert: Es sind die simultan stattfindenden Prozesse, die Überlappung

17 An dieser Stelle ist anzumerken, dass ein im Rahmen einer wissenschaftlichen Zeitschrift veröffentlichter Comic vermutlich »reflexiver gelesen und verstanden« wird, als ein Comic außerhalb des wissenschaftlichen Kontextes. Hierzu liegen bisher jedoch keine Untersuchungen vor.

materieller, diskursiver, viszeraler, leiblich-affektiver und atmosphärischer Aspekte in der Ko-Konstitution von Momenten, die in der Comicerzählung anders als im Textformat zur Darstellung gebracht werden können und damit das gemeinsame Werden zwischen Entitäten greifbarer machen. Comics ermöglichen demnach ein tiefgehendes Verstehen von (nichtlinearen) Situationen, die durch Worte bzw. durch (lineare) Verschriftlichung nur schwer zu beschreiben sind. Laurier (2014: 245) drückt dies in der Erläuterung seiner Comic-Transkripte folgendermaßen aus: »[it] offers the possibility of sustaining the transcript as a record of an event while also helping sensitise us to the timing and spacing of the verbal, visual, embodied, environmental, material and kinaesthetic aspects of that earlier event«. Dieses spezifische Charakteristikum des Comics bietet Forschenden die Möglichkeit, wissenschaftliche Erkenntnisse dicht und auf mehreren Bedeutungsebenen gleichzeitig stattfindend zu erzählen (Kuttner et al. 2021) und damit ein Bewusstsein für die vielfältige Verstrickung von Entitäten in einer mehr-als-menschlichen Welt zu generieren. Vor diesem Hintergrund, finde ich, ist die Überlegung des Einsatzes von Comics als narratives Medium für mehr-als-menschliche Geographien naheliegend. Bestätigung für meine Überlegung sehe ich bei Menga & Davies (2020: 671), welche die Kommunikationsform als eine »with particular posthuman tendencies and capabilities« beschreiben sowie bei Jeffrey (2016: 5), der die Operationalisierung von Comics, basierend auf Deleuze & Guattari (1987), als »rhizomatisch« bezeichnet. Inwiefern sich nun ein Comic mit postdualistischem Anspruch umsetzen lässt, wird im nächsten Abschnitt geschildert.

3.5.3 Kollaborative Comicerstellung: Mensch-Tier-Beziehungen alternativ erzählen und sichtbar machen

Die Erstellung des Comics wurde als kollaboratives Projekt zwischen einem professionellen Illustrator bzw. Comiczeichner und mir angelegt. Da ersterer bereits Erfahrung in der Erforschung von Mensch-Tier-Beziehungen gesammelt hatte (Bonato 2012) und mehrere Jahre in der Schweiz lebte, war ihm die schweizerische Debatte zur Wolfsrückkehr nicht ganz unbekannt. Die comicbasierte Erzählung stellt einen Teaser einer sich fortsetzenden Geschichte dar, deren Umsetzung erst durch die Einwerbung von Fördergeldern realisiert werden konnte. In einem ersten Projekttreffen wurden die Zielgruppe festgelegt und potenzielle Erzählstränge diskutiert. Auf Grundlage eines bereits veröffentlichten Papers (Schröder & Steiner 2020), meiner Erfahrungen während der Feldforschung und der Einschätzung des Illustrators, schienen mir für das gesteckte Ziel – der visuellen Vermittlung körperlich-leiblicher und sinnlich-emotionaler Dimensionen in Mensch-Tier-Begegnungen – vor allem die Erlebnisse durch Jäger:innen und Wildhüter:innen geeignet zu sein. Sie jagen und beobachten dieselben Tiere wie die Wölfe, bewegen sich über weite Strecken im geteilten Revier bzw. Territorium und begegnen sich daher vergleichsweise häufig, sie müssen sich in andere Lebewesen hineinversetzen, hierfür ihre Sinne aktivieren und sind sowohl zur Tages- als auch Nachtzeit aktiv. Als die Entscheidung gefallen war, das Wechselverhältnis zwischen Vertreter:innen der Jagd und des Calandarudels bilderzählerisch zu vermitteln, stellte ich dem Comiczeichner die Portraitfotografien der befragten Personen, Fotos des Untersuchungsgebietes, Audiomitschnitte der Interviews sowie meine aufgezeichneten Selbstgespräche zur Verfügung. Auf Grundlage dieses Datenmaterials und durch das Betrachten von Wolfsdokumentationen und das Abhören der Audiomitschnitte bei gleichzeitiger Ausarbeitung erster Skizzen, machte sich der Illustrator mit dem Forschungsthema tiefer vertraut. Um Wölfe »live« zu zeichnen und so die Anatomie der Tiere besser zu verstehen, besuchte er außerdem einen Zoo und schrieb seine Gedanken in einem Notizbuch nieder (Abb. 12). Das Drehbuch, welches die Grundlage für das Storyboard bildet, entwickelten wir in mehreren Projekttreffen gemeinsam und legten uns darin auf einen Jäger namens Peter[18] als Protagonisten und das Calandarudel in der Nebenrolle fest. Peter ist keine fiktive Person, er war ein Interviewpartner und sieht den Wolf als zentralen Bestandteil im Ökosystem des Calandas. An ihm und seinen Erlebnissen mit Wölfen und anderen Wildtieren, sollten die körperlich-leiblichen und sinnlich-emotionalen Mensch-Tier-Beziehungen zur Darstellung gebracht werden. Die entwickelte Geschichte hatte sich im Feld nicht eins zu eins so zugetragen, sondern ist das Ergebnis einer Verdichtung des empirischen Materials und wurde vor Fertigstellung durch einen örtlichen Jäger und einen Wildhüter validiert.

Sowohl für den Comiczeichner als auch für mich stellte die Herangehensweise an die Comicerzählung ein Novum dar, bei dem ich mich mit neuen Fragen konfrontiert sah: Wie ist die Übersetzbarkeit leiblicher und viszeraler Erfahrungen durch die dreifache Vermittlung zwischen einem Jäger, einem Illustrator und mir als Wissenschaftlerin zu bewerkstelligen und wieviel Vorgabe durch die forschende Person darf sein bzw. wieviel künstlerische Gestaltungsfreiheit wird dem Zeichnenden eingeräumt? In letzterer Hinsicht ent-

18 Um die Anonymität zu wahren, wurde der Name abgeändert.

schied ich mich für einen Mittelweg, der durch die Anweisung an den Illustrator gekennzeichnet war, ausschließlich Szenen zu skizzieren, die auf das gesammelte Interviewmaterial bzw. das entwickelte Drehbuch zurückführbar sind. Entsprechend eines mehr-als-menschlichen Zugangs erhielt der Zeichner außerdem den Auftrag, Tiere nicht als passive Wesen zu illustrieren, über welche Menschen verfügen können, sondern deren eigene Logiken und damit die »Unbestimmtheit von Materie« (Barad 2007) in die Darstellungen mit einfließen zu lassen. Zudem sollten Menschen und Tiere nicht in Kontrast zueinander dargestellt werden. Während die Anordnung der Panels sowie die Wahl der Farbgebung nicht vorgegeben waren, bekam der Illustrator hinsichtlich der Übersetzbarkeit von Sinneseindrücken die Anweisung, den leiblich-affektiven Gehalt des zur Verfügung gestellten Materials zu fokussieren und das generierte Wissen miterlebbarer, erfahrbarer und näher an der Viszeralität des Gegenstandes zu vermitteln. Inwiefern dies gelungen ist und welche Comic-Stilmittel schlussendlich für die Erzählung mehr-als-menschlicher Narrative Anwendung fanden, kann im letzten Abschnitt des Ergebnisteils, in Kapitel 5 nachgelesen werden. Zuvor werden die Ergebnisse aus der Empirie vor dem Hintergrund der drei gewählten Theorien (schriftlich) präsentiert, wobei im ersten Teil pragmatisch-transaktionistische Mensch-Wolf-Beziehungen den Schwerpunkt bilden.

Abb. 12: Skizzen und Notizen des Illustrators.

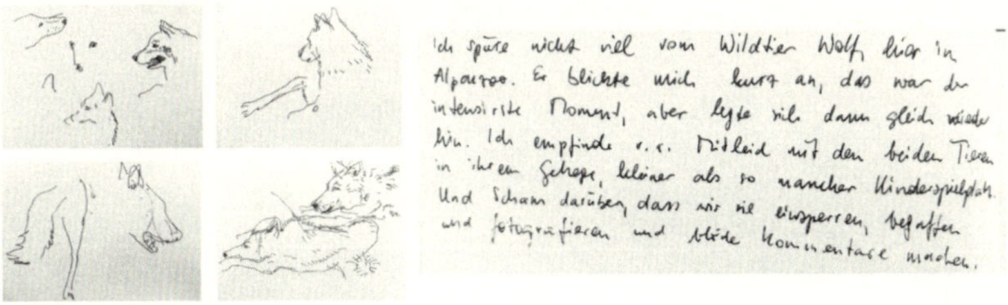

Quelle: © Patrick Bonato.

4 Menschen und Wölfe in Koexistenz

Leben und Umgang mit neuen Materialitäten in der Calanda-Region

Die nachfolgenden Abschnitte schildern meine empirischen Eindrücke aus dem Feld, wobei die Ergebnisse innerhalb der jeweiligen Kapitel unterschiedlich dargestellt werden. Während pragmatisch-transaktionistische Mensch-Wolf-Beziehungen im ersten Teil teilweise in Form von verdichteten Geschichten und Direktzitaten erläutert werden, erfolgt in den darauffolgenden Ergebnisteilen eine Analyse und Diskussion einzelner Wortmeldungen aus intraaktions- und resonanztheoretischer Perspektive. Die Vermittlung der gewonnenen Erkenntnisse als Comic ist wiederum bildbasiert und wird durch einen Begleittext ergänzt. Ziel jedes Kapitels ist es aufzuzeigen, wie die diskutierten Theorien und Ausdrucksformen jeweils neue Blickwinkel auf dynamische Mensch-Wildtier-Beziehungen eröffnen und welche neuen Einsichten sich im Kontext der Wolfsrückkehr ergeben.

4.1 Land- und jagdwirtschaftliche Praktiken in dynamischer Veränderung

Landwirt Reto[1] *ist mit dem Auto auf dem Weg zu der Alp, auf der seine Schafe den Sommer verbringen. Er ist schlecht gelaunt: Wie jeden Tag im Sommer, muss er den Weg machen. Das war früher anders. Da musste er den Aufwand nur zweimal die Woche betreiben. Aber seit die Wölfe zurück sind am Calanda, hat sich alles verändert. Es war im Jahr 2012, als er sich auf Ratschlag der landwirtschaftlichen Schule entschieden hatte, mithilfe staatlicher Subventionen Pyrenäenberghunde zum*

---

1 Alle in diesem Kapitel angeführten Namen wurden aus Gründen der Anonymität geändert.

Schutz der Herde anzuschaffen. Eigentlich wurde er ja fast dazu gezwungen, denn ohne Herdenschutz hätte er keine staatliche Entschädigung erhalten, wenn der Wolf eines seiner Schafe gerissen hätte. Die Herdenschutzhunde machen ihren Job gut, aber sie müssen jeden Tag gefüttert werden. Das ist zeitintensiv und auf Dauer anstrengend. Gelegentlich wird das von befreundeten Jäger:innen übernommen, doch stehen – nach Retos Ansicht – die Ausgaben für die Abnutzung des Autos, den zusätzlichen Sprit sowie die Futter- und Tierarztkosten in keiner Relation zu den vom Bund zur Verfügung gestellten Hilfen. Wie das bei seinen Berufskollegen Franz und Thomas auf ein Nullsummenspiel hinauslaufen kann, ist für Reto unverständlich. Noch dazu haben die beiden Glück, dass deren Höfe am Dorfrand und nicht wie seiner, im Dorfzentrum liegen. So bleiben ihnen nämlich im Winter Diskussionen mit Nachbarn über bellende Hunde erspart. Angst vor den Wölfen hat Reto nicht. Er fürchtet allerdings, dass die Wölfe seine Herde verschrecken und dann Tiere auf dem ausgesetzten Hochplateau abstürzen, ohne dass der Wolf sie vorher erwischt. Denn wenn keine Wolfs-DNA an den toten Schafen nachgewiesen werden kann, gibt es keine Entschädigungszahlungen vom Staat. Retos Stimme wird lauter, er ist sichtlich bewegt, denn am liebsten möchte er die Wölfe am Calanda reduziert sehen. Seine Vorfahren seien eben »nicht dümmer gewesen und wussten, weshalb sie den Wolf ausgerottet [haben]«.

Diese einführende Geschichte veranschaulicht, welche Veränderungen die Rückkehr von Wölfen in die schweizerische Calanda-Region auslöst: Landwirt:innen werden dazu aufgefordert, ihre landwirtschaftliche Praxis zu verändern, sich zum Schutz ihrer Tiere mit neuen tierlichen Lebewesen zu arrangieren, woraus sich wiederum zwischenmenschliche Konflikte ergeben können. Dieser kurze Absatz macht zudem deutlich, dass sich die mit der Wolfsrückkehr verbundenen Wechselbeziehungen auf verschiedenen Ebenen abspielen, sich in unterschiedlichen situativen Kontexten vollziehen und daher auch differenziert zu betrachten sind. Denn selbst innerhalb von Berufsgruppen sind Menschen unterschiedlich von den rückkehrenden Wildtieren betroffen, weswegen die aktuell geführte, im »Schwarz-Weiß-Denken« verhaftete mediale Debatte zur Wolfsrückkehr, zu kurz greift und sich ein wissenschaftlich-kritischer Blick auf die Thematik lohnt. Im Rahmen der nachfolgenden Ergebnisdarstellung vor dem Hintergrund des pragmatisch-transaktionistischen Ansatzes, geschieht dies jeweils zu Beginn der Kapitel anhand dreier exemplarischer Geschichten. Diese stellen eine inhaltsanalytische Verdichtung des empirischen Materials dar und haben sich im Feld nicht eins zu eins so zugetragen. Die in den Narrationen vorkommenden Menschen spiegeln jedoch verschiedene Interviewpartner:innen wider, weswegen es sich bei den Direktzitaten auch um Originalausschnitte aus den vorliegenden Interview-Transkripten handelt. Mittels dieser »verwobenen Geschichten« sollen einerseits die Komplexität der Thematik, spezifische Muster sowie transaktive Zusammenhänge sichtbar und andererseits gemachte Erfahrungen im Kontext der Wolfsrückkehr näher an der Leiblichkeit, Viszeralität und Affektivität vermittelt werden. Geschichten prägen sich darüber hinaus im Vergleich zu faktenbasierter Erzählungen besser in Köpfe ein und tragen eher zu veränderten Ansichten bei (Hariri 2021), was gerade für den vorliegenden Untersuchungsgegenstand der Wolfsrückkehr von Relevanz sein kann, da sachliche und auf Fakten und Zahlen basierte Übermittlungen von Erkenntnissen aus der Wolfsforschung (welche die emotional aufgeladene Debatte eigentlich entschärfen könnten) offensichtlich wenig Wirkung entfalten[2].

Vor dem Hintergrund des entwickelten Transaktionskonzepts (s. Kap. 2.1.2) werden nun nachfolgend die im Feld erhobenen Daten analysiert[3]. Dabei widme ich mich zunächst verschiedenen Transaktionsfeldern, innerhalb derer die mit den Wölfen verbundenen Veränderungsprozesse und Rückkopplungseffekte besonders ausgeprägt zu beobachten sind.

4.1.1 Jagende Leiber und transformative Jagderfahrungen

September, Hochjagd: Die Jäger Klaus, Lukas und Hans sitzen in ihrer Hütte zusammen und unterhalten sich. Das ganze Jahr schon freuen sie sich auf die gemeinsame Jagd.

2 Ich bin mir bewusst, dass die mit der Wolfsrückkehr verbundenen Ängste ebenso kulturhistorisch geprägt sind sowie eine massive Ablehnung gegenüber den Tieren häufig in jenen Regionen zu beobachten ist, in denen es an Erfahrungen mit Wölfen mangelt. Dennoch – und hierauf wird diese Arbeit in den Ergebnissen noch Bezug nehmen – ist die Frage nach der Kommunikation von Erkenntnissen zu Mensch-Wolf- oder Mensch-Tier-Beziehungen ein Thema, welches in der Debatte zur Wolfsrückkehr durchaus von Relevanz ist.

3 »Analyse« versteht sich im transaktionistischen Denken nicht als eine interaktionistisch-mechanistische Zerlegung der komplexen Wirklichkeit in einzelne Entitäten oder als eine ontologische Isolierung einzelner Phasen und Aspekte, sondern als Versuch, mithilfe analytischer (und nicht ontologischer) Unterscheidungen das sich dynamisch wandelnde Ganze in seiner Verwobenheit zu verstehen (Dewey & Bentley 1949; Steiner 2014b). Die analytischen Unterscheidungen haben keinen Anspruch auf Stabilität. Vielmehr sind sie als eine Momentaufnahme von Dingen im Fluss zu verstehen, die es aufgrund neuer empirischer Erkenntnisse zu rekonfigurieren bedarf. In diesem Sinne ist das vorliegende Analysekonzept nicht ohne weiteres auf andere Fälle transferierbar, sondern muss an die jeweiligen Gegebenheiten angepasst werden.

Für Klaus ist sie »ein Kulturgut, nicht nur ein Hobby, sondern eine große Leidenschaft [...], bei der man zu hundert Prozent und mit Körper und Geist in der Natur ist, richtig drinnen und sich als Teil davon extrem verbunden fühlt. Seine Intuition nutzen [und] den Spürsinn; die Nase, das Auge und das Ohr voll entfalten [können]. Das macht einen großen Reiz aus [...] und auch das Tier zu bejagen, zu überlisten, auszunehmen.« Dem schließt sich Lukas an und erklärt, dass im Mittelpunkt nicht unbedingt die große Jagdstrecke stehe, sonst müsse man wo anders hinfahren, denn seitdem der Wolf in das Calanda-Gebiet zurückgekehrt ist, habe sich das Verhalten und die räumliche Verteilung des Wildes stark verändert. Das Rotwild – »der Mittelpunkt unseres Begehrens«, wie Klaus anmerkt und auch die Hauptbeute der Wölfe – ist von den offenen Gebieten in höheren Lagen in den tiefer gelegenen Laubwald gewechselt. Rehe verstecken sich stärker im Gebüsch und Gämsen bilden Großgruppen, sind weiter nach oben gewandert und halten sich näher am Felsen auf. Die Tiere weichen in Gebiete aus, die wie Hans erzählt, die Bejagung für den Wolf erschweren – aber auch für die Jäger:innen. Dass die Jagd seit der Wolfsrückkehr sportlicher und unberechenbar geworden ist, hat viele Jäger:innen dazu veranlasst, in andere Jagdgebiete zu wechseln.[4] *In diesem Zusammenhang führt Hans an, dass es dadurch in anderen Regionen zu einem erhöhten Jagddruck kommt und sich daraus Spannungen in der Jäger:innenschaft ergeben. Am Calanda hingegen sind jetzt nur mehr einheimische Jäger:innen unterwegs, die »aus Leidenschaft auf die Jagd gehen und mit der Heimat verbunden sind. Die anderen, die nur für den Geldsack jagen, sind fort.« Das Rudel erhöht nach Hans' Ansicht die Wertschätzung gegenüber den erlegten Tieren: Während es früher am Kunkelspass (Abb. 5 und Abb. 8b) nämlich normal war, in der Jagdsaison fünf bis sechs Hirsche zu schießen, müssen Jäger:innen jetzt mit »zwei, drei zufrieden sein – aber jetzt sind sie auch zufrieden.«*

Eine Sache, worauf die drei immer wieder zu sprechen kommen, ist wie schnell die Wölfe gelernt hätten sich an das Verhalten der Jäger:innen anzupassen. Früher noch habe man die geschossenen Tiere mit einem T-Shirt zur Abwehr von Füchsen verblenden und über Nacht liegen lassen können. Aber heute: »Ein Schuss und fünf Minuten später sind die Wölfe da. Die wissen mittlerweile, »wenn irgendwo etwas geschossen wird, liegt anschließend der Aufbruch [Eingeweide, Innereien] herum, da gibt es Fressen«, merkt Lukas an. Und die Wölfe finden das Aas mithilfe ihrer feinen Nasen schnell – was

4 Der Kanton Graubünden hat ein Patentjagdsystem, welches die Jagd im gesamten Kantonsgebiet, mit Ausnahme der Wildschutzgebiete, erlaubt. Den Nachbarkanton St. Gallen kennzeichnet ein Revierjagdsystem, bei dem die Politischen Gemeinden das Jagdrecht an eine Jagdgesellschaft verpachten. Die Jäger:innen sind in der Folge stärker an ihren Standort gebunden.

schließlich auch dazu geführt hat, dass Luderplätze[5] *zur Bejagung von Füchsen und Mardern in Siedlungsnähe verboten worden sind.*
Uneinig sind sich die drei Freunde beim Thema Sonderjagd[6]*, die am Calanda nicht mehr regelmäßig stattfindet und weitgehend von den Wölfen »übernommen« wird. Klaus und Lukas sind immer gerne im Spätherbst noch einmal auf die Jagd gegangen, Hans hingegen ist der Meinung, dass der Wolf eher das Recht habe Tiere zu erlegen, bevor er es habe: »Also ich finde es super, dass der Wolf zurückgekommen ist, der gehört in unsere Landschaft. […] Außerdem muss man das in einem Gesamtzusammenhang sehen: Von den gerissenen Wildtieren und der Wolfslosung profitieren auch Aasfresser und Insekten, […] aber ich weiß, mit dieser Ansicht bin ich nicht gerade der Paradejäger«, erklärt Hans schmunzelnd. Dem wirft Klaus mit aufbrausender Stimme entgegen, dass es für ihn »nicht okay ist, dass der Wolf einen so großen Platz einnimmt und sein Jagdgebiet über die Jahre ausgedehnt hat […] absolut nicht! […] Tiere sind uns ganz klar untergeordnet.« Der Wolf habe für ihn nur insofern eine Akzeptanz, wenn er reguliert werden kann. Aber wie soll man das schlaue Tier unter den gegebenen Rahmenbedingungen schon kontrollieren, »selbst wenn du den Wolf bejagen würdest, bekommst du ihn nicht mehr ganz weg«, stellt Klaus ernüchtert fest.*

Anhand dieser verdichteten Darstellung der empirischen Ergebnisse wird gezeigt, dass nicht nur Landwirt:innen mit veränderten Praktiken konfrontiert werden, sondern dass seit der Wolfsrückkehr im Untersuchungsgebiet ebenso die Ausübung der Jagd Veränderungen unterworfen ist. Unter Rückgriff auf das entworfene Analysekonzept zeigt sich, dass Jäger:innen und Wölfe über die Praxis der Jagd miteinander transagieren und damit laufend die Bedingungen unter denen sie leben, rekursiv verändern. Erstere gelangen über diese, vor allem leiblich gemachten Erfahrungen des Beobachtens,

---

5 Hierbei handelt es sich um jagdliche Einrichtungen zur Bejagung von Füchsen, Mardern und Dachsen. Diese sind meist mit Lockfutter, wie beispielsweise Teilen von Tierkadavern, ausgestattet.

6 Um die jährlichen Abschusspläne zu erfüllen, werden im November und Dezember, falls notwendig, zusätzliche und mehrheitlich weibliche Hirsche und Rehe sowie Jungtiere erlegt. Eine unveröffentlichte Auswertung von gerissenen Wildtieren des Calandarudels zwischen 2011 und 2017 hat gezeigt, dass die Wölfe in erster Linie kompensatorisch (mehrheitlich Kitze, Kälber und Jungtiere sowie verletzte und kranke Tiere) jagen. Da aber auch gesunde und ausgewachsene Tiere gerissen werden (10 % Mittelklasse, 5 % Altersklasse, bei 25 % konnte keine Alterskategorie mehr zugeteilt werden), wird auf die Sonderjagd im Calanda-Gebiet heute weitgehend verzichtet (Cadient 2018).

Fortbewegens im Gebiet, Erlegens, Ausnehmens, Abtransportierens der Beute sowie des Essens, zu unterschiedlichen Wirklichkeiten, weswegen auch die Einstellungen gegenüber den rückkehrenden Tieren in der Jäger:innenschaft maßgeblich voneinander abweichen. Denn während Jäger Klaus in den Wölfen beispielsweise Konkurrenten sieht und sich selbst als den Tieren übergeordnet versteht, ist Hans in der Hinsicht völlig anderer Meinung. Für ihn stellen Wölfe Mit-Wesen dar, die neben dem Menschen genauso eine Existenzberechtigung haben und deren Kontrolle und Monitoring er für nicht zwingend notwendig hält. Mit seiner Haltung gegenüber den rückkehrenden Tieren bezeichnet er sich selbst als »Exot« innerhalb der Jäger:innenschaft und führt an, dass vor allem jene Jäger:innen mit der Rückkehr von Wölfen ein Problem hätten, die auf Trophäen fokussiert sind und bei denen weniger das Wild, als vielmehr der Jagderfolg im Zentrum stünde. Ähnlich sehen es zwei andere befragte Jäger:innen, welche ihre Kolleg:innen wie folgt unterteilen:

> »80 Prozent, da bin ich überzeugt, ticken wie wir beide, die die Jagd wirklich mit großer Leidenschaft betreiben und auch großen Respekt vor dem Tier und der Umwelt haben. Die anderen 20 oder 10 Prozent sind die, die das Schießen an sich super finden und denen es nicht so um das Erlebnis geht. Denen ist es wichtig viel zu schießen, viel Fleisch zu bekommen, etwas Geld damit zu verdienen. Aber das ist mit Abstand die Minderheit.« (Jäger, ITV 11, 2018)

Neben den verschiedenen Jagdmotiven als Gründe für die Akzeptanz bzw. Ablehnung von Wölfen in Jäger:innenkreisen, weist ein anderer darauf hin, dass es vor allem ältere Vertreter:innen seiner Interessensgruppe sind, die im Wolf eine Konkurrenz sehen und den Veränderungen in der Jagd weniger offen gegenüberstehen. Dass die Toleranz gegenüber Wölfen bei der jüngeren Generation der Jäger:innen größer ist, lässt sich auch durch die geführten Interviews bestätigen. Ein Gesprächspartner begründet dies mit dem erhöhten körperlichen Arbeitsaufwand, mit dem sich Jäger:innen am Calanda seit der Wolfsrückkehr konfrontiert sehen:

> »Man muss sagen: wir können immer noch Gämsen jagen und den Hirsch auf der Hochjagd auch. Darum ist das für uns kein Problem, denn wir sind noch jung. Für ältere Jäger:innen ist es schwieriger. Die wollen eben nicht mehr so viel im Gebirge laufen und es drei-, viermal probieren. Jeden Morgen früh aufstehen und hinaufgehen.« (Jäger, ITV 20, 2018)

Vor diesem Hintergrund und unter Zuhilfenahme des entwickelten Transaktionskonzepts, lässt sich Jagd als eine Praxis verstehen, die körperlichen Einsatz und – wie Klaus zu Beginn der Geschichte anmerkt – die Aktivierung mehrerer Sinne erfordert. Jagd lässt sich demnach als eine leibliche Praxis begreifen, die emotionale Qualitäten bewirkt:

> »Irgendwann bin ich angekommen mit der Jagd und dann kommt der Moment von großer Zufriedenheit. Zur Ruhe kommen. Und natürlich bin ich der Jäger, ich bin der Räuber und will Beute machen. [...] Wenn ich Beute gemacht habe, dann bin ich oft ein wenig demütig, weil ich mich über die Schöpfung gestellt habe. Ich sitze viel und habe Tränen in den Augen. Wenn ich bei der Beute bin, habe ich aber auch Freude. Mit dem Alter nimmt aber die Demut zu. [...] Die Jagd ist ein wesentlicher Teil von meinem Leben. Das ganze Jahr bin ich einfach Jäger. Das sitzt ganz tief, also gibt es für mich fast keine passende Antwort.« (Jäger, ITV 14, 2018)

Die Aussage des Jägers zeigt sehr schön jene erkenntnistheoretische Lücke auf, die zwischen dem, was wir fühlen, und dem, was wir durch Worte ausdrücken können, existiert. Über die Praxis der Jagd treten menschliche Entitäten (und auch Wölfe) mit ihrer Mitwelt wechselseitig in Beziehung:

> »Ich beziffere die Jagd nicht nur auf die drei Wochen im September. Das ist eigentlich nur ein sehr kleiner Teil. Zur Jagd gehört mehr: du beobachtest Wildtiere, du bewegst dich im Gebiet, du gestaltest Raum, das gibt einem sehr viel. [...] Ich finde es schön mit der Natur zu sein, Geräusche und Wettereindrücke aufzunehmen, das finde ich schon sehr intensiv.« (Jäger, ITV 26, 2018)

Gleichzeitig stellt die Jagd am Calanda auch ein Ereignis dar, bei welchem die Jäger:innen und die Wölfe miteinander transagieren und leiblich kommunizieren:

> »Es war im November gewesen, es hatte noch keinen Schnee und es war trocken. Von den Eichen lag das Laub am Boden, das hört sich an wie eine Packung Chips. Ich kann die Augen geschlossen haben und ich weiß genau: jetzt kommt ein Reh, ein Hirsch, oder ein Fuchs. Und dann höre ich plötzlich dudum dudum dudum und denke mir, was ist das? Und dann kommen drei Wölfe. Einer kommt mit dem Gesicht und der Nase her, packt den [geschossenen] Fuchs und will weglaufen [...] dann habe ich mit dem Schuh an

> den Hochsitz geklopft und geschrien: Lass das sein! Dann sah er rauf, ließ das Tier fallen und alle drei rannten davon.« (Jäger, ITV 22, 2018)

Da Jagd auf leiblichen und viszeralen Erfahrungen beruht und insofern auch die Veränderungen im Verhalten der gemeinsamen Beutetiere durch den Leib erlebt werden, lässt sich dadurch die mit der Wolfsrückkehr verbundene emotionale Betroffenheit der Jäger:innen erklären. Durch die Wolfspräsenz werden diese nun aufgefordert, ihre gewohnten Praktiken zu überdenken und zu modifizieren. Gerade im Zuge der Hochjagd ist es nun nicht mehr ratsam, ein geschossenes Tier über Nacht liegen zu lassen, was sich gerade dann als Herausforderung erweisen kann, wenn das Tier gegen Ende der erlaubten Schusszeit[7] bzw. kurz vor Eintritt der Dunkelheit und durch den:die Jäger:in im Alleingang und nicht im Zuge einer gemeinsamen (Treib-)Jagd erlegt wird. Denn während der Abtransport einer Gämse beispielsweise durch eine Person machbar ist, bedarf es für einen Hirsch der Mittelklasse zusätzliche Unterstützung. Zudem müssen durch Jäger:innen erlegte und später durch den Wolf gefressene Tiere ebenso der Wildhut gegenüber gemeldet und registriert werden:

> »Es war letztes Jahr. Ein mir bekannter Jäger hat kurz vor Ende der erlaubten Jagdzeit eine Gams geschossen. Am Morgen ging er sie suchen, und da waren nur mehr der Kopf und ein paar Knochen übrig. Ich habe dann gesagt ›du schießt für den Wolf‹ und er hat sich im ersten Moment aufgeregt. Aber am allermeisten hat er sich aufgeregt, dass seine Gämse als normaler Abschuss und nicht als Hegeabschuss gewertet worden ist.« (Hüttenwirt, ITV 37, 2018)

Da der Abschuss von Gämsen im Kanton Graubünden kontingentiert ist[8], hatte der betroffene Jäger nicht nur in dem Moment gegenüber den Wölfen das Nachsehen, er konnte den Abschuss auch nicht zu einem späteren Zeitpunkt »nachholen« und wurde durch die *agency* der Wölfe bzw. seine indirekte Begegnung mit den Tieren über die gerissene Gams (s. dazu im Detail Kapitel 4.1.3) transformiert. Doch auch Wölfe bleiben von den Begegnungen mit Menschen – wie die Spekulation über deren Konditionierung auf Schüsse während

7 Anfang, Mitte und Ende September variieren die erlaubten Schusszeiten im Kanton Graubünden zwischen 06:00/06:30 und 20:30/20:00/19:45 Uhr.

8 Aus dem Gams- und Rehwildkontingent zusammen betrachtet, darf jede:r Jäger:in insgesamt vier Tiere schießen, davon einen Bock, eine Geiß, einen Bockjährling und einen Hegeabschuss schwacher, verletzter oder kranker Tiere (Kanton Graubünden 2021).

der Jagd zeigt – nicht unberührt und gehen hieraus ko-konstitutiv hervor[9]. Oder anders formuliert: In einer pragmatisch-transaktionistischen Perspektive wird ebenso davon ausgegangen, dass die rückkehrenden Wildtiere bedingt durch ihre Erfahrungen mit Menschen und anderen Entitäten, zu spezifischem Wissen gelangen und jeweils eigene Lebensrealitäten kreieren. Demnach könnte man sogar sagen, dass die Wölfe am Calanda andere sind, als noch vor einem Jahr, vor drei oder vor fünf Jahren – und somit grundsätzlich vielleicht nicht weniger in Veränderung begriffen als menschliche Entitäten:

> »Zu Beginn haben wir von den Wölfen eher profitiert. Denn mit den ausgewiesenen Wildschutzgebieten haben wir die Hirsche sehr berechenbar gemacht. Nach dem ersten Jagdtag sind sie früher dorthin gewechselt, weil sie wussten, dass ihnen dort nichts passiert. Der Wolf hat in den Zonen gewartet und die Tiere einem regelrecht zugetrieben. [...] Aber die Schutzgebiete sind nun überflüssig, da sich die Tiere dorthin nicht mehr wie gewohnt zurückziehen. [...] Wir waren sehr verwöhnt und die Jagd ist nun garantiert schwieriger und unberechenbarer geworden. Es ist eine ganz andere Jagd als früher. Aber ich sage auch, vielleicht bringt uns der Wolf auch wieder Instinkte zurück, dem Bündner Jäger. Weil wir merken, oh, jetzt müssen wir irgendwas machen, um in die Pötte zu kommen.« (Jäger, ITV 14, 2018)

So wie die Jäger:innen sich mit den neuen Gegebenheiten am Calanda arrangieren (oder auch nicht, wenn diese in andere Jagdgebiete abziehen), passen sich auch die Wölfe und deren gemeinsame Beutetiere fortwährend an neue Gegebenheiten an. Da die Hirsche nach Jagdsaisonstart im September in den ausgewiesenen Ruhezonen keinen Schutz mehr suchen bzw. finden, sind auch die Wölfe darin nicht mehr »wartend« anzutreffen. Das generierte Wissen zur Jagd (sowie zur Landwirtschaft) seit Beginn der Wolfsrückkehr am Calanda, ist vor dem Hintergrund stets wandelbar, fortlaufend und ko-produzierend zwischen den beteiligten Entitäten zu verstehen, womit für dieselben jeweils neue Mobilitäten sowie Immobilitäten verbunden sind, die und deren ökologische Rückkopplungseffekte das nächste Kapitel aufgreift.

---

9 Ein Jäger merkt in dem Zusammenhang an, dass er nicht an eine Konditionierung glaube, sondern eher vermutet, dass das die Bündner Jäger:innen so empfinden, weil sie vor allem während der Hochjagd im September konzentriert im Gebiet wären und die Wölfe daher vergleichsweise häufig gesichtet werden.

4.1.2 Neue (Im-)Mobilitäten und ökologische Rückkopplungen

Während im vorigen Abschnitt gezeigt werden konnte, dass Menschen und Wölfe vor allem über leibliche Praktiken und Erfahrungen miteinander in Beziehung treten bzw. transagieren, geht es nun um die Beschreibung konkreter Transaktionsfelder, innerhalb derer die mit der Wolfspräsenz verbundenen Veränderungen besonders ausgeprägt sind. Diese Veränderungen bewirken wiederum rückkoppelnd Effekte in anderen Transaktionsfeldern, weswegen im Folgenden nicht zunächst das räumliche und im Anschluss das ökologische oder sinnlich-emotionale Transaktionsfeld analysiert werden kann. Vielmehr geht es darum mithilfe des entwickelten Transaktionskonzepts die Verwobenheiten zwischen den unterschiedlichen Dimensionen aufzuzeigen und so die Komplexität von Mensch-Wolf-Dynamiken verständlicher zu machen.

Vergleichsweise schnell haben Hirsche, Rehe und Gämsen – wie in der Geschichte im vorigen Kapitel beschrieben – ihre Bewegungen und ihre Verteilung im Raum verändert, um so ihre Verfolger auf Distanz zu halten. So ist die Jagd am Calanda heute nicht nur für die Wölfe herausfordernder, sondern dies betrifft auch die menschlichen Jäger:innen, die sich wachsamer im Raum bewegen und längere Strecken in Kauf nehmen müssen. Diese Veränderung in der Mobilität der Entitäten schlägt sich nicht nur in viszeraler Hinsicht nieder, indem die Akteure ihre fünf Sinne verstärkt zum Einsatz bringen müssen oder beispielsweise manch Jäger:in von der Aushebelung der Wildschutzgebiete oder der Sonderjagd emotional betroffen ist – sie impliziert auch weitreichende ökologische Transformationen. Beobachtet werden beispielsweise weniger konzentrierte Baumschäden und ein Rückgang im Verbiss der tiefwurzelnden und für den Schutzwald wichtigen Weißtanne:

> »Also ich denke, wir haben mit dem Verbiss im Wald ganz klar das Problem, dass es in Graubünden zu viel Wild gibt. Wir hatten wahrscheinlich noch nie so viel Wild in Graubünden wie jetzt, oder wie letztes Jahr. Im Herbst haben wir relativ viel geschossen. In meinem Revier merke ich, dass der Wolf das Wild reduziert oder anders verteilt. Zum Beispiel haben wir kleine einjährige Sämlinge, die vielleicht fünf Zentimeter hoch sind, immer schon gesehen. Die sind dann aber bald verschwunden und nie größer geworden, weil sie verbissen oder ganz weggefressen worden sind. Und jetzt haben wir ein Gebiet, in dem sie größer, drei-, vier-, fünfjährig geworden sind, 30 bis 40 Zentimeter hoch. Ich denke das ist ganz klar der Einfluss des Wolfes. […] Das ist nun alles nicht wissenschaftlich dokumentiert, das sind einfach Beobach-

tungen, die ich mache. Und ich habe einfach das Gefühl, dass an mehreren Orten nun wieder Weißtannen in einer Größe sind, wo vorher keine waren. [...] Die Weißtanne ist eine Baumart, die beim Wild beliebt ist und so ist es eben auch die Baumart, bei der man am auffälligsten sieht, ob der Wildbestand stimmt oder zu groß ist. [...] Und so ist der Einfluss des Wolfes, aus forstlicher Sicht meine ich, sicherlich gut. Ich habe überhaupt kein Vorurteil gegenüber dem Tier, es gehört in unsere Landschaft und für den Wald ist es sicherlich positiv.« (Förster, ITV 19, 2018)

Langfristig betrachtet kann der Einfluss von Wölfen auf die Verteilung und den Bestand des Wildes den körperlichen und zeitlichen Arbeitsaufwand für die Waldpflege reduzieren und damit Kosteneinsparungen entstehen lassen. Während in der Argumentation des Försters deutlich wird, dass dieser im Wolf einen Akteur sieht, der den – für ihn als zu hoch wahrgenommenen – Wildbestand in der Region anders verteilt und damit die Waldvegetation verjüngt, erkennt ein Vertreter der Jagd in dieser Wechselbeziehung einen völlig anderen Effekt:

»Wir haben nicht mehr festes Standwild im Winter und die Hirsche haben deshalb nicht mehr die Ruhe, die sie eigentlich brauchen und die alle propagieren, auch Wissenschaftler. Und das meine ich ist eine wesentliche Störung. Denn der Energieverlust ist höher und wir haben in der Hinsicht sehr viel gemacht, mit den Wildruhezonen, dass der Mensch nicht reingeht und die Tiere stört, dass man da eine Ruhe hat. Und jetzt ist der Wolf drin. Jetzt sind die Tiere natürlich auf der Flucht und haben keine Ruhe mehr.« (Jäger, ITV 12, 2018)

Die veränderte Verteilung des Rot- und Rehwildes im Winter – jener Jahreszeit, in der der Verbiss am höchsten ist und die Tiere mit ihren Energieressourcen sparsam umgehen – wird von den Interviewpartner:innen unterschiedlich interpretiert. Die Menschen haben verschiedene Wahrheitskonzepte und auch voneinander abweichende Naturverständnisse, die miteinander in Konkurrenz treten. Denn während sich in der Aussage des Försters eine Auffassung von Mensch-Mitwelt-Beziehungen widerspiegelt, in der Wölfe als (indirekt Wald-)gestaltende Entitäten verstanden werden, sieht der befragte Jäger in erster Linie den Mensch für die Verteilung des Wildes im Gebiet in gestalterischer Verantwortung, wie nicht zuletzt auch das folgende Zitat bestätigt:

> »Es wäre am einfachsten, wenn er [der Wolf] nicht da wäre. Für ihn besser und für uns besser. Und dann sucht man irgendeinen Kompromiss. Und der Kompromiss ist einfach die Regulierung. [...] Man muss die Wölfe scheu machen. Und die beste Maßnahme ist einfach schießen. Vergrämen bringt nichts. Das sehen wir beim anderen Wild auch. Und dann merkt das Wild von selbst: ›hallo das ist gefährlich, da darf ich nicht hin, ich muss weg, ich muss in ein anderes Gebiet gehen.‹« (Jäger, ITV 11, 2018)

Die neue Verteilung der Wildtiere im Gebiet ist am Calanda ein viel diskutiertes Thema, dem verschiedene Beobachtungen zugrunde liegen. Berichtet wird davon, dass beispielsweise in den Gemeinden Haldenstein und Untervaz seit der Wolfsrückkehr mehr Hirsche als vor der Wolfsrückkehr gezählt und auch geschossen werden können, wohingegen der Bestand und die Abschusszahlen im Gebiet bei Trin und am Kunkelspass stark zurückgegangen sind. Ein Jäger vermutet, dass sich die Hirsche nun im Territorium rund um Untervaz aufgrund der Topographie »mit dem Wolf effektiv wohler fühlen« (ITV 14, 2018). Basierend auf einer mir vorliegenden unveröffentlichten Studie zeigt ein Blick auf die Jagdstrecke des Bündner Calanda-Gebietes, dass in den sechs Jahren vor der Wolfsrückkehr im Schnitt etwa 111 Hirsche pro Jahr erlegt wurden (Gadient 2018: 17f). In den sechs Jahren mit Wolfseinfluss lag die Jagdstrecke bei durchschnittlich 80 Tieren, was eine Reduktion der mittleren Jagdstrecke von 28 % entspricht. Bei den Gämsen waren es 16 % und bei den Rehen 9 % (ebd.: 18). Ein örtlicher Wildhüter erklärt sich diese Entwicklung folgendermaßen:

> »Die abnehmende Hirschstrecke am Calanda bedeutet nicht, dass es weniger Hirsche gibt. Es hat vielleicht ein bisschen weniger, weil der Wolf sich auch seine Beute rausnimmt. Der Hauptgrund liegt vermutlich aber darin, dass die Jagd schwieriger geworden ist. Also die Tiere sind extrem aufmerksam, haben eine hohe Fluchtdistanz und wenn der Jäger nicht extrem gut aufpasst, sind die Tiere weg. Und das ist vermutlich ein Grund, warum dann der Jagderfolg sinkt.« (Wildhüter, ITV 25, 2018)

Ähnlich wird die Situation von einem Jäger eingeschätzt:

> »Also das Verhalten der Wildtiere hat sich sicherlich verändert. Auf den ersten Blick hat man fast das Gefühl, es hätte weniger Wildtiere als vorher, aber schlussendlich ist es eher so, dass Rehe und Hirsche mehr in kleineren Gruppen auftreten. Gerade bei den Hirschen ist es bei uns im Winter oft so, dass nur vier, fünf Hirsche zusammen sind – nicht wie zu den Zeiten als mein Va-

ter jung war, wo man fast hundert Hirsche zusammen auf dem Feld gesehen hat. Und auch bei den Rehen habe ich das Gefühl, die leben wieder viel mehr dort, wo sie eigentlich herkommen und hingehören, also im Kleinwuchs und wo sie sich auch schnell wieder verstecken können. Ich glaube schon, dass sich das Verhalten angepasst hat, aber dass es weniger Tiere hat, das glaube ich nicht.« (Jäger, ITV 43, 2019)

Ein anderer Jäger merkt an, dass die Mobilität der Tiere nicht nur durch die Wölfe beeinflusst werde, sondern auch die veränderten Freizeitgewohnheiten der Menschen hierzu beitragen würden:

»Viele Jäger sagen, es gäbe keine Rehe mehr, die frisst alle der Wolf. Wenn man aber zählt und mit dem Wildhüter nachts eine Bestandsaufnahme der Hirsche macht, da siehst du eigentlich auch immer Rehe und deren Zahl hat nicht stark abgenommen. Es sind noch immer Rehe im Gebiet, man sieht sie nur weniger. Der Wolf ist vielleicht ein Grund, aber das hat auch mit anderen Gewohnheiten des Menschen zu tun, wenn er die Natur nutzt. Die Leute gehen mit ihren Pferden noch in der Nacht hinauf [in den Wald], auch hat die Anzahl der Jogger gegenüber früher zugenommen.« (Jäger, ITV 20, 2018)

Die räumlichen und ökologischen Veränderungen am Calanda werden demnach sowohl von den Jagdaktivitäten der Menschen und Wölfe als auch den Mobilitäten derselben sowie der gemeinsamen Beutetiere beeinflusst. Sich selbst sowie ihr Sozialleben und ihre Territorialisierungen reproduzieren sie hierdurch fortlaufend neu. Bei den (re-)entwickelten Flucht- bzw. Anpassungsstrategien an die Beutegreifer handelt es sich aber nicht nur um ein Rückzugsverhalten von Hirschen aus offenen Gebieten in den Wald und die Zusammenstellung in Kleingruppen, von Gämsen aus dem Wald in felsigeres Terrain und die Versammlung in Großgruppen oder um ein generelles, viel wachsameres Verhalten – bemerkt werden ebenso Veränderungen in der Reproduktionsleistung der Tiere:

»Ich denke, dass sich die Tiere auf die Wölfe einstellen können, indem eine höhere Reproduktionsleistung notwendig wird. Gerade bei Rehen und Hirschen ist das ein Stück weit möglich und seit dem letzten Jahr habe ich tendenziell das Gefühl, dass Rehgeißen eher zwei Kitze haben als eines. Vielleicht achte ich jetzt auch mehr darauf, aber gefühlsmäßig hätte ich gesagt, ja, die haben nun eher zwei.« (Jäger, ITV 43, 2019)

Diese Beobachtung eines Jägers macht die Verwobenheit zwischen den Wölfen und ihren Beutetieren und damit die Veränderung im ökologischen Transaktionsfeld sehr gut deutlich. Neben den Vertreter:innen der Jagd- und Forstwirtschaft berichten auch Landwirt:innen von ökologischen Rückkopplungen, die sie seit der Rückkehr der Beutegreifer bemerken. So hat ein Landwirt beispielsweise festgestellt, dass seine Schafe nun weniger Krankheiten hätten, da diese aufgrund der Herdenschutzhunde und/oder des Einpferchens über Nacht nicht mehr mit Gämsen in Kontakt treten würden. Vor allem die sogenannte Gamsblindheit, eine ansteckende Augenerkrankung die u.a. zwischen Schafen und Gämsen übertragen wird, wäre seither bei ersteren nicht mehr aufgetreten[10]. Zudem hätte das räumliche Zusammenhalten der Mutterschafe und Böcke anstelle einer Aufteilung in Kleingruppen auf der Alp zur Folge, dass im Herbst und im Winter mehr Lämmer geboren werden und es außerdem weniger Ausfälle gibt. Das heißt durch die Rückkehr von Wölfen werden nicht nur neue Mobilitäten produziert, auch Immobilitäten – wie im Falle der eingepferchten Schafe – verändern die Dynamik des Lebens in der alpinen Kulturlandschaft. Immobilitäten betreffen aber nicht nur die Tiere rund um das Calandamassiv, sondern seit der Wolfspräsenz haben sich ebenso die Bewegungen manch menschlicher Entitäten eingeschränkt:

> »Das Luderplatzverbot in Siedlungsnähe hat mich stark betroffen gemacht. Jetzt gehe ich auf der anderen Talseite, ungefähr auf Tausend Meter Höhe auf die Passjagd. [...] Aber wie willst du weiter hoch auf die Jagd, wenn es Schnee hat und du nicht zu deinem Luderplatz kommst. Die Entscheidung [des Amtes für Jagd und Fischerei in Graubünden] ist für uns eine Einschränkung gewesen, aber wir tragen sie mit.« (Jäger, ITV 14, 2018)

Neben der Hoch- und Passjagd blieb auch die Praxis der Niederjagd nicht unbeeinflusst von der Wolfsrückkehr. Da hierfür meist Laufhunde zum Einsatz kommen, ist einigen Jäger:innen das Risiko der Begegnung ihrer Tiere

10 Eigentlich gelten Schafe als Reservoir und Hauptträger des Krankheitserregers. Für die Gamsblindheit vor allem anfällig sind außerdem Gämsen und Steinböcke, weswegen eine räumliche Trennung zwischen Schafen und Steinwild in der Hinsicht von Vorteil ist. Wenn auch nicht im Rahmen der Interviews angesprochen, so muss an der Stelle aber erwähnt werden, dass die Zusammenkunft größerer Herden auf kleineren Weiden oder das nächtliche Einpferchen die Übertragung von ansteckenden Klauenerkrankungen wie Moderhinke oder Panaritium beschleunigen kann, weswegen die Klauen der Tiere regelmäßig kontrolliert werden sollten.

mit Wölfen zu hoch, weswegen die Jagd auf Feldhasen im Gebiet (zumindest durch den Menschen) rückgängig ist. Die Immobilität der Niederjäger:innen würde man entsprechend am Hasenbestand merken:

> »Den Rückgang der Niederjagd merkt man bei uns stark. Die Hasenpopulation ist bei uns sehr hoch. Also man sieht wirklich viele Hasen. Mein Onkel hat einen Vorstehhund, der geht noch auf Hasenjagd mit ihm, aber eben auch nur, weil der Hund in der näheren Umgebung jagt.« (Jäger, ITV 43, 2019)

Die Integration von Wölfen ins Transaktionsgefüge am Calanda geht – wie die bisherigen Geschichten zu den veränderten land- und jagdwirtschaftlichen Praktiken gezeigt haben – mit einer Reihe neuer (Im-)Mobilitäten einher, die jeweils wiederum räumliche, ökologische und sinnlich-emotionale Dimensionen aufweisen, die miteinander in Zusammenhang stehen[11]. Insbesondere Landwirt:innen sowie Jäger:innen stehen mit Wölfen in der Untersuchungsregion vielschichtig in Verbindung. Inwiefern diese Verbindung über direkte oder indirekte Begegnungen ausgedrückt werden kann und diese leiblichen und viszeralen Erfahrungen zu unterschiedlichen Überzeugungen bezüglich der Wolfsrückkehr führen, wird der nächste Abschnitt behandeln.

4.1.3 Lebende und tote Materie als Trans-Mittler

Der Bündner Wildhüter Jakob ist ein vielbeschäftigter Mann. Etwa 200 Stunden im Jahr wendet er für die Calanda-Wölfe auf: Öffentlichkeitsarbeit, Wolfsmonitoring und Risskontrollen gehören zu seinen Hauptaufgaben. Jakob ist viel unterwegs und er begegnet den Spuren der Wölfe oft mehrmals täglich. Schauplatz Nummer eins für heute: Der Dorfrand, Reste einer Hirschkuh, vermutlich gerissen von einem Wolf. Ebenfalls vor Ort ist Passjäger Walter. Für die beiden Männer ist der Vorfall nichts Ungewöhnliches. Der Wolf nimmt eben die Fährte seiner Beute auf und bewegt sich entlang der Wildwechsel (Abb. 13a und 13b). Bis ins Tal reichen die, über Straßen hinein in die Felder. Winterraps – besonders beliebt bei den Hirschen und den Landwirt:innen rund um den Calanda. Dass die Wölfe wegen der Hirsche in die Nähe des Siedlungsraums

11 Neben den Bewegungen in der Jagd- und Landwirtschaft betrifft das veränderte räumliche Verhalten auch noch andere Bereiche: So lässt ein befragter Jäger beispielsweise seine Kinder nicht mehr im Wald spielen und eine Hüttenwirtin berichtet davon, dass ein Ehepaar eigentlich vorhatte auf der Calandahütte zu nächtigen, dann aber doch die Ringelspitzhütte bevorzugte, da man hier weniger Wölfe vermutete. Gleichzeitig kämen in der Hoffnung auf Wolfssichtungen auch neue Tourist:innen ins Gebiet.

kommen, das könne die Bevölkerung eben nicht so gut in Verbindung setzen, ist Jakob der Meinung. Da gebe es hin und wieder Panik. Begegnungen zwischen Mensch und Wolf will man daher von Amtsseite vermeiden, dabei hat der Wildhüter bemerkt, dass »diejenigen, die den Wolf wirklich gesehen haben, dann oftmals eine bisschen andere Einstellung haben. Weil sie merken, das ist eigentlich ein faszinierendes Tier«. Als Wildhüter erfasst er die Tiere mit Fotos der im Gebiet verteilten Wildtierkameras. Die Auswertung ist immer wieder spannend, aber nicht vergleichbar mit den direkten Begegnungen, merkt Jakob an. Das Rudel hat er schon öfter beobachtet, »und sie haben mich auch gesehen und haben sich aber nicht groß stören lassen. Sie sind dann schon weg, aber nicht wie andere Wildtiere, das hat mich fasziniert«. Auch Walter ist den Wölfen bereits mehrmals begegnet: »Immer wieder beeindruckend ist das, oder auch die Abende am Hochsitz, wenn man sie heulen hört, da stell[t] es einem die Rückenhaare auf«, zeigt sich der Passjäger sichtlich ergriffen, reißt dabei die Augen auf und holt einmal tief Luft.

Schauplatz Nummer zwei: Auf der Schafalp, vier Lämmer tot, vermutlich war es ein Wolf. Der Landwirt Bruno, sein Hirte Rene und Wildhüter Jakob treffen vor den getöteten Tieren zusammen. Es geschah nachts, bei Nebel, Rene hat es zu spät bemerkt. Der Wildhüter tippt auf ein Einzeltier, das entweder vom Calandarudel abgewandert oder von außerhalb gekommen ist. Die DNA-Analyse wird es zeigen. »Wenn der Wolf für einen Kilo Fleisch vier Lämmer tötet, damit habe ich einfach ein Problem [...] das ist für uns Bauern einfach nicht schön«, gibt Bruno zu verstehen und schüttelt dabei verständnislos den Kopf. Jakob erklärt, dass das Tötungsverhalten des Wolfes nun mal evolutionär bedingt sei. Wenn er die Möglichkeit hat, dann reißt er Beute, er weiß ja nicht, wann sich das nächste Mal eine Chance ergibt. Das mag alles richtig sein, wirft der Landwirt mit runzelnder Stirn ein, aber der ganze Mehraufwand der durch ihn entsteht – »begonnen von dem Einzäunen der Herden bis hin zu den bürokratischen Angelegenheiten, mit denen wir in Sachen Förderungen und Entschädigungszahlungen konfrontiert sind – das stehe doch nicht dafür«. Diesmal hatte er Glück. Sie haben neben den vier toten Tieren keine schwer verletzten gefunden. Das sei für die Hirt:innen nämlich nicht leicht, »wenn du nochmal vier oder fünf mit einem Stein erschlagen musst, weil du kein Bolzenschussgerät dabei hast [...] das macht die Hirten fertig«, erklärt der Landwirt voller Emotion. In jedem Fall wird er die Bilder der gerissenen Tiere an einen Bekannten, einem Vorstandsmitglied des Vereins gegen Großraubtiere weiterleiten. Der kümmert sich um die Meldung des Vorfalls an die Zeitungen.

Abb. 13a-b: Hirsche entlang eines Wildwechsels (links, Uhrzeit der Aufnahme: 07:03:52); dahinter nur kurze Zeit später zwei Wölfe, die Fährte aufnehmen (rechts, Uhrzeit der Aufnahme: 07:06:20).

Quelle: © Peter Nold

Mensch-Wolf-Begegnungen geschehen im Calanda-Gebiet zwar nach wie vor selten, aber sie sind möglich. Der Großteil der Gesprächspartner:innen war den Tieren bereits räumlich nahe, sah sie zwischen wenigen Metern und einigen hundert Metern Entfernung oder hörte sie heulen. Vor allem während der Hochjagd im September sowie in schneereichen Wintern – dann wenn die Beutetiere in tiefe Lagen wandern – geschehen Sichtungen vergleichsweise häufig. Unter Anwendung des Transaktionskonzepts können diese Begegnungen zwischen den Entitäten und die daraus ableitbaren Effekte genauer durchleuchtet werden. So macht es einen Unterschied, ob sich Mensch und Wolf bei ihren Begegnungen sehen, hören und gegenseitig wahrnehmen, oder die Verbindung über Trans-Mittler, wie beispielsweise lebende und getötete Tiere, oder Trans-Artefakte, wie Fotos oder gesellschaftliche Entschädigungsregelungen für Wolfsrisse, entsteht. Im Fall von direkten Begegnungen nehmen Wölfe gelegentlich Blickkontakt mit Menschen auf und halten diesen oft länger, als man es von anderen Wildtieren gewohnt ist. Die Reaktionen der Tiere während dieser Begegnungen – sei es ein Stillstehen und ein Beobachten für mehrere Sekunden, oder ein zögerliches Weichen – wirken für das menschliche Gegenüber faszinierend und irritierend zugleich:

> »Einen Moment lang schauen sie. Das ist übrigens für viele Leute komisch bis ungemütlich. Es ist eben einfach speziell, wenn das Wildtier dich anschaut und nicht wegrennt. Alle Wildtiere, also Fuchs, Hirsch, Reh, alle springen sie

weg, der Wolf nicht direkt. Also er sieht dich, schaut dich an und zieht dann weiter.« (Wildhüter, ITV 25, 2018)

»Normalerweise sind sie relativ uninteressiert an einem. Schauen dich vielleicht schon mal an, bleiben stehen, aber gehen dann wieder. Und das ist ein bisschen das Problem, denn die Leute meinen, das Tier muss sofort wegrennen, aber das tut es oft nicht. Es bleibt stehen und schaut – wie wir eben auch. Also so stelle ich es bei mir vor: zuerst bist du überrascht, schaust eine Weile und dann reagierst du erst. Der Wolf macht vielleicht dasselbe. Er erschrickt sich vielleicht auch, wenn er einen Mensch sieht.« (Hüttenwirt, ITV 32, 2018)

Die Betroffenheit der Menschen über das Verhalten der Wölfe am Calanda liegt zum einen darin begründet, dass das Bild vom Wolf in Zentraleuropa – als wildes, bedrohendes und geheimnisvolles Wesen (Ahne 2016) – nahezu wie das keiner anderen Tierart kulturhistorisch geprägt ist. Diese konstruierte Vorstellung schwingt bei den Begegnungen mit, weswegen die Menschen auch mit einer gewissen Erwartungshaltung dem Tier gegenübertreten. Zum anderen werden die Zusammentreffen nicht nur über den Verstand, sondern vor allem leiblich und viszeral erlebt. Die rückkehrenden Beutegreifer reagieren auf ihr menschliches Gegenüber mit direktem Blickkontakt in die Augen, mit veränderter Körpersprache und mit Bewegung, wovon niemand der Beteiligten unberührt bleibt:

»Nachts auf der Fuchsjagd ist ein Wolf gekommen. Sehr schöne Erscheinung und ganz vorsichtig. Er ist so auf 80 Meter gewesen und in einem ganz großen Kreis ist er um mich rumgelaufen und ist nie näher gekommen. Einmalig ist diese Begegnung gewesen, auch weil Nacht war, das war sehr eindrücklich.« (Jäger, ITV 14, 2018)

»Ich war auf der Passjagd. Zwei Stunden gesessen, aber ist nichts losgewesen. Ich wollte zusammenpacken und dann habe ich etwas gesehen. Gehört habe ich nichts, gar nichts, weil es viel Neuschnee gab. Dann sah ich, das ist kein Fuchs. Es war ein Wolf, etwa 30 Meter von mir entfernt. Dann ist er ein bisschen näher gekommen und ich wollte mein Handy nehmen und ein Foto machen. Dann hat es geblitzt und er ist erschrocken. Dann ist er nur so 10–15 Meter weiter zurück gegangen und hat gewartet und beobachtet. Vielleicht zwei Minuten – nichts gewesen, nur dort gestanden und geschaut. Dann ist ein zweiter Wolf dazugekommen, in so eine Mulde, und weiter hinten ist der Hirschwechsel. Da laufen die Hirsche entlang. Ist schon spannend, wie die der Beute nachgehen.« (Jäger, ITV 33, 2018)

Selbst Gesprächspartner:innen, welche die Rückkehr der Wölfe ins Calanda-Gebiet kritisch betrachten und sich die Tiere lieber geschossen als lebend, oder anderswohin versetzt – an einem »Platz, wo sie wild leben können« (Landwirt, ITV 5, 2018) – wünschen, sind von ihren Begegnungen mit den Tieren leiblich berührt. Dabei ist gerade der Ort der Begegnung für einige von wesentlicher Bedeutung. Denn ereignen sich die Zusammentreffen beispielsweise im oder in unmittelbarer Nähe zum Siedlungsraum und nicht im Wald oder oberhalb der Baumgrenze, überschreiten die Wölfe die Grenzen der Menschen, indem sie deren dualistische Auffassung von Natur und Kultur und damit deren eigene Selbstvergewisserung über ihren Platz in der Welt in Frage stellen:

»Also es kann nicht sein, dass der Wolf in unmittelbarer Dorfnähe mehrmals auftaucht und nicht einmal als Einzelwolf, sondern als Rudel. Das ist schon gesehen worden, mitten im Dorf, da auf dem Postplatz, bestätigt durch die Wildhut. Und dann haben wir natürlich weitere Aussagen von der Bevölkerung, die ihn auch sehen, und das ist nicht gut. Der Wolf hat von mir eine gewisse Akzeptanz, aber er muss weg sein, er muss weg von der Siedlung sein und dann ist es für mich in einem gewissen Maße okay, aber was nicht geht ist, dass er hier um die Siedlung rum ist. Das ist nicht gut.« (Jäger, ITV 11, 2018)

Die Begegnungen zwischen den Menschen und Wölfen am Calanda erzeugen Wirkung. Sie verändern das Transaktionsgefüge, indem beispielsweise amtliche Entscheidungen getroffen werden, wie jene im Winter 2015/2016, als zwei Jungwölfe des Calandarudels mit der Begründung des Verlustes von Scheu (Brosi & Jenny 2016), zum Abschuss freigegeben wurden[12], oder indem sich die Einstellung von Menschen gegenüber dem Anderen, dem Fremden, transformiert. Auf letzteren Punkt hat der Wildhüter in der vorigen Geschichte bereits hingewiesen. Es ist aber nicht nur der Mensch, der aus den Begegnungen neu hervorgeht – auch die Wölfe, so wird vermutet und so legt auch eine

12 Aufgrund eines schneearmen Winters und dem damit verbundenen Aufenthalt des Schalenwildes und der Wölfe in höheren Lagen, in Kombination mit den Abschussvoraussetzungen – (1) Tötung in Siedlungsnähe und (2) nur bei Anwesenheit des Rudels für den Lerneffekt – waren die notwendigen Bedingungen für den Abschuss nie gegeben.

pragmatisch-transaktionistische Perspektive nahe, gehen transformiert aus den gemeinsamen Erfahrungen mit den Menschen heraus:

> »Es war Nacht, er ist auf den Feldern gewesen. Ich war mit meinem Bruder unterwegs, wir sind von einer Nachttour gekommen und dann haben wir ihn gesehen. Er ist im Scheinwerferlicht aufgetaucht. Eigentlich war das Verhalten wie immer. Er hatte keine große Scheu. Ich denke die Wölfe wissen, dass momentan keine große Gefahr vom Menschen ausgeht. Aber sie sind auch nicht angriffslustig, oder so. Sie schauen und gehen weiter, oder bleiben kurz stehen. Gleichgültigkeit.« (Jäger, ITV 26, 2018)

Die Menschen und Wölfe am Calanda stehen demnach in kontinuierlicher Wechselbeziehung miteinander und gehen hieraus fortlaufend neu hervor. Direkte Begegnungen sind dabei für die doppelseitigen Veränderungen nicht immer notwendig. Denn wie das entwickelte Transaktionskonzept veranschaulicht, können Mensch-Wolf-Verbindungen auch während indirekter Begegnungen über Trans-Mittler, wie Hirsche, Schafe, Kühe oder Herdenschutzhunde, konstituiert werden. Die Trans-Mittler müssen in einer pragmatisch-transaktionistischen Perspektive nicht zwingend lebendig sein. Selbst tote Trans-Mittler, wie gerissene Schafe, erzeugen eine gewisse Wirkungsmacht. Beispielsweise gegenüber den Landwirt:innen hinsichtlich ihrer leiblichen und emotionalen Betroffenheit und indem diese dazu aufgefordert werden, ihre Tiere durch Zäune oder Herdenschutzhunde besser zu schützen.

Wie aus der Empirie hervorgeht und mit dem entwickelten Transaktionskonzept greifbarer gemacht werden kann, ist das indirekte Beziehungsgefüge zwischen den Menschen und der Wölfe im Calanda-Gebiet sehr umfangreich. Mehrere Landwirt:innen berichten beispielsweise von ihrer innerlichen Unruhe, wenn sie Veränderungen im Verhalten ihrer Schafe oder Kühe beobachten und hierhinter die Anwesenheit von Wölfen vermuten:

> »Vor drei Jahren waren immer drei Jungwölfe beim Stall unterwegs. Vor allem die Mütterkühe waren sehr unruhig. Die wollten ihre Kälber beschützen und da war jedes Mal eine richtig nervöse Stimmung, wenn ich am Morgen zum Stall kam. Ich habe den Stall ja nicht direkt am Wohnhaus und musste deshalb in der Nacht Kontrolle machen, um mein Gewissen zu beruhigen. Die physische und psychische Belastung ist damals natürlich stark angestiegen.« (Landwirt, ITV 6, 2018)

Von einer Unruhe in Schaf- oder Kuhherden nach Wolfsangriffen und dass sich einzelne Tiere danach anders als zuvor verhalten, berichten auch andere Alpbewirtschafter:innen. In einem konkreten Fall – wenn auch nicht direkt am Calanda, sondern in einem angrenzenden Alpgebiet im Kanton St. Gallen – wollten der verantwortliche Alpmeister und weitere fünf Personen ein ausgeflohenes Mutterschaf wieder einfangen. Zunächst hatte man versucht, es mit anderen Schafen wieder in den Stall zu locken, was nicht funktionierte:

> »Also so etwas habe ich noch nie gesehen: drei, vier Kilometer ist die in sieben bis acht Minuten gegangen. [...] Wir hatten keine Chance. Dann hat der Schafbauer gesagt ›dann lassen wir sie schießen‹. Ich hatte das Gewehr dabei, ich bin auch Jäger. Mit der Wildhut war es im Voraus abgesprochen, dass sie das Schaf schießen, wenn wir es nicht finden. Ich habe wirklich nicht drei Sekunden Zeit gehabt, das Tier zu schießen. Und es ist dann natürlich nicht entschädigt worden. Deshalb habe ich etwas Mühe mit den ganzen Auflagen, die immens sind. Wir haben es mit einer Entschädigung probiert, haben eine Rechnung geschrieben mit dem Jagdinspektor: 2.750 Franken. Wir haben keine hohen Stundensätze gerechnet, aber das war der Aufwand, den wir hatten.« (Landwirt und Jäger, ITV 18, 2018)

Dieses Beispiel zeigt, wie über den Körper – vermittelt durch das Schaf als Trans-Mittler und die Auflagen sowie die ausgestellte Rechnung als Trans-Artefakte – eine leibliche und viszerale Beziehung zu Wölfen hergestellt werden kann. Vergleichsweise häufig sprechen die Interviewpartner:innen davon, die Anwesenheit des Rudels »zu spüren«. Sei es nun über das veränderte Verhalten von Wild- und Nutztieren sowie Herdenschutzhunden, Risse, Wolfsbilder in aufgestellten Fotofallen oder andere materielle Spuren wie abgelegte Losung (= Kot), die von den Wölfen hinterlassen werden und die Transakteure leiblich, affektiv und sinnlich-emotional betreffen und transformieren.

> »Und dann hatten wir dort hinten, gerade 50 Meter hinter dem Haus im November oder Dezember, ich kann es nicht mehr genau sagen, ein gerissenes Hirschkalb. Dort waren auch ganz klar Wolfsspuren dabei und es ist dann auch so bestätigt worden. Das war so die erste Begegnung, wenn auch nicht direkt Auge in Auge, aber bei der man das Gefühl hatte, die sind nahe. Wir hatten da im Winter auch nachher immer wieder Spuren gesehen.« (Landwirt und Jäger, ITV 23, 2018)

Das Spüren der Präsenz von Wölfen, ohne die Tiere tatsächlich zu sehen und damit in gewisser Weise das Gefühl einer vermeintlichen Kontrolle zu generieren, ist das, was einige Landwirt:innen am allermeisten bedrückt. Es ist also nicht unbedingt der eine Schafsriss (der für einige befragte Landwirt:innen durchaus akzeptabel wäre), den die Akteure am allermeisten fürchten, sondern weitere potenzielle Gefahren, die sie den Wölfen zuschreiben: In der Kulturlandschaft der Alpen zählt hierzu vor allem die Angst vor dem durch Wölfe ausgelösten Abstürzen von Schafen und Kühen über steiles und unwegsames Gelände (vgl. Geschichte 1 in Kap. 4.1). Wenn auch viele Landwirt:innen gegen Abstürze und Blitzschlag versichert sind und sich mancher Kanton in der Hinsicht für Ausgleichszahlungen kulant erklärt, ist für eine gesetzeskonforme finanzielle Entschädigung, der Nachweis einer Wolfs-DNA an den Schafen notwendig. Ebenso werden Haftungsfragen angesprochen, vor allem in Bezug auf das Ausbrechen von Kühen aus Zäunen, welches Landwirt:innen auf die Wölfe zurückführen. Ein weiterer Landwirt fürchtet einen Zusammenhang zwischen Wölfen und aggressiv werdenden Mutterkühen, die ihre Kälber und sich nicht nur gegen die rückkehrenden Beutegreifer, sondern auch vermehrt gegen Wanderer:innen und deren Hunde verteidigen und so das Image der Landwirtschaft langfristig schädigen würden. Die Präsenz der Wölfe am Calanda wird mit vielen materiellen, sozialen und strukturellen Veränderungen in Verbindung gebracht, die ein anderer Landwirt und Jäger wiederum zu relativieren versucht:

> »Ich wehre mich dagegen, dass jedes Unglück, das auf der Alp passiert, immer auf das Konto der Wölfe geht. Ich finde das falsch, das hilft uns nicht weiter. Selber müssen wir so ehrlich sein und sagen, dass es auch vorher schon mal Abstürze gegeben hat. Das ist so. Aber wenn es nun gehäuft vorkommt, dann erwarte ich auf der anderen Seite, dass man so ehrlich oder vernünftig ist und sagt: ›jetzt haben wir eine Häufung solcher Fälle, das muss nun mal an dem Wolf liegen‹.« (Landwirt und Jäger, ITV 23, 2018)

Vor dem Hintergrund des entwickelten Transaktionskonzepts lässt sich erkennen, dass sich aus den indirekten Beziehungen zwischen Menschen und Wölfen über Trans-Mittler – in dem Fall Kühe oder Schafe – und den damit verbundenen Veränderungen im sinnlich-emotionalen Transaktionsfeld – in dem Fall das Unbehagen und die Angst vor Verhaltensveränderungen derselben sowie vor potenziellen Abstürzen – wiederum Rückkopplungen auf die Transakteure ergeben: Die Menschen werden sich ihrer fehlenden Kontrollmacht über die

Wölfe und ihre Nutztiere bewusst, sie verlangen Absicherung, erleichterte Behördengänge und eine transparente(re) Wolfskommunikation. Auf diese Ansprüche wird von Seiten der Kantone nicht immer reagiert, weswegen manche Landwirt:innen die rückkehrenden Wölfe heute weniger, als noch vor einigen Jahren, akzeptieren:

> »In den Tagen als der Wolf in Langwies war, hatte es in Peist [beides östlich von Chur liegend und nicht mehr im Territorium des Calandarudels] eine Mutterkuhherde im Stall, die sehr unruhig geworden ist. Der Landwirt wohnt fast 500 Meter von seinem Stall entfernt und hat die Unruhe von zu Hause aus gehört. Wenn eine Herde auf der Weide aufgescheucht wird, kann es tote Touristen geben. Sie dürfen drei Mal raten, wer für diesen Schaden haftet, wenn keine DNA-Analyse möglich ist. Ich bin mittlerweile stark sensibilisiert zum Thema Wolf. Auf allen möglichen Kanälen. Das Jagdinspektorat hat einmal versprochen, dass die Landwirte informiert werden, falls Wölfe gesichtet würden. Das Gegenteil ist der Fall.« (Landwirt, ITV 47, 2019)

Aus den direkten und indirekten Verbindungen, die Menschen und Wölfe durch ihre Mobilitäten, ihre Praktiken und wechselseitigen Erfahrungen herstellen und die wiederum auf das Gesamtgefüge der gemeinsamen Mitwelt am Calanda zurückwirken, ergeben sich demnach verschiedene menschliche wie auch tierliche Wissensformen. Vor allem am Beispiel des Herdenschutzes, worauf das nächste Kapitel Bezug nehmen wird, lassen sich diese verständlich machen.

4.1.4 Herdenschutz aus tierlicher und menschlicher Perspektive

In diesem Abschnitt wird der Versuch unternommen, die Rückkehr der Wölfe in das Calanda-Gebiet nicht nur aus einer menschlichen Perspektive wiederzugeben, sondern auch einen Blick darauf zu legen, wie Wölfe die in der Untersuchungsregion veränderten landwirtschaftlichen Praktiken in ihre Lebenswelten integrieren. Damit soll dem nichtdualistischen Anspruch transaktiven Denkens nachgekommen werden.

Ende September, die lauteste Zeit im Jahr ist bald vorbei. Ein Knaller hier, ein Knaller dort, und zu essen gibt es genug. Energiesparend ist es, wenn das Fressen bereits am Boden liegt und man hierfür nicht groß Strecke machen muss. Den Menschen begegnen die Wölfe in dieser Zeit vergleichsweise häufig, meist im Wald, auf Wanderwegen oder Forststraßen – nicht immer werden sie von ihnen wahrgenommen. Ganz anders ist dies bei Herdenschutzhunden, die sehen, hören und riechen relativ schnell, wenn die Wölfe sich ihnen und den Schafen annähern. Irritierend und zugleich praktisch war es zu Beginn schon für das Rudel, dass die Jagd auf Schafe mit so wenig Aufwand verbunden war. Auch die Hirsche und Rehe waren anfangs verhältnismäßig einfach zu bejagen. Irritierend und zum Teil schmerzhaft war es dann aber auch, als die Wölfe erstmals die Erfahrung mit Elektrozäunen machten. Das haben sie sich gut gemerkt und die Zäune anschließend gemieden. Dass sich immer mehr Schutzhunde im Gebiet ausbreiten, ihre Territorien markieren und so die Mobilität der Wölfe beeinflussen, ist schon eine ziemliche Veränderung. Die Schutzhunde machen den Wölfen das Leben nun gemeinsam mit den Hirt:innen schwerer. Da ist kaum noch gegen anzukommen, es sei denn es gibt dichten Nebel und Regen. Aber akzeptiert haben sie sie schon, die Herdenschutzhunde, wie die Menschen auch, denn Konflikten gehen sie lieber aus dem Weg.

Dieser kurze Versuch einer Geschichtenerzählung aus der Perspektive von Wölfen verdichtet die Geschichten und Ergebnisse der vorigen Kapitel. Er lenkt seine Aufmerksamkeit verstärkt auf leibliche und multisensorische Gesichtspunkte, da Wölfe in erster Linie über diese Dimensionen Welt erfahren. So wie Menschen die Tiere in ihre Lebenswelten integrieren, geschieht dies auch umgekehrt. Oder anders formuliert: So wie mich das Finden von Wolfslosung im Calanda-Gebiet (Abb. 14a) leiblich-affektiv berührt hat und ich aus dieser indirekten Begegnung mit Wölfen transformiert hervorging, so nehmen auch Wölfe menschliche Spuren und Gerüche über den Leib wahr und integrieren die Erlebnisse konstitutiv in ihr Werden.

Wolfslosung ist in einer pragmatisch-transaktionistischen Perspektive demnach mehr als nur die materielle Hinterlassenschaft eines Rudelmitglieds. Sie werden zum Trans-Mittler, der menschliche sowie tierliche Entitäten miteinander in Beziehung treten lässt. Sie sind zudem ein Ausdruck von Territorialisierung sowie Raumanspruch, an dem sich wiederum andere Lebewesen orientieren und wovon sich beispielsweise Insekten und Weichtiere ernähren. Elektrische Zäune hingegen sind Ausdruck menschlicher Territorialisierung. Mit ihnen wird der Schutz von Schafen und damit deren Trennung von den Wölfen bezweckt. Gleichzeitig stellen sie als Trans-Artefakte ebenso Elemente der Verbindung dar, da sich sowohl die Landwirt:innen und Hirt:innen als auch die Wölfe, Schafe und Herdenschutzhunde durch die stetige Auseinandersetzung mit ihnen (und die implizite Wissensgenerierung), wechselseitig transformieren. Das heißt über den Zaun treten Menschen und Tiere miteinander in Beziehung und ähnlich verändert, wie ich aus der Begegnung mit Wolfslosung hervorging, werden auch Wölfe vom Urin der Herdenschutzhunde und eben auch von den territorialen Praktiken der Menschen – vermittelt durch Zäune – verändert. Sie integrieren diese in ihre Lebenswelten und passen ihre Mobilitäten entsprechend an.

Abb. 14a-b: Gefundene Wolfslosung auf einem Wandersteig als Trans-Mittler (links); Geländebegehung bei aufziehendem Nebel als leiblich-transformative Erfahrung (rechts).[13]

Quelle: eigene Aufnahmen

Ebenso nehmen die Herdenschutzhunde die Wölfe multisensorisch und damit nicht nur über die Augen wahr und drücken dies durch ihre Bewegungen aus:

13 Der Fund der Wolfslosung transformierte mich, da ich meine Aufmerksamkeit danach vermehrt auf den Boden ausrichtete, auf Geräusche achtete und die Anwesenheit der Wölfe verstärkt mitdachte. Meine Wahrnehmung des Calanda-Gebietes und damit auch mein Sein in diesem änderten sich umgehend: Schon vorher hielt ich bei meinen Begehungen bzw. Wanderungen im Gebiet nach Wölfen Ausschau. Doch durch das Finden und das Berühren der Wolfslosung stellte ich mir umgehend die Frage, ob die Tiere mir räumlich nahe sind – und dies nicht nur unmittelbar nach dem Fund, sondern während des gesamten weiteren Aufenthaltes im Gebiet. Somit änderte der Fund die Untersuchungsregion auch in atmosphärischer Hinsicht und obwohl wissend, dass die Wölfe mich nicht als Beute betrachten, nahm ich meine Geländebegehungen bei Nebel (Abb. 14b) in viszeraler Hinsicht anders als zuvor wahr.

»Die Angriffe waren natürlich bei schlechtem Wetter, es hatte Nebel. Die Herdenschutzhunde bemerken den Wolf, aber sie sehen ihn nicht. Unser Hirte hat uns gesagt, man spürt die Anwesenheit der Wölfe an den Hunden, auch wenn die den Wolf nicht gesehen haben. Man spürt, wenn der Wolf in der Gegend ist, weil die Hunde dann ganz nervös sind. Sie wissen oder riechen da irgendwas, ohne ihn zu sehen.« (Landwirt, ITV 7, 2018)

Abb. 15a-b: Herdenschutzhund und Schafe gemeinsam im Stall (links); zwei Herdenschutzhunde auf einer Weidefläche im westlichen Stadtgebiet von Chur (rechts).

Quelle: eigene Aufnahmen

Abb. 15c-d: Herdenschutzhund inmitten einer Schafsherde in Chur (links); installierte Informationstafel zum Herdenschutz auf einer Stalltüre, die ebenso im Alpgebiet des Calandas aufgestellt sind (rechts).

Quelle: eigene Aufnahmen

Im Einsatz für den Herdenschutz sind die Hunderassen Montagne des Pyrénées und Pastore Abruzzese, die vom BAFU anerkannt und finanziell bezuschusst werden (Abb. 15a-d). Zwei der befragten Landwirt:innen hatten sich bereits vor der Wolfsrückkehr entsprechende Tiere auf Eigenkosten angeschafft, um ihre Herde in erster Linie vor wildernden Hunden zu schützen. Einige Schafzüchter:innen und Rinderhalter:innen sind erstaunt darüber, wie schnell sich die Hunde in die jeweiligen Herden integriert haben:

> »Der Hund hat sich schnell in die Herde eingefügt. Ich hatte zunächst Angst, dass die Kühe... aber die Tiere haben sich normal verhalten. Das ist wirklich erstaunlich, das funktioniert zusammen. [...] Ich bin der, der dem Hund Butter bringt, aber der Chef vom Hund ist die Kuh, die Herde. Er kommt hinunter zu mir und frisst, aber nachher bin ich Luft.« (Landwirt, ITV 2, 2017)

> »Bei uns musste das relativ schnell gehen, wir waren schon mitten in der Alpsaison als der erste Hund kam. Den gab man in die Herde, man hat ihn einen Moment angebunden und geschaut wie die Schafe reagieren. Nach etwa zehn Minuten sind die ersten jungen Schafe schon zum Hund gegangen und haben ihm die Schnauze abgeschleckt. Das ist ein Zeichen, dass sie ihn akzeptieren. Die Alten haben schon etwas länger gebraucht, aber sie haben nicht die Flucht ergriffen. Aber sie haben auch nicht den Kontakt zu ihm gesucht.« (Landwirt, ITV 15, 2018)

Wenngleich ein Landwirt davon spricht, mittlerweile »ein wenig Fan« von seinen zwei Hunden zu sein, »nicht vom Wolf, von den Hunden, denn bis jetzt [hätten sie für ihn] fast mehr Vorteile als Nachteile gebracht – also bis auf die Arbeit, die man mehr hat – und mit der [er] leben kann« (Landwirt, ITV 4, 2018), gibt es Bauern und Bäuerinnen »die sagen: ›keine Diskussion: Wölfe weg, Hunde weg‹« (ebd.). Wenn auch in der Unterzahl, stehen manche befragte Landwirt:innen den Veränderungen, die die Wölfe im Herdenschutz indirekt verursachen, kritischer gegenüber. Zu hoch schätzen sie den Arbeitsaufwand ein, zu wahrscheinlich den Konflikt mit Spazierenden, zu teuer die Kosten für veterinärmedizinische Behandlungen oder Impfungen und zu wenig fühlen sie sich mit Hunden im Allgemeinen in einem resonanten Verhältnis:

> »Ich meine uns geht es nicht unbedingt darum entschädigt zu werden oder nicht entschädigt zu werden. Aber die Sache mit den Hunden – damit kann ich mich einfach nicht anfreunden. Wir haben ja nicht mal einen Hund zum

> Treiben. Wir sind die einzigen, die so viele Schafe und nicht mal einen Hund haben.« (Landwirt, ITV 16, 2018)

Dieser Aspekt der fehlenden Beziehung zu Hunden durch Landwirt:innen sollte im Hinblick auf die Ablehnung von Schutzhunden zumindest mitgedacht werden[14]. Gleichzeitig stellte sich im Gespräch mit einem anderen landwirtschaftlichen Vertreter heraus, dass dieser zwar kein »Hundefreund« sei und persönlich sehr gut ohne Herdenschutzhunde leben könnte, da die Tiere beispielsweise im Stall »ihr Geschäft auch mal im Futter der Schafe verrichten« (Landwirt, ITV 2, 2017) würden, welches man dann weggeben müsste. Doch fühle er sich gegenüber seinen Tieren verantwortlich und zum Schutz verpflichtet, weswegen er

> »anfangen muss, mit den Wölfen lernen zu leben und da bedarf es eben das Ausprobieren von Neuem. Vielleicht klappt es [der Einsatz von Herdenschutzhunden zum Schutz seiner Mutterkühe] oder vielleicht auch nicht. Ich bin nicht für den Wolf, aber wenn die Politik und die Bevölkerung die Wölfe wollen, dann müssen wir mit dem leben. Und solange es der Verbund noch finanziert... vielleicht sagen sie in drei oder fünf Jahren: Der Wolf ist jetzt da, den Herdenschutz haben wir finanziert, jetzt schaut selbst wie ihr zurechtkommt. Dann ist es vielleicht zu spät. Wir lernen von Jahr zu Jahr und man kann dann nicht von heute auf morgen sagen ›ich will einen Hund‹. Für den zweiten beispielsweise habe ich drei, vier Jahre warten müssen. Zuerst haben nämlich die Schafhalter Anspruch.« (ebd.)

Die Erfahrungen am Calanda zeigen, dass es auch im Wolfsgebiet möglich ist, Schafe und Mutterkühe mit ihren Kälbern zu sömmern, sofern Schutzmaßnahmen permanent umgesetzt werden. Der offene Weidegang, bei dem die Tiere vom Tal aus betreut und die meiste Zeit sich selbst überlassen sind, ist im Untersuchungsgebiet und auch auf vielen anderen Bündner Alpen nicht mehr gängig. Er wurde auch von politischer Seite nicht mehr gewollt, wie ein Landwirt berichtet:

14 Im Zuge der Begehung des Stalles dieses Landwirtes (ITV 16) machte ich die Beobachtung, dass einige Schafe gesundheitlich in einem schlechten Zustand waren und für die große Anzahl an Schafen relativ wenig Platz zur Verfügung stand. Insofern ist nicht nur die Beziehung des Landwirtes zu Hunden, sondern auch die zu seinen Schafen zu hinterfragen.

> »Der Bund fing [vor ca. 20 Jahren] an, mehr Geld in die Alpen zu investieren und hat dafür auch mehr Leistung erwartet. Als ich ein Kind war, hatte man die Schafe in die Berge getrieben und im Herbst diejenigen geholt, die noch zu finden waren. Das wird nun nicht mehr akzeptiert. Also einerseits nicht von der Bevölkerung und andererseits vom Tierschutz. Du kannst die Tiere dort oben einfach nicht alleine lassen. Der Bund musste dann neue Bedingungen schaffen. Er hat gesagt, ›okay, wir geben euch mehr Geld für die Alpbewirtschaftung, dafür müsst ihr auch mehr Leistung bringen‹.« (Landwirt, ITV 24, 2018)

Worauf der Landwirt hindeutet, sind die unterschiedlichen Sömmerungsbeiträge, die es für Schafe (und andere Nutztiere, siehe im Detail Amt für Landwirtschaft und Geoinformation 2022) gibt. Hierbei handelt es sich um Direktzahlungen des Bundes zur Förderung einer nachhaltigen Alpbewirtschaftung, deren Höhe in Abhängigkeit vom Weidesystem festgelegt wird. Wird eine Alp beispielsweise ununterbrochen behirtet, die Herde täglich durch den:die Älpler:in auf einen ausgewählten Weideplatz geführt und die Aufenthaltsdauer von zwei Wochen im jeweiligen Sektor nicht überschritten, so werden pro Normalstoß (= Großvieheinheit während 100 Tagen) 400 CHF bezahlt. Für das Bewirtschaftungssystem der Umtriebsweide, die in eingezäunten oder natürlich abgegrenzten Koppeln erfolgt, die ebenso höchstens zwei und frühestens wieder nach vier Wochen beweidet werden dürfen, sind es 320 CHF und für die Standweide 120 CHF[15]. Die Behirtung von Herden wird in der Schweiz auf diese Weise aktiv forciert, wobei sich die Anstellung eines:r Älpler:in laut Aussagen im Rahmen der geführten Interviews, aber erst ab einer Herdengröße von ca. 400–500 Schafen ökonomisch rechnet. Aufgrund der verhältnismäßig gu-

---

15 Bei Schafalpen im Umtriebsweidesystem, die von offiziellen Herdenschutzhunden bewacht werden, erhöht sich der Sömmerungsbeitrag pro Normalstoß von 320 CHF auf 400 CHF. Zudem wird die Haltung von Herdenschutzhunden pro Jahr mit 1.200 CHF vom Bund unterstützt. Ebenso erhält der:die Alpverantwortliche einen vom Weidesystem abhängigen Pauschalbetrag für den Mehraufwand mit Herdenschutzhunden in der Höhe zwischen 500 CHF und 2.000 CHF (BAFU 2019: 86). Unterstützt durch Geldgeber im Schweizer Stiftungs- und Vereinswesen fördert der Verein CHWOLF darüber hinausgehend und je nach Bedarf verschiedene Herdenschutzmaßnahmen, wie beispielsweise die veterinärmedizinische Betreuung von Herdenschutzhunden, Zaunmaterial (Netze, Zaunpfosten), Solar-Viehhüter inkl. Anschluss- und Erdungszubehöre, sekundäre Herdenschutzmaßnahmen wie Lappenzäune oder Blinklampen sowie Hubschraubertransporte für Hundefutter und Zaunmaterial.

ten Entlohnung, werden freie Stellen[16] im Hirt:innenwesen der Schweiz nicht nur von den Schweizer:innen selbst, sondern vor allem von Interessierten aus Deutschland, Österreich und Südtirol stark nachgefragt. Im Rahmen der Interviews wird jedoch immer wieder betont, dass das Finden wirklich guter Arbeitskräfte nicht selbstverständlich ist:

> »Auf die Alp gehen, ist voll im Trend. Es gibt richtig viele Leute, die das wollen. Aber es gibt natürlich sehr viele, die auch einfach keine Profis sind. Die sich das mal so als Jugendtraum ermöglichen möchten. Und das funktioniert auf einer Alp, wie ich sie habe, nicht. Also ich brauche richtig gute Leute. Ich habe es auch am liebsten, wenn sie ihre eigenen Hunde mitbringen. [...] Aber einen guten Hirten oder eine Hirtin finden ist nicht so einfach. Sie müssen körperlich fit sein, müssen es ertragen alleine zu sein und ein Gespür für Schafe haben. Zudem müssen sie sich mit Krankheiten auskennen.« (Landwirt, ITV 24, 2018)

Herdenschutz als Hirt:in am Calanda bzw. in Graubünden zu betreiben, erfordert außerdem ein Bewusstsein für potenzielle Wolfsangriffe auf Nutztiere, da diese selbst in durch Herdenschutzhunde und Elektrozäune geschützten Herden passieren können. Wenn auch die Erfahrungen in der Schweiz zeigen, dass über 90 % der Nutztierrisse in ungeschützten Situationen geschehen (Herdenschutz Schweiz 2019), suchen und finden Wölfe gelegentlich Schwachstellen und Durchschlupfmöglichkeiten im Zaun, oder graben Löcher, um durchzugelangen. In der Regel akzeptieren die Tiere jedoch Zäune, die nach den geltenden Anforderungen, nämlich mindestens in einer Höhe von 90cm, elektrifiziert und mit gutem Bodenabschluss, aufgestellt und erhalten werden (ebd.)[17], denn Wölfe (und auch Hunde) haben eine sehr empfindliche Nase:

> »Also ich bin überzeugt, die Calanda-Wölfe kennen den Zaun. Jeder Hund, der mal einen richtigen Schlag bekommen hat, fürchtet den Zaun. Zum Teil kannst du die Hunde gar nicht mehr gebrauchen, wenn die Angst davor haben. Der Hund von einem Kollegen, der schleicht immer zwei Meter um den Zaun herum, weil er mal einen Schlag bekommen hat. Das denke ich, ist beim Wolf ähnlich. Und am besten wäre natürlich, wenn er den Schlag

16 Freie Stellenangebote im Hirt:innenwesen können über die Jobbörse von zalp (Zeitschrift der Älpler und Älplerinnen) eingesehen werden.

17 In der Untersuchungsregion sind sowohl unter Strom versehene Weidenetze als auch Litzezäune (teilweise mit Flatterband) im Einsatz.

> mit dem Schaf kombiniert. [...] Meinem Hund habe ich beigebracht über den Zaun zu springen. Dass ein Wolf das lernen kann, mit dem Risiko musst du eben leben. Aber ich habe das Gefühl das kommt nur ganz selten vor.« (Alpmeister, ITV 3, 2017)

Die Beobachtung des Alpmeisters stimmt mit neueren Untersuchungen überein, die zeigen, dass Wölfe zwar theoretisch Zäune überspringen können, dies aber nicht systematisch machen, sondern – ähnlich wie Hunde – erst trainieren müssen (Herdenschutz Schweiz 2019).[18] Das Absuchen der Zäune nach Schwachstellen ist aus der Perspektive von Wölfen durchaus nachvollziehbar, da diese meist den Weg des geringsten Widerstandes wählen. Aus diesem Grund geschehen Wolfsangriffe auf Nutztiere häufig bei Nacht oder Nebel und Regen – dann, wenn es Hirt:innen nicht immer gelingt, abends alle Schafe zu finden und in den elektrifizierten Nachtpferch zu treiben[19]. Am Calanda sind solche Vorfälle schon sehr lange nicht mehr passiert. Die Gründe hierfür liegen sicherlich zum einen im nahezu flächendeckenden und gut entwickelten Herdenschutz. Zum anderen wird mehrmals im Rahmen der Interviews erwähnt, dass man mit den Leittieren des Calandarudels Glück hat bzw. hatte:

> »Obwohl das Calandarudel so nahe ist, hat man hier relativ wenig Nutztierrisse. Also relativ wenig, sehr wenig, man spürt ihn [den Wolf] ja eigentlich kaum. Es gab in Bad Ragaz und in Vilters Risse, aber das waren Wölfe, die abwandern mussten. Aber vom Rudel selbst spürt man nicht wirklich viel. Und ich habe einfach mal, weil es mich interessiert, gefragt, ›warum ist das so‹? Und Wolfprofis sagen, das Glück ist eigentlich, dass die Leitwölfin stark auf Rotwild fokussiert ist. Die wollten mir erzählen, dass die Leitwölfin extrem entscheidend ist. Ob das stimmt, weiß ich nicht. Wenn das jetzt irgend so ein Typ wäre, der lieber auf Nutztiere gehen würde, weil ich denke, das ist ja einfacher zu jagen als ein Hirsch, dann würde man das viel mehr merken.

18 Zwar äußerst selten, aber doch, gibt es Individuen, die das Überspringen von Zäunen gelernt haben. In solch einem Fall bzw. wenn Wölfe in den geschützten Herdenbereich hineingelangen und dabei mindestens zehn Schafe töten, dürfte laut Schweizer Jagdverordnung in den Rudelbestand eingegriffen werden.

19 Nicht alle Schafe können im sehr steilen und weitläufigen Gelände immer eingetrieben werden. Die meisten aber gewöhnen sich an das tägliche Einpferchen und kommen abends selbständig zum Pferch.

> Ich kann mir schon vorstellen, dass das einfach unser Glück ist, dass die Leitwölfin wirklich noch sehr rotwildlastig ist.« (Landwirt, ITV 24, 2018)

> »Er [ein Landwirt] hat keine Herdenschutzhunde oder irgendwas, aber er zäunt einfach immer gut. Er ist den ganzen Sommer am Kunkels und immer in der Nähe. Auch den ganzen Herbst ist er oben. Aber er hat auch viel Glück und darüber haben wir letztens diskutiert: Vermutlich liegt es daran, dass ein paar von den Calanda-Wölfen früher mal einen Zwick [Stromschlag] abbekommen haben und geschnallt haben, dass die dort nicht rüberkommen.« (Landwirt und Jäger, ITV 10, 2018)

Wie diese beiden Aussagen zeigen, materialisiert sich das Calandarudel basierend auf seinem Jagdverhalten und seinen leiblichen Erfahrungen diskursiv. Mithilfe einer intraaktionstheoretischen Perspektive kann nun im Weiteren gezeigt werden, dass manche diskursiven Materialisierungen im Kontext der Wolfsrückkehr Sichtbarkeit erlangen, wohingegen andere Phänomene konstitutiv ausgeschlossen werden. Diese jeweils aufzudecken bzw. anzusprechen ist Gegenstand des nächsten Abschnitts.

4.2 Machtstrukturen, Kategorisierungen und Grenzüberschreitungen

Dass Menschen und Wölfe am Calanda in fortlaufender Wechselbeziehung miteinander stehen, konnte bereits im vorigen Abschnitt empirisch gezeigt werden. Während mithilfe des Transaktionskonzepts vor allem die mit der Wolfsrückkehr verbundenen Dynamiken und Rückkopplungseffekte in der Land- und Jagdwirtschaft sowie die emotionalen Qualitäten der veränderten, leiblichen Praktiken sichtbar werden, rücken nun intraaktive Prozesse und damit nochmal mehr die aktive Teilhabe von Materialität am Werden der Welt sowie die Rolle des Körpers und damit verbundene Grenzziehungen und Kategorisierungen in den Mittelpunkt der Betrachtung. Ziel dieses Kapitels ist es aufzuzeigen, wie Unverhältnismäßigkeiten bzw. Ungerechtigkeiten in der Wolfsdebatte produziert werdenu n d welche Rolle Machtstrukturen dabei spielen, um so schließlich eine Ausgangslage für alternative Koexistenzen mit nichtdualistischem Anspruch zu erzeugen.

4.2.1 Materiell-diskursive Grenzziehungen am gerissenen und verunfallten Tierkörper

Der tote Tierkörper, speziell jener von Schafen, ist zu einem wichtigen Element im Prozess des Schweizer Wolfsmanagements geworden. Je nachdem wer für seinen Zustand verantwortlich ist – ob Mensch, Wolf, Hund, Blitz oder Krankheitserreger –, welche Funktion dieser Körper erfüllt – ob Schlachtlamm, Mutterschaf oder Zuchttier – oder an welchem Ort die Tötung geschieht – ob im Schlachthof oder auf der Alp – erhält dieser Körper mehr oder weniger Bedeutung. Vergleichbares lässt sich auch beim toten Hirsch- sowie Rehkörper beobachten. Auch hier materialisiert sich dieser offensichtlich anders, je nachdem ob sein Fundort der Wald oder das Gemüsefeld ist, der für ihn verantwortlich gemachte Akteur sich Mensch oder Wolf nennt oder er durch ein Gewehr, ein Auto oder ein Wolfsgebiss umkommt. Ebenso scheint für den materiell-diskursiven Bedeutungserhalt die Jahreszeit der Tötung von Relevanz zu sein:

> »Das Wolfsthema beginnt eigentlich sobald Schnee liegt. Denn das heißt, man nimmt die Spuren der Tiere wahr. Ich sehe einen Riss, ich sehe Knochen, Beine usw. – und die Leute gehen den Spuren nach.« (Jäger, ITV 22, 2018)

> »Und dann ist da noch die nicht-jagende Bevölkerung, die ein Problem damit hat, wenn sie Blut im Schnee sieht. Im Winter sieht man das Blut eben besser. Blut im Schnee ist offensichtlich viel schlimmer als ohne Schnee, obwohl es am Boden in dem Sinne genau das gleiche ist.« (Jäger, ITV 20, 2018)

Durch den Wolf verursachte Tierrisse sowie das Calandarudel selbst, erhalten demnach mehr oder weniger Aufmerksamkeit. Entscheidend scheint hierfür die Schneelage am Calanda zu sein, da Wolfs- oder zurückgebliebene Blutspuren einfacher zu entdecken sind und sich in schneereichen Wintern sowohl Beutetiere als auch Wölfe eher in tiefen Tallagen aufhalten. Schnee ist in dem Fall und intraaktionstheoretisch gesprochen ein agentives Element im Wechselverhältnis zwischen Menschen und Wölfen, dessen *agency* sich im Moment des Auffindens des gerissenen Tierkörpers durch den Menschen und andere Tiere entfaltet. Derweil – und daran wird in solchen Momenten vermutlich weniger gedacht – ziehen die für den Riss verantwortlichen Wölfe weiter und jagen erneut ein Tier. Auch viele Menschen am Calanda konsumieren tierliche Lebewesen, lassen sie zu diesem Zweck töten oder übernehmen – im Fall von Jäger:innen – die Tötung selbst. Was beim Menschen für selbstverständlich gehalten wird und von den Gesprächspartner:innen nahezu unhinterfragt bleibt[20], wird bei den Wölfen immer wieder zum Thema gemacht. In mehrerlei Hinsicht ist dies interessant, denn übersteigt nicht nur die Anzahl der durch Menschen geschlachteten Tiere die Wolfsrisse in der Schweiz um ein Millionenfaches, auch mit über 7.000 gemeldeten Jäger:innen alleine im Kanton Graubünden und einer dort verzeichneten Jagdstrecke von über 11.500 jagdbaren Huftieren (davon mehr als 5.500 Hirsche, Tendenz steigend) im Jahr 2020 (Eidgenössische Jagdstatistik 2022a), ist die Jagdstrecke des Menschen gegenüber der der Wölfe, um ein Vielfaches höher[21]. Trotz all dem erhält der durch den Wolf gerissene Tierkörper vergleichsweise mehr Bedeutung – insbesondere dann, wenn er in der Nähe eines Siedlungsgebietes gefunden wird:

> »Was ich noch erzählen wollte: von dem einen Winter, an dem es vier Hirschrisse gab, zwischen dem Haus hier und unserem Stall, innerhalb von einer Woche. Am Morgen waren die komplett gefressen, bis auf die Knochen, also extrem. Das war so eine Extremsituation für uns, in der wir das [die Wolfsrückkehr] stark gespürt haben. Passiert ist es in der Nacht und man hat nachher auch die Spuren vom Kampf gesehen.« (Landwirt, ITV 27, 2018)

Dass dieses Zitat von einem Landwirt stammt, der – etwas überspitzt ausgedrückt – mit der Tötung von Tieren sein Einkommen sichert, die Sichtung von Wolfsrissen in Siedlungsnähe aber als »Extremsituation« beschreibt und hiervon sichtlich irritiert ist, ist interessant. Denn von einem Vertreter einer Berufsgruppe, die »täglich mit der Natur arbeitet« (Landwirt und Jäger, ITV 18, 2018) und im Rahmen der Interviews häufig ihre Naturverbundenheit betont hat, könnte man sich im Hinblick auf das Verhalten von Wölfen eine andere, vielleicht verständnisvollere Reaktion erwarten. Doch das Finden von Tierkadavern und ihr Anblick sowie hinterlassene Kampfspuren irritieren auch

---

20 Hier spiele ich beispielsweise auf die ethische und ökologische Komponente des Fleischkonsums, auf vegetarische oder vegane Ernährung sowie auf In-vitro-, also schlachtfreies und auf Gewebezüchtung basiertes Fleisch, an. Im Zuge der Datenerhebung wurden diese Themen nicht angesprochen.

21 Zum Verantwortungsbereich des Menschen gehört auch das auf Straßen und Bahnlinien verunfallte Fallwild, welches sich in Graubünden im Jahr 2020 auf mehr als 800 Rothirsche und Rehe belief (Eidgenössische Jagdstatistik 2022b).

die in der Landwirtschaft beschäftigten Menschen[22], hat man die Praxis des Tötens doch weitgehend in Schlachthöfe und damit in für die Öffentlichkeit nicht einsehbare Räume verlagert. Mit dem Hinterlassen von Tierrissresten in Siedlungsnähe überschreiten die Wölfe die konstitutiven Grenzen vieler Menschen, weswegen letztere nicht nur leiblich-affektiv betroffen und teilweise überfordert sind, sondern die Tiere und deren Handeln auch moralisch werten:

> »Wenn der Wolf in Kanada einen Büffel reißt, dann ist er nie alleine. Unsere Hirsche hingegen, die gehen elend zu Tode, weil der Wolf nimmt sich einfach ein Stück vom Oberschenkel. Unsere Tiere sind für ihn nicht wie ein Büffel. Für unsere Tiere, das muss man auch sehen, ist der Wolf eigentlich ein Mörder.« (Jäger, ITV 31, 2018)

Das Argument des durch Wölfe verursachten Tierleids – nicht nur an Schafen, sondern auch an Rothirschen und Rehen – wird im Rahmen der Interviews mehrere Male thematisiert. Während bei einigen Unverständnis darüber herrscht, dass das Handeln der Wölfe von Vertreter:innen des Tierschutzes einfach so toleriert werde, relativieren andere wiederum ihr Verhalten:

> Ich finde, dass das Tierschützer und Wolfsfreunde ein bisschen zu wenig sehen. Also wenn jetzt ein Bauer ein Tier so erlegen würde, wie der Wolf es macht, dann wäre der Bauer in der Kiste [Gefängnis]. Ist auch richtig so, aber wenn der Wolf das macht, dann ist das absolut okay. Also zumindest anerkennen, dass das Tier, das getötet wird, schon recht leidet, das finde ich, muss schon sein.« (Landwirt, ITV 27, 2018)

> »Also das Tierleidargument kann ich nicht mehr hören. So ein Schwachsinn. Also ich denke da wird nach Argumenten gesucht, bei denen gedacht wird, dass sie bei der Bevölkerung oder den Tierschützern ziehen. Den Wolf einfach schlecht darstellen. Es wurde mal eine Hirschkuh gerissen, die trächtig war und die Geschichte kam mit Foto in die Zeitungen. Ich weiß ehrlich gesagt nicht warum, weil es normal ist, dass ein Wolf auch mal ein trächtiges Tier reißt. Und wenn man sieht, wie viele Kühe schon trächtig zum Schlachthof gehen, das sind auch nicht wenige. Von dem her stimmt das Argument nicht. Natürlich ist es nicht schön, wenn ein Tier lange leiden

22 Welche Gründe hierfür ausschlaggebend sein könnten, wird im dritten Ergebnisteil zu Resonanzbeziehungen eruiert.

> muss, aber wenn ein Jäger ein Tier anschießt, kann es auch passieren, dass es nicht sofort tot ist.« (Hirte, ITV 35, 2018)

Auf Grundlage der Gespräche stellt sich heraus, dass sich die Menschen über den gerissenen, geschossenen oder im Schlachthof getöteten Tierkörper und damit über den Tötungsprozess, der diesem Körper vorausgeht, von den Wölfen materiell-diskursiv abgrenzen. Die Praxis der menschlichen Jagd und die Schlachtung von Tieren wird gesellschaftlich akzeptiert und wenig bis gar nicht hinterfragt, während die Jagdpraxis der Wölfe regelmäßig zum Thema gemacht wird. Selbst im nationalen Wolfskonzept der Schweiz (BAFU 2016), in welchem das Verhalten von Wölfen – je nach Aktivität – entweder als unbedenklich, auffallend, unerwünscht oder problematisch kategorisiert wird, empfehlen die Ersteller:innen bei Eintreten von Punkt 1.7 »Wolf reißt in der Nähe von bewohntem Einzelhaus oder Siedlung Beutetier oder Nutztier in Situation ohne Herdenschutz« (ebd.: 25) eine verstärkte Überwachung der Rudeltiere. Töten sie einen »Haushund bei gelegentlich bewohnter Hütte« (ebd.: 26), müssen sie aufgrund ihres »unerwünschten« Verhaltens mit einer Besenderung/Vergrämung rechnen. Töten sie den Hund in einer Siedlung, droht ihnen der Abschuss. Der gerissene Tierkörper stellt in der Wolfsdebatte demnach ein Medium dar, durch welches wölfische Kategorisierungen produziert werden. An ihm spiegeln sich aber auch tierliche Grenzziehungen und Machtverhältnisse wider, wie die Sichtweisen dieser zweier Landwirte deutlich machen:

> »Ich muss einfach immer wieder sagen: bis zu dem Tag, an dem ein gesundes Kalb auf der Alp gerissen wird, ab dann habe ich kein Verständnis mehr für den Wolf. Das wäre für mich fatal, wenn man nicht mehr mit Kühen, sondern nur mit Schafen beweiden kann.« (Landwirt und Jäger, ITV 23, 2018)

> »Solange er nur ein Schaf kaputt macht, ja nun. Ein Schäfchen ›ist ja kein Verlust‹, aber sobald er eine Kuh kaputt macht, dann gibt es ein Riesentheater. Der Schafbauer war schon immer eine Randgruppe und wir haben in dem Sinne nichts zu sagen. Beim Großvieh ist die Lobby natürlich eine andere.« (Landwirt, ITV 1, 2017)

Auf Grundlage dieser Zitate lässt sich auch besser verstehen, weshalb der Riss eines neugeborenen Kalbes in einer Mutterkuhherde am Calanda im Jahr 2015, vergleichsweise viel Aufmerksamkeit erlangte. Für den St. Galler

Bauernverband brachte er »das Fass zum Überlaufen« (St. Galler Tagblatt 2015), weswegen dieser umgehend eine Reduktion des Wolfbestandes am Calanda forderte. Berichtet wurde in Zeitungen, ebenso nahmen Vereine zu dem Vorfall Stellung[23]. Der Riss eines Lammes hätte sehr wahrscheinlich weniger mediales Echo erfahren, weswegen es an der Stelle wichtig ist zu erkennen, dass Intraaktionen zwischen Menschen, Wölfen und anderen Tieren grundlegend durch Machtverhältnisse untermauert werden. Oder anders ausgedrückt: Mehr-als-menschliche Entitäten wie Wölfe, Kühe, Schafe oder gerissene Tierkörper sowie materiell-diskursive Apparate wie Wolfmanagementpapiere, werden durch Machtbeziehungen vermittelt und vermitteln sie zugleich selbst.

Wie aus den empirischen Ergebnissen und vor dem Hintergrund des Intraaktionsansatzes weiters hervorgeht, werden Grenzziehungen nicht nur am gerissenen Nutztierkörper, sondern ebenso am toten Wolfskörper hergestellt. Denn werden Wölfe in der Schweiz tot aufgefunden, folgt die Identifizierung mithilfe einer DNA-Analyse und die Einpflegung der Daten in eine Wolfsdatenbank. Diese materiell-diskursive Praxis dient der Herkunftsbestimmung des jeweiligen Tieres sowie der möglichen Zuordnung zu einem bestimmten Rudel oder ereigneter Nutztierrisse. Zudem wird Wolfs-DNA von den Wildhüter:innen aktiv mittels Kotproben sowie Speichelproben an Tierrissen gesammelt. Bei keinem anderen Tier im Alpenraum wird Vergleichbares unternommen, weswegen manche Bewohner:innen am Calanda für diese Monitoring-Praxis und die Aufmerksamkeit, die man den Tieren schenkt, nur wenig Verständnis aufbringen:

> »Jeder Kack, der rumliegt, wird mittels DNA untersucht, das ganze Jahr. Das kostet eine Menge Geld.« (Landwirt, ITV 17, 2018)

23 Weil Wölfe sich vom Geruch eines frischgeborenen Kalbes und der Nachgeburt angezogen fühlen, wird den Landwirt:innen mittlerweile geraten, ihre Tiere während des Abkalbens im Stall unterzubringen. In einer Mitteilung vom 09.07.2022 des Amtes für Jagd und Fischerei in Graubünden geht hervor, dass Wölfe im Streifgebiet des Beverin-Rudels (südwestlich von Chur) erstmals im Kanton eine erwachsene Mutterkuh gerissen und »stark genutzt« haben. Für das Amt entspricht die »Tötung einer ausgewachsenen Mutterkuh im Vergleich zur Gefährdungs- und Schadensentwicklung bei Schafen und Ziegen einer weiteren, neuen und schwerer wiegenden Eingriffstiefe« (AJF 2022). An diesem Beispiel wird abermals die diskursive Materialisierung gerissener Tierkörper deutlich.

»Also wenn irgendwo ein toter Wolf gefunden wird, ist das mediale Echo lauter, als wenn eine Person erschossen wird. Das geht zu weit.« (Landwirt, ITV 47, 2019)

Erzählt wird ebenfalls davon, dass durch Autos oder Züge verunfallte Wölfe vergleichsweise viel Beachtung erhalten, wohingegen man von im Straßen- oder Bahnverkehr getöteten Rothirschen oder Rehen (es sei denn Menschen werden hierdurch verletzt oder getötet) nicht berichte. Neben der Grenzziehungen die hierdurch sowohl zwischen Tieren als auch zwischen Menschen und Tieren produziert werden, lässt sich an den angeführten Aussagen der beiden wolfskritischen Gesprächspartner:innen erkennen, dass sich in deren Unmut über die diskursive Materialisierung von Wölfen, die Logik der Empörung über Nutztierrisse im Verhältnis zu krankheitsbedingten oder durch Blitz und Absturz verursachten Ausfällen gegenspiegelt. Am Calanda und in der Wolfsdebatte im Generellen werden spezifische Mensch-Tier-Beziehungen demnach konstitutiv eingeblendet, während andere keine Sichtbarkeit erlangen. Dieser Prozess der Generierung von Unverhältnismäßigkeiten spielt auch im Kontext von Jagdpraktiken eine Rolle, worauf das nächste Kapitel seinen Blick lenken wird.

4.2.2 Streifschüsse und Schafsrisse: Konstitutiv Ausgeblendetes und Sichtbares

Wie aus dem Zitat eines Hirten im vorigen Kapitel bereits hervorging, ist der schnelle Tod eines Wildtiers durch menschliche Jagdtätigkeit nicht immer garantiert, weswegen die befragte Person bezogen auf die Argumentation des verursachten Tierleids durch Wölfe, eine gewisse Unverhältnismäßigkeit wahrnimmt. Der Hirte spricht ein Thema an, worüber in Jäger:innenkreisen aufgrund der damit verbundenen Scham nicht gerne gesprochen wird: Streifschüsse, also nicht sofort tödliche Treffer, bei denen den Tieren die Flucht gelingt, und Fehlabschüsse, womit Abschüsse von nicht jagdbaren Tieren gemeint sind. Ein befragter Jäger berichtet relativ bedrückt von seinem Fehlabschuss eines Hirschkalbs, woraufhin er Selbstanzeige erstattete, Buße zahlen musste und anschließend zwei Jahre nicht auf die Hochjagd ging. Er erzählt ebenso offen von Fehlabschüssen bei der Gamsjagd, die ihm zufolge keine Seltenheit darstellen:

»Das ist ein Punkt, den gibt es anscheinend viel bei der Gams[jagd]: dass erfahrene Gamsjäger, die die Tiere kennen, lange beobachten und eine Gamsgeiß wirklich nicht fahrlässig schießen, aber dann feststellen, dass sie nass [milchgebend] war. Und der [Name des Wildhüters, nicht kenntlich gemacht] hat mir das gesagt, das gäbe es noch viel, dass dann einfach das Kitz weggekommen ist. Ja, das muss er dann nehmen [schießen]. Das hat er mir mal erzählt, das ist schon schwierig.« (Jäger, ITV 35, 2018)

Neben den Fehlabschüssen vermeldet die Bündner Hochjagd auch Streifschüsse, weswegen für die Nachsuche extra sogenannte Schweißhundestaffeln im Einsatz sind[24]. Nicht immer werden die verletzten Tiere von den Hunden gefunden. Sie sterben dann entweder kurze Zeit später an den Schussfolgen, oder Monate danach aufgrund einer bleibenden, körperlichen Beeinträchtigung oder einer Blutvergiftung, wenn die Wunde beispielsweise aufgrund der Einnistung von Larven und dem damit verbundenen Juckreiz nicht abheilen kann. Auf der Grundlage einer nicht öffentlichen Statistik, die dem SRF vom Bündner Amt für Jagd und Fischerei zugänglich gemacht wurde geht hervor, dass 10 % der 5.440 erlegten Hirsche im Jahr 2016 nicht sofort tödlich getroffen wurden (SRF 2017). In 344 Fällen konnten die verletzten Tiere mithilfe von Schweißhunden gefunden und geschossen werden, die Suche nach den restlichen 220 Hirschen verlief erfolglos (ebd.). Die Veröffentlichung dieser Zahlen, so finde ich, ist wichtig, denn sie relativiert zum einen die Diskussion um das durch Wölfe verursachte Tierleid. Zum anderen zeigt sie indirekt auf, wer und was in der Bündner Gesellschaft diskursive Materialisierung erfährt, und wer und was nicht. Vor diesem Hintergrund lässt sich auch das nachfolgende Zitat besser verstehen, welches deutlich macht, dass für den befragten Landwirt eine Materialisierung von Schafen über ihre Nutzbarkeit hinaus, nicht vorgesehen ist:

»Wenn ich jetzt ein Lamm an Coop verkaufe, dann nehmen die alles weg, was sie zu Geld machen können. Also sogar die Leber verkaufen sie noch nach Asien. Was in der Schweiz nicht gegessen wird, wird dort noch zu Hundefutter gemacht. Und beim Wolf ist es nicht immer, aber manchmal so: Er reißt

---

24 Jäger:innen sind im Kanton Graubünden gesetzlich dazu verpflichtet, Streifschüsse zu melden und ein Schweißhundegespann für die Nachsuche bzw. -jagd anzufordern. Dies gilt allerdings nur für die Jagd auf Hirsche, Rehe, Gämsen, Steinböcke und Wildschweine. Füchse oder Dachse sind hiervon ausgenommen.

> drei Schafe, frisst zwei Kilo Fleisch und 40 Kilo Fleisch verfaulen auf der Wiese. Klar kommt noch ein anderer Nutzer dazu, ein Bartgeier oder so. Ich denke weil der Wolf viele Tiere auf einmal reißt ist auch das Problem, weshalb er auf so viel Missmut stößt. Deshalb ist auch der Luchs viel akzeptierter, weil der kommt, springt ein Tier an und frisst es zur Gänze auf. Danach spürst du ihn drei Wochen nicht mehr. Und beim Wolf ist es anders, der ist einfach nicht effizient.« (Landwirt, ITV 24, 2018)

Die ökonomische Logik der Effizienz übertragen auf Wölfe, die sich nicht nach den kapitalistischen Grundsätzen verhalten und deswegen weniger akzeptiert sind. Aus der Perspektive von Wölfen ist deren Jagdstrategie jedoch alles andere als ineffizient, da sie mit verhältnismäßig wenig Aufwand große Wirkung erzeugen bzw. einen großen Essensvorrat kreieren. Dem Aufbringen von Verständnis für wölfische Logiken kann der befragte Landwirt allerdings nichts abgewinnen. Er fühlt sich den Tieren gegenüber entfremdet (s. dazu mehr in Kap. 4.3.2) und auch zu seinen Schafen – mit Ausnahme der Mutterschafe, »mit denen [er] schon mehrere Geburten durchlaufen« hat – hat er nur mehr wenig emotionalen Bezug, wofür er die zunehmende Größe seines landwirtschaftlichen Betriebes verantwortlich macht. Dass die Verbindung zu den eigenen Tieren bei manchen Landwirt:innen aber doch stärker ist, als sie durch Worte vermittelt wird, lässt sich daran erkennen, dass das Instrument der »Ausgleichszahlung« für gerissene Tiere zwar in Anspruch genommen wird, es den meisten landwirtschaftlichen Akteuren aber um weitaus mehr, als um die finanzielle Entschädigung ihrer Tiere geht.[25] Sie stoßen sich ganz grundsätzlich an der Praxis der Mehrfachtötung (*surplus killing*)[26] durch Wölfe, ohne dabei das Argument der Effizienz miteinzubeziehen. Vielmehr

---

25 Werden Nutztiere in Gebieten mit ständiger Wolfspräsenz gerissen, erhalten Landwirt:innen in der Schweiz vom Bund und den jeweiligen Kantonen eine finanzielle Entschädigung. Voraussetzung hierfür ist allerdings, dass die Tiere durch Herdenschutzmaßnahmen wie etwa Elektrozäune, Herdenschutzhunde oder Hirt:innen geschützt gewesen sind.

26 Das Phänomen der Mehrfachtötung geschieht bei Wölfen meist in Zusammenhang mit Schafen. Wieviele Beutetiere ein Wolf auf einmal erlegt ist u.a. davon abhängig, wie einfach die Tiere zu töten sind. Während Hirsche oder Rehe umgehend flüchten, wurde der Fluchtreflex bei Schafen »weggezüchtet«. Außerdem sind diese auf einer Weide meist eingezäunt, weswegen sie für einen Wolf leichte Beute darstellen. Es wird davon ausgegangen, dass Wölfe vom eigentlichen Ziel, nämlich dem Fressen der erlegten Beute, aufgrund der Schafsbewegungen abgelenkt werden. Das heißt die sich bewegenden Schafe lösen immer wieder von Neuem einen Fangreflex bei Wölfen aus,

spielen leiblich-affektive Aspekte eine nicht unwesentliche Rolle, die in der Debatte bisher wenig Beachtung fanden und die im dritten Ergebnisteil zu Resonanz noch näher beleuchtet werden. Wenngleich sich von den befragten Landwirt:innen »nur« drei mit Mehrfachtötungen bislang konfrontiert sahen (einmal geschehen am Calanda, zweimal auf Alpen in der näheren Umgebung), wurde dieses Thema in den Interviews regelmäßig in den Vordergrund gerückt:

> »Es ist schon ein sehr emotionales Thema, natürlich. Also ich muss sagen, ich habe nichts gegen den Wolf, ich habe nur etwas gegen die Risse. Das ist mein Standpunkt, weil ich eben mit der Natur arbeite, ich in der Natur lebe, ich gehe auf die Bündner Hochjagd, etwas weniger vergiftet als andere, aber mit gesundem Menschenverstand. Und ich sage mir einfach, der Wolf, der kann nichts dafür. Das ist sein Instinkt. Wenn er eines reißt und das frisst, ja nun, dann ist das so. Aber die Risse die er macht, seinen Blutdurst den er hat, damit habe ich ein Problem.« (Landwirt und Jäger, ITV 18, 2018)

Vor dem Hintergrund einer agentiell-realistischen Perspektive wird ersichtlich, dass es die Logiken der Wölfe sind, ihr agentiver Charakter und ihre Unbestimmtheit, welche die Menschen am Calanda bewegt und womit die Wölfe regelmäßig Grenzen überschreiten. Dass das Calandarudel – wenn auch aufgrund des flächendeckenden Herdenschutzes vergleichsweise selten – tätig wird, indem es Schafe reißt, oder innerhalb einer Woche vier Hirsche in Siedlungsnähe frisst (vgl. Kap. 4.2.1) und die Menschen darüber keine Entscheidungsmacht haben, ist ein wesentlicher Kern des Mensch-Wolf-Konflikts:

> »Und was mich auch gestört hat – dass wir nicht haben abstimmen dürfen, ob wir Wölfe wollen, oder nicht. Die sind einfach da gewesen.« (Landwirt, ITV 44, 2018)

Ohne vorher um Erlaubnis zu fragen, sind die Wölfe ins Calanda-Gebiet zurückgekehrt und zeigen den Bewohner:innen in unregelmäßigen Abständen auf, dass deren diskursiv-materielle Grenzen nicht geschlossen und determiniert, sondern fluide und offen sind. Jegliche Grenzüberschreitung durch die rückkehrenden Tiere wird konstitutiv sichtbar gemacht und mit jeder Grenzüberschreitung ko-produzieren sie die alpine Kulturlandschaft des Calandas

---

weswegen die Beutegreifer meist nicht nur ein Schaf, sondern mehrere töten. Dasselbe Verhalten kann auch bei Füchsen oder Bären beobachtet werden.

und deren Bewohner:innen neu. Selbst Infrastrukturen wie Ställe, bleiben von den Wölfen nicht unberührt, wie das nachfolgende Kapitel zeigen wird.

4.2.3 Stall- oder Zaun-Werden und die (Re-)Materialisierung des Kuhhorns

In Abhängigkeit davon, wo und wann Wölfe gesichtet werden, materialisieren sich die Tiere unterschiedlich. Denn geschieht die Begegnung beispielsweise in der Nähe vom Siedlungsraum und bei Tag, erhalten die Tiere vergleichsweise viel Bedeutung. Vor dem Hintergrund des transaktionstheoretischen Ansatzes in Abschnitt 4.1 ließ sich bereits zeigen, dass diese wölfischen Aktivitäten nicht abgekoppelt von ihrer Mitwelt geschehen und u.a. Wildwechsel in Dorfnähe, die Wanderungen ihrer Beutetiere sowie Luderplätze damit in Zusammenhang stehen können. Letztere erhielten insbesondere in den ersten Jahren der Wolfsrückkehr und vor allem in St. Gallen Aufmerksamkeit, da hier erstens mittels Fotofallen gezeigt werden konnte, dass Wölfe diese Plätze aufsuchen und zweitens, sich zwei Jagdgesellschaften mit dem Vorwurf konfrontiert sahen, die Wölfe absichtlich mit Schlachtfutter in Siedlungsnähe zu locken, um so behördliche Abschussbescheide herbeizuführen. Intraaktionstheoretisch gesprochen ist der Luderplatz nicht nur ein Ort, sondern ein Apparat, eine materiell-diskursive Praxis, die sich ko-konstitutiv zwischen Menschen und Wölfen weiterentwickelt hat. So wie diese heute aufgrund von Verbotszonen und räumlichen Verlagerungen nicht mehr dieselben wie vor der Wolfsrückkehr sind, haben sich auch Ställe und die dort lebenden Tiere materiell-diskursiv verändert. Schafe leben nun mit Herdenschutzhunden darin zusammen. Sind letztere laut und befindet sich der Stall im Dorf, sind Ställe zu Orten geworden, an denen sich Konflikte zwischen Landwirt:innen und Anwohner:innen entzünden können (vgl. Kap. 4.1). Zudem kristallisiert sich der Stall im Untersuchungsgebiet als jene Grenze heraus, die nach Meinung vieler Gesprächspartner:innen aus der Land-, Jagd- und Forstwirtschaft von den Wölfen nicht überschritten werden darf. Wird sie es doch, solle man die Tiere umgehend »und ohne lange Bürokratie« (Landwirt, ITV 47, 2019) töten können:

> »Also wenn ein Wolf in einen Stall hineingeht, das geht gar nicht. Das ist im Oberland passiert, weil die obere Türe offen war. Jetzt muss der Bauer beide Türen schließen und am Nachmittag kommt einer vom Tierschutz, kontrolliert dich und fragt, warum die Tiere im Dunkeln sind. Man kann es nie recht machen.« (Landwirt, ITV 5, 2018)

Die Vertreter:innen des Amtes für Jagd und Fischerei in Graubünden sind gleicher Meinung und sprechen sich nach dem entsprechenden Vorfall in der Gemeinde Trun (außerhalb des Streifgebietes des Calandarudels) dafür aus, bei einem »sich derart unnatürlich verhaltenden Wolf« (AJF 2017: 13) ein sofortiges Eingreifen zu ermöglichen. Ein Jäger sieht dies anders. Er findet sogar Verständnis für das Verhalten des Wolfes:

> »Bei uns in der Nähe ist ein Wolf in den Stall reingegangen. Jetzt müssen wir die Türen eben wieder zumachen. Das hast du jahrelang nicht machen müssen und jetzt musst du es eben wieder tun. Also wenn ich der Wolf wäre, würde ich auch reingehen, ist doch wahr! Also dass man daraus so einen Skandal macht, das kann ich nicht verstehen.« (Jäger, ITV 33, 2018)

Bezogen auf die Überschreitung nicht nur von Stalltüren, sondern von Zäunen argumentiert ein Alpmeister ähnlich, indem er nach einem Wolfsangriff auf seine geschützte Schafsherde nicht ausschließlich die gerissenen Tierkörper materiell-diskursiv verhandelt, sondern der Praxis der Zäunung Bedeutung beimisst und sein eigenes Handeln hinterfragt:

> »Jetzt müssen wir unser ganzes Weide- und Hirtensystem überdenken und uns fragen, wie machen wir das jetzt? Wir haben nun also von Litzen- auf Netzzäune gewechselt, weil sie erstens besser gegen Wölfe schützen und wir zweitens die Erfahrung gemacht haben, dass die Schafe bei den Litzen weniger drin bleiben. Die haben Wolle auf dem Kopf und Wolle leitet keinen Strom. Netze respektieren sie viel mehr.« (Alpmeister, ITV 3, 2017)

Sowohl Ställe als auch Zäune sind demnach in einem fortlaufenden Werden begriffen, wobei dieser Prozess im Kontext der Wolfsrückkehr bei den einen Widerstand und Kontrollanspruch und bei den anderen die Hinterfragung der eigenen Praxis und eine Form von Antwortbeziehung (s. Kap. 4.3) fördern kann. Stellvertretend für die letztere Form des In-Beziehung-Tretens, verstehe ich ebenfalls die (Re-)Materialisierung von Kühen bzw. von Kuhhörnern. Zwar ohne Verweis auf den Schutz gegen Beutegreifer, hat ein Schweizer Bauer die sogenannte »Hornkuh-Initiative – für die Würde der landwirtschaftlichen Nutztiere« lanciert, mit dem Ziel, horntragende Nutztiere mit finanziellen Beiträgen zu fördern. Im Rahmen der Interviews wird hierauf mehrere Male Bezug genommen:

> »Man sollte den Kühen ihre Hörner lassen. Das ist deren Schutz und die haben ihre Berechtigung.« (Landwirt, ITV 31, 2018)

> »Ich weiß nicht ob das Horn einen Schutz gegen den Wolf darstellt, aber generell bin ich für Hörner. Wir haben kein einziges Tier ohne. Ein Horn hat nicht nur die Funktion sich zu verteidigen, ein Horn hat noch ganz andere Funktionen. Wenn man sich ein Horn von innen anschaut, das hat ja diese Hülle und dann hat es noch so ein Ding, und wenn man das wegnimmt, dann sieht es aus wie das Innere von einem Ohr. Also ich bin eigentlich überzeugt, dass eine Kuh ein Horn braucht.« (Hirte, ITV 35, 2018)

Der Diskurs über das Kuhhorn deutet darauf hin, dass die alleinige Ausrichtung der Rinderviehhaltung auf Produktivität abnimmt und den Kühen eine Existenzberechtigung über die Funktion als Fleisch- oder Milchlieferant hinausgehend, zugestanden wird. Darüber hinaus kann das Horn als (re-)materialisierendes Element im Kontext der Wolfsrückkehr gedacht werden, welches den Tieren wieder Schutz gegen die rückkehrenden Beutegreifer bietet.

Wie diese drei intraaktionstheoretischen Abschnitte zur Koexistenz von Menschen und Wölfen am Calanda gezeigt haben, entstehen alle darin involvierten Entitäten durch ihre Bezogenheit aufeinander und nicht durch ihre Trennung. Intraaktionstheoretisch könnte man demnach sagen, dass der menschliche Körper von den Wölfen fortlaufend gemacht wird und umgekehrt, oder dass Wölfe mehr als nur biologische Wesen sind und durch den menschlichen Körper durchgehen (vgl. »die Präsenz von Wölfen durch Trans-Mittler spüren« in Kap. 4.1.3), so wie auch Menschen umgekehrt durch Wölfe hindurchwandern. Vor dem Hintergrund ist die Rückkehr von Wölfen in die Schweiz und das damit verbundene Management der Tiere nicht ausschließlich auf die Tiere und deren Verhalten zurückführbar, sondern es sind daran ebenso unterschiedliche materiell-diskursive und zugleich grenzziehende Apparate wie die Naturschutzpolitik der EU, die Wiederaufforstung der Wälder, das Jagdmanagement[27] sowie die Jäger:innen selbst, landwirtschaftliche

27 Dazu zähle ich auch die Praxis der Wildfütterung während der Wintermonate, die aufgrund des Bestandsanstiegs von Rothirschen, der Diskussionen um Wildschäden und neueren wissenschaftlichen Erkenntnissen zunehmend in die Kritik gerät. Denn wie Studien zeigen (Arnold et al. 2015), ist Winterfütterung eher kontraproduktiv, da sie einerseits die natürliche Selektion stört und andererseits das Rot- und Rehwild auf den Winter und die damit verbundenen Nahrungsausfälle eingestellt ist. Das zugeführte Futter ist zudem meist nährstoffreicher und entspricht damit nicht der eigent-

Akteure, agentive Wölfe, Hirsche, Rehe uvm. beteiligt. Die Begegnung mit einem Wolf bedeutet daher immer mehr, als die Sichtung eines rückkehrenden Wildtiers und die Entdeckung eines vom Wolf gerissenen Schafes bedeutet mehr, als das Auffinden eines toten Tierkörpers. Inwiefern in diesem materiell-diskursiven Mensch-Tier-Gefüge nun resonante und entfremdete Prozesse von Relevanz sind und die Wolfsrückkehr Aufschluss über die in der Untersuchungsregion vorherrschenden Weltbeziehungen gibt, wird das nachfolgende Kapitel aufzeigen.

4.3 Mensch-Tier-Verhältnisse zwischen Resonanz und Entfremdung

Wie in den zwei Ergebnisteilen zuvor gezeigt werden konnte, verhandeln und produzieren Wölfe durch ihre Trans- und Intraaktionen mit Menschen und anderen Tieren, die alpine Kulturlandschaft neu. Nach Rosa (2016: 385) impliziert eine solch nichtdualistische Perspektive auf das Werden von Räumen die Existenz von Beziehungen, bei denen sowohl Menschen als auch Welt etwas »zu sagen haben«. Zwischen menschlichen und mehr-als-menschlichen Entitäten kann demnach ein Dialog entstehen, oder – wie die folgende Aussage eines Jägers am Calanda zeigt, auch nicht:

> »Vielleicht klingt das etwas neandertalermäßig, aber das Jagen ist irgendwie etwas Urtümliches. Das ist es, was mich reizt. Dass du dir selber eine Arbeit schaffen kannst. Andere sind eher auf Trophäen aus. Das sagt mir jetzt nichts.« (Jäger, ITV 33, 2018)

Die Trophäe eines Tieres, die der befragten Person »nichts sagt« und einem anderen Menschen wiederum schon. Resonanztheoretisch handelt es sich hierbei um eine Redewendung des alltäglichen Leben, die ausdrückt,

lichen Winternahrung. Zum Ausgleich sucht das Wild Rohfasern und schält Baumrinden. Hinzu kommt, dass sich das Wild durch die Fütterung des Menschen in der Nähe der Futterkrippen aufhält, dies zu räumlich konzentriertem Verbiss und Schälung führt und die Tiere sich weniger in den geeigneten Wintereinstandsgebieten verteilen. Ebenso ist die Gefahr für Seuchen bei ausbleibender Wildkonzentration geringer. Aus diesem Grund wurde die Winterfütterung in den meisten Schweizer Kantonen seit dem Jahr 2017 – in Ausnahme von Notfällen – eingestellt bzw. verboten. In Österreich und Deutschland hingegen, ist die Praxis nach wie vor verbreitet.

dass menschliche Lebewesen in ihren Weltbeziehungen in Resonanz zur materiellen Welt treten können, oder sich ihr gegenüber entfremdet fühlen. In welchen Mensch-Tier-Konstellationen und spezifischen Momenten sich Resonanz oder Entfremdung entfalten kann und Rosas kritische Gesellschaftstheorie damit neue Aufschlüsse für die Wolfsdebatte liefert, ist Gegenstand der nachfolgenden Abschnitte.

4.3.1 Mensch-Wolf-Begegnungen als Momente der Unverfügbarkeit

Der Großteil der befragten Gesprächspartner:innen hat einen oder mehrere Wölfe des Calandarudels bereits gesichtet oder zumindest gehört. Viele Jäger:innen sind ihnen sogar schon mehrere Male begegnet. Wie bereits in Kapitel 4.1.3 angesprochen, gehen die an der Begegnung beteiligten Entitäten verändert aus den jeweiligen Zusammentreffen heraus, indem die Menschen danach oftmals eine andere Einstellung gegenüber dem Tier haben und auch die Wölfe das Gegenüber immer besser einzuschätzen wissen. Geschehen die Begegnungen im Wald- oder Berggebiet, berichten die Interviewpartner:innen meist sehr emotional von ihren Erlebnissen:

> »Ich habe eigentlich schon lange gehofft einen zu sehen. Und dann war es mitten am Vormittag um zehn Uhr. Ich schaue von meinem Ferienhaus [Jagdhütte] raus, sehe etwas und denke ›hä?‹. Ich habe dann mit dem Feldstecher geschaut und gesehen, das ist ein junger Wolf. Und dann ist er etwa 100 Meter über mir durchgelaufen und nachher ganz gemütlich hochgezogen. Das Gefühl ist schon speziell. Und der hat mich auch gesehen und mich wahrgenommen. Ich habe mehr selber geschaut und nicht realisiert, dass man probieren könnte ein Foto zu machen. Es ist schon sehr speziell, wenn man das erste Mal wirklich einen sieht. Risse habe ich vorher oft gesehen und man ist sich ja bewusst, dass sie da sind. Aber wenn man sie dann das erste Mal direkt sieht, ist das schon etwas Spezielles.« (Jäger, ITV 43, 2019)

Selbst Jäger:innen, die der Rückkehr von Wölfen ins Calanda-Gebiet eher mit Skepsis gegenüberstehen und eine Begegnung mit den Tieren nicht wirklich erhofften, waren von ihren Wolfssichtungen leiblich-affektiv betroffen und sichtlich bewegt:

> »Für mich war es ein schöner Anblick, ich realisierte gar nicht, was die Begegnung anrichten kann. Also für mich war das schön. Ich hatte Freude. Danach war ich noch im Restaurant und habe gesagt ›oh, ich habe einen Wolf gese-

hen‹ und dann hat mir ein älterer Mann gesagt, ich sei ein Idiot. Ja, ich war ein Idiot, weil ich mich so gefreut habe.« (Landwirt und Jäger, ITV 41, 2019)

Vor dem Hintergrund des resonanztheoretischen Ansatzes lassen sich diese Beobachtungen damit erklären, dass sich Menschen und Wölfe im Zuge ihrer Begegnung wechselseitig berühren und damit in Resonanz treten. Die Weltbeziehung wird dabei durch die leibliche Kommunikation zwischen den Entitäten erzeugt, die sich damit zugleich als selbstwirksam erfahren. Beispielsweise indem das jeweilige Gegenüber auf die eigenen Bewegungen, wie den Griff zum Fernglas oder das Machen eines Fotos, reagiert. Hierüber sowie mittels Sehen und Gesehen-Werden sowie Hören und Gehört-Werden treten die Lebewesen in Relation und spüren den jeweils anderen am eigenen Leib. Wie aus den geschilderten Erlebnissen anhand der vorigen Zitate ebenso hervorgeht, geschehen Mensch-Wolf-Begegnungen am Calanda in den meisten Fällen unvorbereitet. Sie stellen für die Menschen und vermutlich auch für die Wölfe Überraschungsmomente dar, die weder plan- noch kontrollierbar sind:

»Es ist jedes Mal eine Überraschung für mich, jedes Mal. Also es gibt keine Gewöhnung oder Gleichgültigkeit. Jedes Mal denke ich ›aaah, ein Wolf, schön!‹ Und möglichst genießen, möglichst viel profitieren. So lange wie möglich beobachten und irgendwann verschwindet er dann eben wieder. Ja, immer wieder überraschend. [...] Auf einmal sind sie da und dann sind sie wieder weg. So schnell wie sie gekommen sind, sind sie wieder weg, das ist für mich so faszinierend.« (Wildhüter, ITV 25, 2018)

Wenngleich der befragte Wildhüter den Wölfen bereits mehrere Male begegnet ist, tritt bei ihm in der Hinsicht kein Gewöhnungseffekt auf. Vielmehr nimmt er die unverfügbaren Momente jedes Mal aufs Neue als Überraschung wahr und geht mit den Tieren damit in eine resonante Beziehung. Wolfsbegegnungen bergen insofern die Chance, eine stabile Resonanzachse aufzubauen, die den menschlichen Entitäten über die Begegnung hinaus die Möglichkeit bietet, sich in der veränderten und ko-produzierten Mitwelt des Calandas getragen oder sogar geborgen zu fühlen. Im Umkehrschluss bedeutet dies aber, dass das Monitoring in Form der Besenderung von Wölfen und dem Ausbau des Fotofallennetzwerkes im Gebiet als Praktiken der Kontrolle zu interpretieren sind und daher gerade nicht zu (erhoffter) Resonanz führen. Viel eher entsprechen solche Aktivitäten einem Modus stummer Weltbeziehung, der die Begegnung mit Wölfen vorhersehbar und damit verfügbar machen soll. Zwar nicht in

Zusammenhang mit der Sichtung von Wölfen, aber mit Hirschen, Rehen und Gämsen und der Wirkung von Wildkameras bezogen auf Resonanz, formuliert es ein Jäger folgendermaßen:

> »[...] und ich will auch keine Wildkamera, denn dann bist du auf der Hochjagd und hast immer die Bilder von ›dem einen Tier‹ im Kopf und denkst dir ›das könnte es nun sein‹. Da bekomme ich eine innere Unruhe und bin nicht mehr mit allen Sinnen vor Ort. Und das habe ich ohne Wildkamera alles nicht. Ich habe und will die volle Spannung. Darum halte ich es auch 24 Stunden auf dem Hochsitz aus, ich gehe nicht runter, für nichts, gar nichts. Da hast du eine ganz andere Aufnahme von Natur, von allen Geräuschen, von Tag und Nacht.« (Jäger, ITV 22, 2018)

Sowohl zwischen Menschen und Wölfen als auch zwischen Menschen und anderen Tieren können sich demnach resonante Beziehungen manifestieren. Da in einer resonanztheoretischen Auffassung jedoch die an einer Begegnung beteiligten Entitäten mit eigener Stimme sprechend verstanden werden, besteht durch die *agency* des antwortenden Gegenübers auch immer die Möglichkeit, dass Widerstand auftritt. Dieser zeigt sich im Zuge der Wolfsrückkehr am Calanda beispielsweise darin, dass einige Menschen den Wildtieren nicht angstbefreit gegenübertreten und Angst als Resonanzhemmnis die entsprechenden Akteure tendenziell eher begegnungs- sowie bewegungsunfähig macht. Das aktive Schüren von Angst vor Wölfen, wie dies beispielsweise Bewohner:innen zufolge in der Gemeinde Vättis geschah, indem »ein Jäger dazu geraten hat, die Katzen nachts reinzunehmen, da die Wölfe durchs Dorf gehen« (Bewohner, ITV 8, 2018), oder auch von den Medien, politischen Entscheidungsträger:innen oder dem Verein »Schweiz zum Schutz der ländlichen Lebensräume vor Großraubtieren« betrieben wird, verhindert demnach ein Sich-Öffnen gegenüber Neuem und unterbindet damit das Erfahren von gelingenden Weltbeziehungen. Widerstand kann sich aber genauso äußern, indem sich Wölfe bei Begegnungen anders als erwartet verhalten, oder trotz umfangreicher Schutzmaßnahmen Herdentiere reißen.

4.3.2 Körperliche Weltbeziehungen und das Erkennen der eigenen Verletzlichkeit im Antlitz des Tieres

Dass die Wolfsrückkehr den Menschen am Calanda leiblich nahe geht, konnte in den bisherigen Ergebnisteilen dieser Arbeit bereits gezeigt werden. Eine resonanztheoretische Perspektive erlaubt hierauf nochmal einen tiefgehenden Blick, indem gewissen Körperbereichen, -reaktionen und -zuständen als Basis des In-Beziehung-Tretens mit Welt, mehr Aufmerksamkeit geschenkt wird. So beispielsweise der Haut, die als Verbindungsstelle zwischen dem Körper und Welt einerseits und zwischen Person und Leib andererseits fungiert. Sie spielt auch für die leibliche Verbindungsherstellung zwischen Mensch und Tier und damit im Untersuchungsgebiet des Calandas eine Rolle. Als ein »hautnahes Erlebnis« beschreibt ein Landwirt (ITV 44, 2019) die nachfolgende Beobachtung eines Calandawolfes, der Jagd auf eine Rehgeiß machte:

> »[…] und nachher habe ich einen Pfiff gemacht, als sie 30 Meter vor uns gewesen sind. Die Rehgeiß ist dann weg und der Wolf ist geradeaus auf uns zugekommen, der hat das nicht gemerkt. Also ich übertreibe nicht: fünf Meter vor mir stand der an der Böschung oben. Ich habe nochmals gepfiffen, dann ist er stehen geblieben, sah uns an und ist weiter der Rehgeiß hinterher.« (ebd.)

Ohne Worte, sondern über die Laute des Pfeifens und die damit verbundenen Körperreaktionen der Tiere, treten der Landwirt und die an der Begegnung beteiligten Tiere in einen Dialog miteinander. Die tierlichen Antworten in Form von Blicken und Bewegungen vermitteln sich dabei über die Haut ins Körperinnere des Landwirtes, wodurch er die Begegnenden (da draußen) und sich selbst (da drinnen) zugleich erfährt. Ebenso lässt sich die Entwicklung von Gänsehaut, ausgelöst durch das Heulen des Rudels – wie sie beispielsweise in der Geschichte in Kap. 4.1.3 beschrieben wird – kaum anders als ein sichtbarer Ausdruck von Resonanz interpretieren.

Eine Fokussierung auf körperliche Weltbeziehungen im Kontext der Wolfsrückkehr lässt außerdem neue Aufschlüsse hinsichtlich der Rolle von gerissenen Tierkörpern zu. Insbesondere Menschen, die den rückkehrenden Wildtieren offen gegenüberstehen, können das von einigen Landwirt:innen hervorgebrachte Argument des verursachten Tierleides durch Wölfe, häufig nicht nachvollziehen. Als Gegenargumente werden dann die finanzielle Entschädigung der Tierkörper und ihr eigentlicher Zweck der Schlachtung in die Diskussion eingebracht. Versteht man das Antlitz und die Augen allerdings als Empathiepunkte in der Begegnung zwischen menschlichen und tierlichen Entitäten, über welche dieselben in Beziehung treten, wird erkennbar, dass durch diese Körperteile die Verletzlichkeit der Schafe in gewisser Weise nachempfunden werden kann. In einer solch resonanztheoretischen Auffassung von Mensch-Tier-Verbindungen bedeutet das Finden eines gerissenen oder eines vom Wolf verletzten Tieres, den Schmerz des Gegenübers selbst zu spüren. Der Wolfsangriff auf eine Schafsherde gleicht daher einer Selbstschädigung und verursacht – sofern der eigene Blick nicht verschlossen ist – die Auflösung einer entfremdeten »Resonanzblockade«. Als eine solche Blockade lässt sich in der Nutztierhaltung beispielsweise das Setzen auf Masse identifizieren (die enge Verbindungen zu Tieren in der Regel unterbindet). Es belastet das Weltverhältnis der Menschen, da es instrumentelle und verfügbare Zugänge zu Tieren priorisiert oder sogar erzwingt. Oder anders ausgedrückt: Durch die Steigerungslogik in der Viehzucht, haben sich tierliche Lebewesen für viele Landwirt:innen zu einer Sphäre der Entfremdung verwandelt:

> »Ich hatte früher viel weniger Tiere. Als ich den Bauernhof übernommen habe, bin ich mit zehn Milchkühen und sieben Mutterschafen gekommen, weil ich nebenbei noch im Wald Arbeit hatte. Nachher habe ich das langsam aufbauen müssen. Aber die Beziehung zu den Tieren ist natürlich größer gewesen und ich habe auch selber geschlachtet.« (Landwirt, ITV 1, 2017)

> »Die Mutterschafe kenne ich eigentlich schon. Das sind so ca. 350. Also ich habe jetzt keine Namen für die, aber ich weiß schon genau, was bei denen läuft. Und bei den Lämmern, da bist du nicht so... ja, wie sagt man? Das ist ein Endprodukt eigentlich, oder? Von 1.000 geborenen Lämmern werden vielleicht 25 für die Nachzucht remontiert, also zu Nutzschafen gemacht. Der Rest geht in den Schlachthof. Also da hast du natürlich nicht so eine Beziehung.« (Landwirt, ITV 24, 2018)

Indem sich viele Landwirt:innen durch die Technologisierung in ihren Betrieben (und die damit in Zusammenhang stehende Abnahme von Berührungen) von den Tieren entkoppelt haben, begegnen letztere ihren Besitzer:innen zunehmend als etwas Verdinglichtes, als ein nutzbarer Rohstoff und nicht mehr als ein resonanter und resonanzfähiger Klangkörper. Das verdinglichte Verhältnis zum Tierkörper kommt dabei vor allem in Praktiken zum Ausdruck, die den Körper »von innen gefügig machen« (Rosa 2016: 164) – beispielsweise durch künstliche Besamung, die Zugabe von Kraftfutter für eine erhöhte Milchmenge oder das Weglassen von eisenreichem Raufutter für die Kalbfleischproduktion – und »von außen zurichten« (ebd.) – beispielsweise durch die Abnahme von Kuhhörnern, das Kupieren von Lammschwänzen[28] oder die Kastration von männlichen Lämmern. Indem nun Landwirt:innen auf ihre gerissenen Nutztiere treffen und über den Blick in das Antlitz des toten oder verletzten Gegenübers in Verbindung mit demselben treten, wird eine Beziehung (re-)aktiviert, die eigentlich von Verstummung und Entfremdung gekennzeichnet war. Die materiell-diskursive Hervorbringung des Tierleid-arguments (vgl. Kap. 4.2.1) kann vor dem Hintergrund also zugleich als ein Ausdruck menschlichen Leides verstanden werden und ist daher nicht nur als ein strategischer Schachzug für die Durchsetzung von Interessen zu werten. Insofern legt der resonanztheoretische Ansatz am Beispiel der Rückkehr von Wölfen ins Calanda-Gebiet offen, dass Landwirt:innen zu ihren Nutztieren eine mehr-als-rationale, wenn auch ambivalente Beziehung haben, was nicht zuletzt im folgenden Zitat deutlich wird:

> »Also wir leben ja mit dem Tier zusammen, da liegt ja unser Verdienst. Aber wie soll ich sagen… für uns ist es auch schwierig, wenn wir ein Tier schlachten müssen. […] Also ich habe die Tiere gerne, nicht? Für mich ist das nicht eine Ware. Also ich will auch dem Tier kein Leid zufügen, nicht? […] Früher haben wir gemolken und irgendwann, ja, geht die Kuh auch zum Schlachter. […] und wenn wir Gras haben, dann müssen wir auch Tiere haben, die das fressen.« (Landwirt, ITV 2, 2017)

Zugleich ermöglicht diese erstmals auf Mensch-Tier-Beziehungen angewandte Perspektive neue Einblicke in diese nur schwer sichtbar zu machende Form von Verbindung, wie sie ein anderer Landwirt erlebt:

> »Wenn man nicht mehr gut schlafen kann und denkt, ›oh, hoffentlich passiert nichts‹ – das kann einem niemand entschädigen, das ist Lebensqualität, die verloren geht.« (Landwirt, ITV 6, 2018)

---

28 In der Schweiz ist es derzeit erlaubt, Lämmern in den ersten Tagen nach der Geburt ohne Anästhesie die Schwänze zu kürzen. Damit soll einer Verunreinigung der Wolle sowie damit verbundener gesundheitlicher Probleme entgegengewirkt werden (BLV 2017). Im Jahr 2021 wurde eine Motion im Nationalrat eingereicht, die ein zukünftiges Kupieren nur mit Schmerzausschaltung fordert. Im Mai 2022 wurde die Motion vom Ständerat an den Bundesrat überwiesen, der nun mit der Umsetzung der Motion beauftragt ist (Schweizer Parlament 2022).

Da Schlafen in einer resonanztheoretischen Auffassung u.a. als eine Bereitschaft des Loslassens von Welt verstanden wird, werden Schlafstörungen als Störung der Beziehung zwischen Menschlichem und Welt interpretiert. Demnach lassen sich Wölfe – wie aus dem vorigen Kapitel ableitbar – nicht nur als Katalysatoren resonanter Weltbeziehungen begreifen, sondern sie treten am Calanda bzw. für einige Menschen, die den Wölfen eher ablehnend gegenüberstehen, ebenso als hemmendes Element in der Hinsicht auf. Diese Akteursgruppe kennzeichnet sich dann auch eher durch eine Welthaltung aus, die auf Schließung ausgerichtet ist und sich dem Neuen gegenüber mit Verhärtung und wenig Veränderungsbereitschaft entgegenstellt, während andere menschliche Bewohner:innen des Calandas der Welt offen gegenübertreten und sich auf das unbestimmte Sein von Materie einlassen. Das nächste Kapitel greift diese Zusammenhänge nochmal tiefgehender auf und verknüpft sie mit Rosas Überlegungen zu Welt- und Ichverankerungen.

4.3.3 Pro- und retrospektive Akteure oder wie Welt- und Ichverankerungen mit Wolfs(in-)akzeptanz zusammenhängen

Die Analyse menschlicher Weltbeziehungen scheint in der Debatte um die Rückkehr von Wölfen besonders fruchtbar zu sein. Denn sie macht mitunter darauf aufmerksam, weswegen manche Bewohner:innen des Calandas dem Wolfsrudel und den damit verbundenen Veränderungen eher verschlossen und andere hingegen eher offen gegenüberstehen. Abgeleitet aus den Interviews und den Gesprächsinhalten zu den verschiedenen Stimmungsbildern[29], lassen sich am Calanda drei unterschiedliche Toleranztypen bezogen auf die Rückkehr von Wölfen identifizieren. Eine erste, sehr kleine Gruppe, die ich »verhärtet-ablehnend« bezeichne, verortet den Wolf in »vom Menschen unberührten« Regionen und will ihn daher entweder außerhalb des Landes, oder wenn dann nur im Nationalpark der Schweiz sehen. Diese Gruppe kennzeichnet vor allem ein großes Misstrauen gegenüber staatlichen und kantonalen Behörden sowie gegenüber allen NGOs und Vereinen, die sich für Wölfe engagieren:

---

29 Die Auswertung der Erzählungen zu den verschiedenen Stimmungsbildern (s. Piktogramm-Methode in Kap. 3.4.3) floss ebenso in die vorigen Ergebnisteile ein, insbesondere dann, wenn in dem Zusammenhang Aussagen zu leiblichen und viszeralen Aspekten gemacht wurden. Für die Typenbildung zur Wolfstoleranz erwies sich die Methode jedoch ebenfalls als fruchtbar.

»Also ich bin ganz klar dagegen [gegen die Wölfe]. Und was mich persönlich am meisten verrückt macht ist, dass ich den Ämtern nichts mehr glaube. Damit habe ich die größte Mühe. Und wenn du dann hörst, oder wenn sie dir erzählen oder schreiben [von Nutztierangriffen], dann wären das einzelne Wölfe, die aus irgendwelchen Gründen auswandern. Und ich glaube einfach 100 %ig nicht, dass ein Weibchen und ein Männchen sich ausgerechnet am Calanda dort oben getroffen haben und beschlossen haben: ›so jetzt bleiben wir da‹. Also das glaube ich überhaupt nicht. [...] Die waren plötzlich da und man hat vorher nie was von denen gehört. Erst am Calanda haben sie die ersten Schäden gemacht. [...] Heute kannst du ja mit dem Auto fast auf jeden Berg fahren. Also ich glaube, dass die ausgesetzt worden sind, aus und fertig!« (Landwirt, ITV 17, 2018)

Vertreter:innen des verhärtet-ablehnenden Typs sind davon überzeugt, dass die Etablierung eines Wolfrudels am Calanda nur unter Beihilfe des Menschen bzw. durch die Unterstützung wolfsfördernder Institutionen vonstatten gehen konnte. Zudem hinterfragen sie jegliche Maßnahmen im Bereich des Herdenschutzes kritisch und sprechen diesem seine Erfolgschancen und damit seine Sinnhaftigkeit ab. Ihre dadurch zum Ausdruck gebrachte ablehnende Haltung gegenüber den Wölfen wurde im Rahmen der Interviews nicht nur inhaltlich vermittelt, sie gelangte ebenso durch deren Gestik und Mimik zum Vorschein. Von den insgesamt 48 Interviewpartner:innen waren es nur fünf Personen, die diesem identifizierten Toleranztyp zugeordnet werden können. Sie alle sind den Wölfen bislang nicht begegnet, zwei von ihnen haben weder land- noch jagdwirtschaftliche Bezüge[30] und engagieren sich stark im Schweizer Verein »zum Schutz der ländlichen Lebensräume vor Großraubtieren«.

Die anderen 43 Gesprächspartner:innen verteilen sich in der Anzahl etwa gleichmäßig auf die Toleranztypen »retrospektiv-kontrollierend« und »prospektiv-offen«. Vertreter:innen des retrospektiv-kontrollierenden Typs schenken dem Gerücht der »ausgesetzten Wölfe« zwar ebenfalls Glauben, oder stehen diesem zumindest nicht ganz abgeneigt entgegen, sie zeigen sich aber gegenüber den rückkehrenden Tieren wesentlich toleranter, sofern diese reguliert werden können. Das heißt diese Gruppe kennzeichnet sich durch einen starken Kontroll- und Beherrschungsanspruch aus, weswegen sie

30 Die Gespräche mit Bewohner:innen ohne land-, jagd-, forst- oder tourismuswirtschaftlichen Bezug haben sich während der Feldphase zufällig ergeben. Ich habe mich entschieden sie ebenfalls in die Datenauswertung einfließen zu lassen, um so ein umfassenderes Stimmungsbild gegenüber Wölfen in der Untersuchungsregion zu erhalten.

die Zahl der Wölfe in der Schweiz am liebsten reduziert und die Umsetzung der Bejagung schneller und weniger durch bürokratische Hürden organisiert sehen möchte. Mit den durch Wölfe ausgelösten Veränderungen kommt der retrospektiv-kontrollierende Typ zwar zurecht, wenn er aber zwischen dem Status Quo und der Situation im Jahr 2011 wählen könnte, würde er sich für letztere entscheiden.

Den Tieren weniger übergeordnet verstehen sich hingegen die prospektiv-offenen Bewohner:innen des Calanda-Gebietes. Sie kennzeichnet ein schwaches bis nicht vorhandenes Kontroll- und Beherrschungsbedürfnis sowie eine ausgeprägte zukunftsorientierte Haltung. Hinsichtlich des wachsenden Wolfbestandes in der Schweiz sind sie der Ansicht, dass die Wölfe sich selbst regulieren, weswegen sie auch keine dringende Notwendigkeit für eine Bejagung der Tiere sehen. Vertreter:innen dieser Gruppe haben Verständnis für wölfisches Handeln und führen die Verbreitung der Tiere in Graubünden sowie deren Rückkehr ins Calanda-Gebiet auf die sehr gute Nahrungsgrundlage in Form von hohen Rotwildbeständen, auf ausreichend Rückzugsmöglichkeiten sowie auf die folgenden Punkte zurück:

> »Es hat wieder mehr Rudel gegeben – in Italien, Polen, wo auch immer. Und dass dort Jungwölfe abwandern, das ist natürlich. Dass das jetzt gerade hier ist, dass sich ein Männchen und ein Weibchen getroffen haben, das ist Zufall. Es gibt da zwar ganz böse Vermutungen, von ausgesetzt usw., aber das glaube ich nicht. Da bin ich der Ansicht, das ist reiner Zufall, dass das genau bei uns ist. Und vom Gebiet her ist es eigentlich noch dankbar. Es ist ein großes Gebiet, das zusammenhängend ist und ohne große Einschnitte, mit Ausnahme der Autobahn, die sicherlich ein Hindernis gewesen ist. Aber jetzt mit der Wildbrücke auch nicht mehr.« (Jäger, ITV 43, 2019)

> »Wenn man weiß, wie lange Routen die Wölfe machen, dann ist das gar kein Problem für die. Die Märchen, die da immer erzählt werden, dass er ausgesetzt sei, das glaube ich nicht. Das hörst du überall, aber das sind einfach die Leute, die sich damit nicht abgeben [abfinden] können. Ich bin überzeugt, dass die zugewandert sind.« (Alpmeister, ITV 3, 2017)

Während verhärtet-ablehnende und retrospektiv-kontrollierende Akteure die Logiken der Wölfe eher als Belastung wahrnehmen, sehen sie prospektiv-offene Menschen vielmehr als Motivation und Aufforderung, die eigenen Strategien im Umgang mit den Tieren stetig anzupassen und zu verbessern. Hierdurch erfahren sie sich als selbstwirksam, weswegen sie der Koexistenz mit den Tieren und der hierdurch erzeugten neuen Materialitäten wie (Im-)Mobilitäten, durchaus Positives abgewinnen können.

Mittels einer resonanztheoretischen Perspektive wird nun bezogen auf die verschiedenen Weltverhältnisse und ihrer Implikationen für den Umgang mit Wölfen deutlich, dass die verhärtet-ablehnenden und die retrospektiv-kontrollierenden Bewohner:innen des Calandas in erster Linie ichverankert sind, wohingegen die prospektiv-offenen Menschen der Welt und ihrer Unbestimmtheit gegenüber zugewandt und damit als weltverankert verstanden werden können. Das heißt letztere suchen die Veränderung in der Koexistenz mit Wölfen eher an sich und versuchen sich fortlaufend mit ihren Praktiken an ein Zusammenleben mit den Tieren einzustimmen, während verhärtet-ablehnende und retrospektiv-kontrollierende Charaktere ihrem jeweiligen Anliegen nach Schließung bzw. Kontrolle folgend, die ihnen umgebende Welt und damit die Wölfe verändert sehen möchten – und zwar in dem Fall gar nicht erst auftretend bzw. dezimiert, tot, oder trainiert und konditioniert, wie ein Jäger beschreibt:

> »Wenn man dem Wolf immer sagt ›ist okay, ist okay, du kannst machen was du willst‹, dann kommt er immer näher. Das ist so. Den muss man schon ein bisschen konditionieren, ein bisschen trainieren – so wie wir alle trainiert sind. Wir Jäger sind ja auch trainiert, wir verhalten uns möglichst im Rahmen von Bedingungen und Gesetzen. Warum soll der Wolf über den Menschen gestellt sein?« (Jäger, ITV 14, 2018)

Indem sich wolfstolerante Menschen dagegen auf den wechselseitigen Dialog mit Wölfen in Form von Zuhören und Antworten einlassen und dadurch Resonanzachsen stabilisieren können, gelingt es dieser Gruppe besser, sich durch die Wolfspräsenz tätig und wirksam zu fühlen. Sie sind sozusagen ein aktiver Teil der veränderten Dynamiken im Gebiet und spüren sich dadurch selbst. Wird das Neue – wie die Wölfe es darstellen – jedoch nicht als eine anregende Herausforderung wahrgenommen, an der man »wachsen« kann oder in der man Chancen sieht, erscheinen die Tiere als Bedrohung oder als Problemstifter, die es auszuschließen bzw. zu eliminieren gilt:

> »Wenn das Tier, das Raubtier, keine Feinde mehr hat, dann nimmt es Überhand. Und der Wolf hat im Moment keine Feinde. Der Mensch muss regulieren. [...] Die Bedrohungen, die wir hier haben, die breiten sich immer mehr aus.« (Bewohner, ITV 40, 2018)

Die Beziehung zu den Tieren bleibt in dem Fall stumm und die Selbstwirksamkeit vor allem dann ausbleibend, wenn Anträge auf Entnahme abgelehnt oder genehmigte Abschüsse nicht realisiert werden können. Die Weltbeziehungen des verhärtet-ablehnenden Typs scheinen in der Calanda-Region derart diametral zu den Weltbildern der prospektiv-offenen Bewohner:innen zu stehen, dass letztere für das Gegenüber nur wenig Verständnis aufbringen (und umgekehrt):

> »Also es gibt gewisse Leute, die sind so stark gegen die Wolfsrückkehr, dass ich sagen muss: ›Na dann helft den Bauern doch, wenn sie so viel Unterstützung brauchen‹. Aber die sind alle nur bequem und leben nach dem Motto ›Hauptsache dagegen sein‹. Die haben auch immer nur die gleichen Sprüche auf Lager und sich wirklich mit dem Tier [Wolf] befassen, tun sie nicht.« (Hüttenwirtin, ITV 34, 2018)

In der Logik der Hüttenwirtin sind das regelmäßige Beklagen über die Wolfsrückkehr und die damit verbundenen Herausforderungen für Landwirt:innen – ohne selbst tätig zu werden – keine Option. Resonanztheoretisch gesprochen versteht sie sich selbst daher als »zweite Stimmgabel« (Rosa 2016: 243), die auf Welt reagiert und dadurch in Bewegung bleibt und zum Klingen gebracht wird. Geht man hingegen als»erste Stimmgabel« (ebd.) auf Welt zu, ist die ausgehende Bewegung an einen selbst gekoppelt. Der Mensch wird in diesem Weltverständnis also zentraler gesetzt, womit auch besser verstehbar wird, weshalb verhärtet-ablehnende sowie retrospektiv-kontrollierende Toleranztypen den Menschen als Verursacher der Wolfsrückkehr am Calanda vermuten.

Lenkt man den Blick auf die bisherigen Ergebnisse dieser Arbeit wird dem:r kritischen Leser:in aufgefallen sein, dass die Beschreibung der transaktiven, intraaktiven und resonanten Verbindungen zwischen Menschen, Wölfen und anderen Tieren, an manchen Stellen entweder sprachlich sehr dicht ist oder unvollständig erscheint. Dies liegt daran, dass tangible und unsichtbare Beziehungen schwer in Worten ausdrückbar sind. Um der Erforschung von Mensch-Tier-Verhältnissen daher eine weitere Form der Übersetzung leiblicher und viszeraler Beziehungserfahrungen anzubieten, wird ein Teil der empirischen Ergebnisse nachfolgend im Comicformat vorgestellt.

5 Leibliche und viszerale Beziehungserfahrungen zwischen Menschen, Wölfen und anderen Tieren im Comicformat

Wie bereits in Kapitel 3.5.3 zum Thema kollaborativer Comicerstellung erläutert, sind es vor allem die Erzählungen von Vertreter:innen der Jagdwirtschaft, die auf eine Reihe leiblich-viszeral erlebter Beziehungserfahrungen im Kontext der Wolfsrückkehr hindeuten[1]. Aus diesem Grund spannt sich der entwickelte Comic rund um eine Gruppe aus befragten Jägern[2] auf und stellt deren Verhältnisse zu Tieren in den Mittelpunkt. Im Besonderen soll es darum gehen, gewonnene Erkenntnisse zu direkten und indirekten Mensch-Tier-Begegnungen sowie zu Fehl- bzw. Streifschüssen (vgl. Kap. 4.2.2) näher an der Leiblichkeit und Viszeralität zu erzählen. Der kollaborativ erstellte Comic wird in diesem Kapitel nicht zur Gänze gezeigt[3], sondern es gilt anlehnend an

1 Dieses Kapitel basiert in weiten Teilen auf der Publikation Schröder (2022a).

2 Als Vertreter:innen der Jagd standen im Untersuchungsgebiet ausschließlich Männer zur Verfügung, weswegen im Comic auch nur Männer gezeichnet wurden und an dieser Stelle auf eine gendergerechte Schreibweise verzichtet wird.

3 Der vollständige Comic-Teaser (Bonato & Schröder 2020) ist unter dem folgenden Link abrufbar: https://www.researchgate.net/publication/355395774_Comic_Die_Ruckkehr_der_Wolfe_in_die_alpine_Kulturlandschaft. Im Rahmen der Ausstellung »COHABITATION – Raum für alle Arten. Die Zukunft alpiner Städte und das Zusammenleben von Menschen und Tieren« im Kunstraum Innsbruck vom 23. April bis 12. Juni 2021, wurde der Wolfcomic einem breiten Publikum vorgestellt. Die einzelnen Comicstrips wurden filmisch bearbeitet, auf eine Leinwand projiziert und mit einer Tonspur versehen (u.a. mit Geräuschen aus dem Wald, Wolfsgeheul, durch Spazieren im Wald verursachte Laute, Schüsse), wodurch sich der Comic multisensorisch erfahren ließ. Die Beschreibung zur Ausstellung kann unter dem folgenden Link nachgelesen werden: https://www.kunstraum-innsbruck.at/archiv/ausstellungen/cohabitation (Kunstraum Innsbruck 2021).

Kapitel 3.5.2 vielmehr darzulegen, inwiefern spezifische Comic-Stilmittel für mehr-als-menschliche Narrative fruchtbar gemacht werden können (Tab. 1).

Tabelle 1: Comic-Stilmittel und ihr Potenzial für mehr-als-menschliche Narrative

Comic-Stilmittel	**Potenzial für mehr-als-menschliche Narrative**
Geräusch/ Soundelement	Vermittelt Atmosphäre Lenkt Fokus auf Affekte und Relationen
Körpersprache/ Bewegung	Macht emotionale Verbindung sichtbar (ohne Worte) Vermittelt *agency* und leibliche Kommunikation (bspw. durch Affekte) Schärft Bewusstsein für Menschen und Tiere als leibliche Wesen
Zeichenstil/ Farbgebung	Vermittelt Atmosphäre Schärft Bewusstsein für Menschen und Tiere als nichtdualistische Wesen mit ähnlichen Motiven
Plurivektorialität/ Simultanität verschiedener Prozesse	Berücksichtigt menschliche und mehr-als-menschliche Perspektiven und Logiken (gleichzeitig) Zeigt die mehrdimensionale, zirkuläre und immanente Verstrickung von Entitäten Schlüsselt Momente der Transformation in Begegnungen auf und fördert Verständnis für Prozesse eines gemeinsamen Werdens Ermöglicht die Auflösung von Grenzen zwischen Menschlichem und Mehr-als-Menschlichem
Affektive Materialität der Bilder/Panels	Erzeugt einen zeitlich entkoppelten Reflexionsmoment, der dem Da_zwischen von Menschlichem und Mehr-als-Menschlichem Raum gibt und damit mehr-als-menschliche Forschung zugänglicher macht Macht *agency* in Momenten der Begegnung sichtbar Macht Viszerales vermittel- und nachfühlbar

Quelle: Schröder (2022a)

Abb. 16: Jäger Peter beim Versuch einen Hirsch zu erlegen. Der Schuss lässt die Tiere aufhorchen, die Stimmung ist angespannt.

Quelle: © Patrick Bonato

Ein erstes solches Stilmittel ist das Arbeiten mit *Soundelementen* (Abb. 16), womit den mehr-als-menschlichen Akteuren nicht nur eine »Stimme« gegeben werden kann (im Fall von Wölfen wäre die Darstellung von Geheul in Form von »wohooo!« denkbar), sondern die gleichzeitig auch Auslöser für Affekte und damit Beziehungen sind. Im entwickelten Comic geschieht dies beispielsweise durch das PENG! (Abb. 16) – einem Schuss, durch welchen die Entitäten in Verbindung miteinander treten. Die Hirsche einerseits mit Jäger Peter, indem sie vor ihm die Flucht ergreifen, ebenso ein Tier, das durch ihn möglicherweise verletzt wurde und er deshalb in seiner Körpersprache sichtlich angespannt wirkt; andererseits das Calandarudel mit dem Jäger, weil es auf seine Schüsse und die anderer Jäger:innen konditioniert ist (vgl. Kap. 4.1.1).

Abb. 17: Jäger Peter kann nicht schlafen, er denkt nach und schleicht sich aus der Jagdhütte raus.

Quelle: © Patrick Bonato

Während nun Abbildung 16 mit dem PENG!-Schriftzug und den Bewegungen der Tiere einen lauten und geräuschreichen Moment darstellt, wird in Abbildung 17 Stille zum Ausdruck gebracht. Bilderzählerisch wird hierdurch in beiden Fällen Atmosphäre vermittelt. Wie sich in Abbildung 17 außerdem zeigt, ist Peter wegen des Streifschusses sichtlich bedrückt. Es bedarf an der Stelle keiner textlichen Erläuterung, um seine Sorge wahrzunehmen, da seine leibliche und emotionale Verbindung mit dem verletzten Tier durch seine *Körpersprache* ausgedrückt wird. Anlehnend an Spiegelmans »Direktheit zum Materiellen« (Whitlock 2006: 977; s. Kap. 3.5.2) im Comic, welche das Bewusstsein für Menschen und andere Tiere als grundsätzlich leibliche, miteinander verbundene und insofern nichtoppositionelle Wesen schärfen kann, identifiziere ich daher die Darstellung von Mimik und Gestik bzw. *Körpersprache* und *Bewegung* als zweites Stilmittel, welches sich für die Erzählung nichtdualistischer Mensch-Tier-Narrative einsetzen lässt.

Eine Bewusstseinsschärfung für die Gemeinsamkeiten zwischen Mensch und Tier und für einen nichtdualistischen Blick auf dieselben, kann in der bilderzählerischen Vermittlung auch durch den *Zeichenstil* geschehen, weswegen die Lebewesen im entwickelten Comic in Schraffuren und damit ähnlich dargestellt werden. Darüber hinaus wird durch die *Farbgebung* Atmosphärisches ausgedrückt, welches im Comic auf die Lesenden unmittelbarer wirkt, als durch eine textliche Beschreibung. Den Zweck wissenschaftliche Ergebnisse weniger anthropozentrisch zu vermitteln, kann auch das Charakteristikum *Plurivektorialität und Simultanität verschiedener Prozesse* erfüllen, indem spezifische Momente sowohl durch menschliche als auch durch tierliche Perspektiven Berücksichtigung finden. Im hier vorgestellten Comic stellen dies beispielsweise Aktivitäten und multisensorische Erfahrungen wie Mobilität (Abb. 16 und 20), die Einbettung in ein Sozialgefüge (Abb. 18) oder das Essen von Fleisch dar (Abb. 19 und 21).

Diese bilderzählerische Aneinanderreihung menschlichen und tierlichen Werdens im selben Moment kann für die Mehrdimensionalität von Praktiken und die Verbundenheit zwischen verschiedenen Lebensrealitäten sensibilisieren. Sie deutet damit auf den nichtkausalen und insofern trans- und intraaktiven Charakter von Mensch-Tier-Beziehungen hin, der auch zu erkennen gibt, dass menschliche und mehr-als-menschliche Entitäten an mehreren Orten »gleichzeitig sein« können. Oder anders formuliert: Der Comic liefert tiefgehende Einsichten in die zirkuläre und immanent miteinander verwobene Freisetzung materieller, diskursiver, leibilch-affektiver, sinnlich-emotionaler und atmosphärischer Dimensionen sowohl bei direkten als auch indirekten Mensch-Tier-Begegnungen.

Abb. 18: Soziale Einbettung von Wölfen und Menschen. Deren Perspektiven und Aktivitäten lassen sich im Comic simultan vermitteln.

Quelle: © Patrick Bonato

Abb. 19: Das Essen eines Stück Hirschfleisches als viszerales Erlebnis.

Quelle: © Patrick Bonato

Damit meine ich beispielsweise die in Abbildung 20 abgebildete Materialität des Blutes, die Peter sieht, die er spürt, die ihn gleichzeitig affiziert und ihn emotional mit dem Hirsch in Verbindung treten lässt. Oder die in Abbildung 21 stattfindende Begegnung zwischen Mensch und Wolf, die beide leiblich-affektiv berührt und bei der Peter den Wolf sieht und hört (und von demselben im Ausdruck von Augen und Ohren betrachtet und gehört wird, vgl. Pütz 2019). Die *agency* des Hirsches drückt sich in der Begegnung von Peter mit der Blutspur aus, die *agency* des Wolfes in dem unverfügbaren Moment (Rosa 2016; vgl. Kap. 4.3.1) des Aufeinandertreffens von Peter mit dem rückkehrenden Wildtier. In beiden Fällen gehen die Beteiligten transformiert aus den Begegnungen hervor bzw. erzeugt jede Veränderung auf der einen Seite eine unmittelbare Veränderung auf der anderen Seite.

Anknüpfend an das fünfte Stilmittel der *affektiven Materialität der Bilder/Panels*, versteht sich der entwickelte Comic nicht nur als Medium des Ausdrucks leiblich-affektiver und sinnlich-emotionaler Wirklichkeiten. Vielmehr soll er auch dazu dienen, diese Wirklichkeiten nachfühlbarer zu machen. Dies wird am Beispiel von Abbildung 19, dem Essen eines Stück Hirschfleisches durch einen Jäger illustriert. Die Zeichnung wirkt viszeral, sie verweist die Lesenden auf ihr Körperinneres und trägt möglicherweise zu erhöhtem Speichelfluss bei. Ebenfalls wird diese viszerale Qualität von Comics in der Zusammenstellung der Panels in Abbildung 20 zum Ausdruck gebracht, als Peter mit seiner Hand in die von ihm vermutete Blutspur greift und sich das

Blut des Hirsches an seinem Finger festsetzt. Die affektive Materialität der Comicbilder in Kombination mit dem plurivektorialen Charakter erzeugt hier einen Reflexionsmoment. Dieser verschafft dem Da_zwischen von Menschlichem und Mehr-als-Menschlichem – also jenen Verbindungen, die mit dem Auge oder dem Ohr alleine nicht auszumachen sind – Raum und macht mehr-als-menschliche Forschung damit zugänglicher. Auf diese Weise appellieren Comicinhalte an unbeabsichtigte, viszerale Reaktionen und generieren damit eine andere Form von Intensität, als jene, die durch die Verschriftlichung von Ergebnissen entsteht. Sie geben zu verstehen, dass Mensch-Tier-Begegnungen nahe gehen und Materie bzw. Tier und Mensch niemals abgekoppelt vom jeweiligen Gegenüber gedacht werden können.

Vor diesem Hintergrund liefert die Methode des kollaborativen Comics nicht nur tiefgehende Einsichten in die Übersetz- und Nachfühlbarkeit leiblich-affektiver und sinnlich-emotionaler Aspekte in Mensch-Tier-Beziehungen, sondern aus ihr bzw. aus der Dreierkonstellation zwischen Forscherin, Illustrator und Peter lassen sich ebenfalls für die in Kapitel 3.5.1 identifizierte Phase 3 »Comic als Praxis« neue Erkenntnisse ableiten. So fördern beispielsweise alleine schon die Nachfragen zum gewählten Forschungsgegenstand durch eine fachfremde Person und deren narrativ-visueller Blick, neue und bisher nicht beachtete Perspektiven auf denselben. Erst in der Kollaboration kristallisierte sich heraus, dass sich die Bedeutung leiblich-affektiver und sinnlich-emotionaler Aspekte im Kontext der Wolfsrückkehr insbesondere an der Jäger:innenschaft vergleichsweise gut veranschaulichen und nachvollziehen lässt. Zudem ergeben sich aus der mit dem kollaborativen Comic verbundenen Aufgabe der Entwicklung eines Drehbuchs völlig neue Fragen für Geograph:innen: Wie lässt sich das gesammelte Datenmaterial in eine für die Lesenden spannende und nachfühlbare Geschichte übersetzen, welche berichteten und beobachteten sowie leiblich erlebten Erfahrungen müssen in dem Zusammenhang vordergründig und hintergründig behandelt und welche ausgeschlossen werden? Diese bilderzählerische Abstraktion des umfangreichen empirischen Materials kann einerseits mit Unwohlsein und Unbehagen verbunden sein, sie eröffnet andererseits aber eine neue Sphäre der Assoziation, in der die Verstrickungen zwischen Menschlichem und Mehr-als-Menschlichem und die Gemeinsamkeiten derselben geschärft und konkretisiert werden. Die kollaborative Comicpraxis und die damit verbundenen Zeichnungen entfalten daher eine gewisse Wirkmächtigkeit, die sich nicht nur zwischen ihren Ausführenden bzw. dem Projektteam entfaltet, sondern auch in den Reaktionen Peters als Lesender, bei weiteren Betrachter:innen, in den zukünftigen Arbeiten des Illustrators, im vorliegenden Text sowie in daran anknüpfenden Publikationen. Darüber hinaus drückt sie sich in einem tiefgehenden Verstehen mehr-als-menschlicher Prozesse im gewählten Untersuchungsgebiet aus, indem ich durch den Comic hindurch zu den leiblich-affektiven und sinnlich-emotionalen Erfahrungen der Menschen und Tiere nun besser vordringen kann.

Abb. 20: Jäger Peter entdeckt eine Blutspur und fühlt deren Konsistenz und Temperatur.

Quelle: © Patrick Bonato

Abb. 21: Mensch-Wolf-Begegnung – ein Moment der Unverfügbarkeit.

Quelle: © Patrick Bonato

6 Diskussion und Synthese
Neue Einsichten, dominante Wahrheitskonzepte und Ausblicke in die ko-produzierte alpine Kulturlandschaft von morgen

Menschen und Tiere stehen schon immer miteinander in Verbindung. Diese Verbindungen sind vielfältig und finden u.a. Ausdruck in der Art und Weise ihres Zusammenlebens, in den verschiedenen Formen von Tierhaltung, oder im Management tierlicher Lebewesen. Aus den Verstrickungen ergeben sich sozio-ökonomische Muster und ökologische Effekte, die wiederum auf die Akteure rückkoppelnd wirken und so das Mensch-Tier-Gefüge als Ganzes fortlaufend verändern. In einer solchen Perspektive stehen die Beziehungen zwischen menschlichen und mehr-als-menschlichen Wesen niemals still – so wie auch die lebendigen und selbst die toten Körper der Entitäten durch ihre leibliche und organische Einbettung in eine gemeinsame Mitwelt, stetig »im Werden« zu begreifen sind. Mensch-Tier-Verhältnisse sind demnach nicht festgeschrieben und determiniert, sondern veränderbar und insofern dafür offen, völlig neu gedacht und in weiterer Folge auch gelebt zu werden.

Die vorliegende Arbeit setzt hier an, indem sie das Verhältnis zwischen Menschen und Wölfen neu denkt und konzeptualisiert. Denn wie sich aus der Debatte um die Rückkehr der Wildtiere ablesen lässt und auch aus der Empirie hervorgeht, lösen Wölfe Irritationen und Affekte aus. Die Wolfspräsenz bewegt und verändert die Menschen und andere Tiere – und zwar in ihrem viszeralen Erleben und in ihren körperlich-leiblichen Erfahrungen. Gleichzeitig integrieren auch Wölfe uns Menschen sowie andere Wesen in ihre Lebenswelten und gehen aus ihren Begegnungen mit dem jeweiligen Gegenüber verändert heraus. Das heißt im Da_zwischen von Menschen, Wölfen und anderen Tieren spielt sich einiges ab, das mit dem Auge oder dem Ohr alleine nicht immer auszumachen und mittels rationaler Argumente auch nicht erklärbar ist. Nicht zuletzt deshalb blieb diese nonverbale und schwer greifbare Dimension in den Verhältnissen zwischen Menschen und Wölfen bislang weitgehend unbeleuchtet[1]. Für ein tiefgehendes Verständnis der Koexistenz zwischen den Entitäten und der mit ihr verbundenen Konflikte, ist eine Erschließung von körperlich-leiblichen Beziehungserfahrungen jedoch hilfreich. Zudem wird hierüber auch die Komplexität räumlicher und materieller Veränderungen, zu denen Wölfe in der Kulturlandschaft der Alpen wesentlich beitragen, besser begreifbar. Um den genannten Zusammenhängen auf den Grund zu gehen, wurden als theoretische Ansätze in dieser Arbeit der klassische Pragmatismus und dessen Transaktionskonzept (Dewey 1996), der agentielle Realismus und seine Idee von Intraaktion (Barad 2007) sowie die Resonanztheorie (Rosa 2016) herangezogen und für die mehr-als-menschlichen Geographien bzw. die neuen Tiergeographien fruchtbar gemacht. Jede Theorie ermöglichte einen neuen Blick auf komplexe Mensch-Wolf-Beziehungen und machte die fortwährende Verwobenheit und damit das schwer Greifbare zwischen menschlichen und tierlichen Entitäten auf jeweils unterschiedliche Art und Weise sichtbar und verstehbar. So werden durch eine transaktionstheoretische Brille in erster Linie die sich wandelnden Praktiken und Erfahrungen von Transakteuren ins Zentrum der Aufmerksamkeit gerückt, über die sich die Entitäten körperlich-leiblich und sinnlich-emotional miteinander verbinden sowie die ökologischen und räumlichen Rückkopplungen ihrer Wechselbeziehungen analysiert. Eine intraaktionstheoretische Untersuchung dagegen macht sichtbar, wie Diskursives und Materielles untrennbar miteinander verstrickt ist und hilft dabei, Praktiken der Grenzziehung zu identifizieren. Eine resonanztheoretische Analyse lenkt den Blick auf spezifische Momente des Zusammenseins zwischen Menschen und Tieren und legt damit verbundene resonante oder entfremdete Weltverhältnisse offen. Basierend auf den für eine mehr-als-menschliche Forschung fruchtbaren Aspekten der drei Theorien sowie den empirischen Ergebnissen, leite ich eine mehr-als-menschliche Geographie des Verbundenseins ab, deren wesentliche Merkmale im Folgenden zusammengefasst und diskutiert werden. Die Arbeit endet hierauf aufbauend mit einem Abschnitt, der uns in die Zukunft blicken lässt und in dem neue Wege zu einem alternativen Modus des Zusammenlebens zwischen Menschen und Wildtieren angeboten werden, die uns gegenüber den rückkehrenden Wölfen resilienter machen und uns als mehr-als-menschliche Gesellschaft weiter bringen.

1 Eine Ausnahme bildet hier die neu erschienene Publikation von Gieser (2023).

6.1 Aufmerksamkeiten einer mehr-als-menschlichen Geographie des Verbundenseins

Wie die Ergebnisse dieser Arbeit zeigen, besitzen die Theorien der Transaktion, Intraaktion und Resonanz für die Analyse komplexer Mensch-Wildtier-Beziehungen ein besonderes Potenzial. Vor allem die Ideen der transaktiven Verwobenheiten und der identifizierten Trans-Mittler und Trans-Artefakte im Pragmatismus, der Verschränkung und grenzziehenden Praktiken und Apparate im agentiellen Realismus sowie der Unverfügbarkeit und der spezifischen Qualität von Weltbeziehungen im Rahmen der Resonanztheorie, lassen sich für die empirische Forschung fruchtbar in Wert setzen. Zudem bieten sie den mehr-als-menschlichen Geographien und den neuen Tiergeographien eine neue ontologisch-epistemologische Basis an, um Menschliches und Mehr-als-Menschliches nichtdualistisch zu denken. Denn spätestens seit der Corona-Pandemie gelten Vorstellungen von getrennten Lebenswelten, in denen (Wild-)Tiere und Menschen voneinander abgekoppelt existieren, als überholt. Was daher notwendig ist, sind neue Ansätze, die dem wechselseitigen Verbundensein »Kontur geben« bzw. das Da_zwischen analytisch befüllen, um so das gemeinsame Werden zwischen menschlichen und mehr-als-menschlichen Wesen begreifbar(er) zu machen – und um hierauf aufbauend schließlich auch den sozial-ökologischen Krisen unserer Gegenwart neu begegnen zu können.

Die in dieser Arbeit herausgearbeitete mehr-als-menschliche Geographie des Verbundenseins trägt zum besseren Verstehen der immanenten Verwobenheit zwischen Menschen und Tieren bei. Dabei versteht sie sich nicht in Abgrenzung zu den mehr-als-menschlichen Geographien bzw. den neuen Tiergeographien oder gar als eine eigene Forschungsrichtung. Vielmehr stellt sie einen konzeptionellen Rahmen für solche Ansätze dar, die eben gerade das unauflösbare Verbindende zwischen Entitäten zentral setzen und zur Erklärung seiner räumlichen und materiellen Implikation beitragen können. Eine mehr-als-menschliche Geographie des Verbundenseins ist daher offen entworfen und stetig um weitere passende Ansätze und Blickwinkel erweiterbar. Basierend auf den transaktions-, intraaktions- und resonanztheoretischen Erkenntnissen in dieser Arbeit, bereichert sie die Analyse von Mensch-Tier- bzw. Mensch-Wolf-Beziehungen mit folgenden neuen Aufmerksamkeiten:

Tiere als agentive Entitäten, die mit »eigener Stimme sprechen«

Nicht nur Menschen, sondern auch Tiere werden in einer mehr-als-menschlichen Geographie des Verbundenseins agentiv verstanden. Das heißt sie haben jeweils ihre eigenen Logiken und reagieren auf ihr Gegenüber mit eigener Stimme sprechend. Für den gewählten Untersuchungsgegenstand bedeutet dies, dass nicht nur die Menschen, sondern auch die Wölfe im Calanda-Gebiet als Individuen anerkannt werden, die ihre »eigenen Geographien« kreieren (vgl. Lorimer et al. 2019). Denn den Großteil ihrer Zeit verbringen die Tiere in Abwesenheit von Menschen und erhalten erst im Zuge von Begegnungen oder gefundenen Tierrissen materiell-diskursive Bedeutung. Überspitzt ausgedrückt könnte man durchaus sagen, dass die Wölfe im Juni – wenn die Schafe auf die Alp getrieben werden – »in die Saison« starten und diese Ende September – wenn die Hochjagd zu Ende ist und auch die Begegnungen mit den Tieren weniger werden – beenden. Doch Wölfe befinden sich – wie Menschen auch – stetig in einem Prozess des Werdens. Sie stehen in Wechselbeziehung mit ihrer Mitwelt, führen ein Sozialleben, haben ihre eigenen Bedürfnisse und bewegen sich jeweils individuell im Raum fort. In einer mehr-als-menschlichen Geographie des Verbundenseins wird hierfür bzw. für die eigenen Lebenswelten der Wölfe und deren »Geographie-Machen« zunächst eine Sensibilität entwickelt. In einem zweiten Schritt geht es darum, jene Wolf-Mitwelt-Verbindungen zu identifizieren, die veränderungsrelevant sind. Das heißt jenen Mensch-Tier- oder Tier-Tier-Verknüpfungen Aufmerksamkeit zu schenken, die dynamischen Wandel herbeiführen, menschliche Gewohnheiten umwälzen und alte Gewissheiten erschüttern. Denn in diesen Momenten – sei es beispielsweise im Kontext der Wolfsrückkehr bei direkten Begegnungen, »Grenzüberschreitungen« durch die Tiere, der Anpassung von Beutetieren oder der Reaktion von Nutztieren auf Wölfe – löst sich die menschliche Verfügbarmachung von tierlichen Wesen auf. Durch dabei evozierte Affekte und Emotionen gelangt damit das leiblich-viszerale Verbundensein zwischen Entitäten besonders gut zum Ausdruck.

Leiblichkeit in Mensch-Tier-Beziehungen und damit verbundene Transformationen und (Im-)Mobilitäten

Menschen und Tiere werden in einer mehr-als-menschlichen Geographie des Verbundenseins als grundsätzlich leibliche und insofern die Welt mit allen Sinnen erfahrende Wesen aufgefasst, weswegen der Körper bzw. die Leiblichkeit und Viszeralität in Mensch-Tier-Beziehungen zentral gesetzt werden. Übertragen auf Mensch-Wolf-Verhältnisse macht dieser Blick sodann auf die (a) leibliche Kommunikation und Verbundenheit zwischen Entitäten aufmerksam, die im Zuge von Begegnungen zutage tritt. Denn in diesen Momenten erfahren sich Menschen und Wölfe bzw. Wölfe und Herdenschutzhunde sowie deren Beutetiere in erster Linie über den Leib: durch gegenseitiges Sehen und Gesehen-Werden, durch Hören und Gehört-Werden und im Falle letzterer auch durch Riechen und Berochen-Werden sowie Berühren und Berührt-Werden. Es sind diese Prozesse des wechselseitigen Gewahrseins, die das Da_zwischen konstituieren und aus denen die Entitäten transformiert herausgehen. In der Calanda-Region beispielsweise insofern, dass die Menschen nach ihrem direkten Antreffen von Wölfen eine andere, häufig positivere Einstellung gegenüber den Tieren haben, oder dass sich Wölfe während der Jagdsaison an die Aktivitäten von Jäger:innen anpassen und die gemeinsamen Beutetiere an jene von Wölfen. Dass Menschen und Tiere grundsätzlich über den Leib verbunden sind, zeigt sich überdies im Erblicken der eigenen Verletzlichkeit im Tier, das eigentlich als verdinglichte Ressource angesehen wird, wenn es durch den Wolf in Gefahr schwebt. Für die betroffenen Menschen sind diese Erlebnisse von viszeraler Intensität, weswegen die körperlich-leibliche Perspektive tiefgehende Einsichten in die (b) leiblich-viszerale Qualität von Praktiken und Erfahrungen im Koexistieren mit Tieren gibt. Denn die meisten Jäger:innen sind nicht von der abnehmenden Jagdstrecke emotional betroffen, wie dies im aktuell geführten Diskurs zu Wölfen häufig suggeriert wird. Vielmehr sind es das veränderte und an den Wolf angepasste Verhalten der gemeinsamen Beutetiere, der hierdurch verursachte sportliche und strategische Mehraufwand, die räumliche Verlagerung der Passjagd oder die Aufhebung von Jagdinstrumenten wie der Sonderjagd, von denen die Vertreter:innen der Jagd körperlich-leiblich und viszeral ergriffen sind. Ebenfalls ist es nicht nur das gerissene Nutztier, das Landwirt:innen betroffen macht und wodurch sie mit Wölfen in Verbindung treten, sondern es sind auch der körperliche Mehraufwand im Zuge des Aufstellens von Zäunen, die Haltung von Herdenschutzhunden sowie das veränderte Verhalten ihrer Tiere bei Wolfspräsenz, von dem die Akteure leiblich-affektiv angesprochen und transformiert werden: in ihren Einstellungen zu den Wölfen, in ihren Gefühlen, in ihrer emotionalen Verbundenheit zu den Nutztieren, in ihrem räumlichen Verhalten oder in ihrem Wissen. Die Menschen in der Calanda-Region stehen also auf vielschichtige Weise mit den Wölfen im Gebiet in körperlich-leiblicher Beziehung und bilden über diese nicht unmittelbar sichtbaren, sondern spürbaren Qualitäten ihrer direkten und indirekten Erfahrungen mit den Tieren, ihre Realitäten. Oder anders formuliert: Die Koexistenz mit Wölfen lässt sich nicht einfach kognitiv begreifen. Die Menschen eignen sich die Tiere in verkörperten Erfahrungsprozessen an, sie gehen ihnen quasi durch den Leib und umgekehrt. In dem Zusammenhang bedarf es auch nicht zwingend der räumlichen Nähe von Wölfen, um mit ihnen in Beziehung zu treten, weswegen man auch sagen könnte, dass es viele Calandarudel gibt oder dass das Calandarudel an mehreren Orten gleichzeitig existiert. Ein solch beinahe quantenphysikalischer Blick auf das Phänomen der Wolfsrückkehr bildet ein wesentliches Kennzeichen einer mehr-als-menschlichen Geographie des Verbundenseins. Er rückt neue und in der Debatte bisher wenig beachtete Mobilitäten und Immobilitäten in den Fokus, deren Erschließung zu einem besseren Verstehen von Mensch-Wolf-Konflikten beitragen kann.

Grenzziehungen über den Körper und Prozesse (re-)produzierter Territorialisierung

Bedingt durch ihre grundsätzlich kritische Haltung gegenüber dualistischen Denkkategorien ist es einer mehr-als-menschlichen Geographie des Verbundenseins ein Anliegen nicht nur nach der Konstitution von Verbindung zu fragen, sondern ebenso Prozesse der Grenzziehung in den Blick zu nehmen, die aus dem Da_zwischen von Lebewesen hervorgehen. Zentral gesetzt wird dabei der tierliche Körper, da sich – wie die empirischen Ergebnisse zeigen – die Produktion von Grenzen über diesen besonders gut ablesen lässt. So erfahren beispielsweise gerissene Kalbskörper am Calanda die meiste materiell-diskursive Bedeutung, gefolgt von Schafs- und Lammkörpern. Genauso werden tote Wolfskörper im Verhältnis zu anderen Tierkörpern konstitutiv eingeblendet, wenn sie von Autos oder Zügen erfasst und nach einem DNA-Abgleich in eine nationale Wolfsdatenbank eingetragen werden. Schlachttiere hingegen erfahren keine Bedeutung, ebenso wird bei im Straßenverkehr verunfallten Rothirschen und Rehen keine DNA-Probe genommen. Wie diese Beispiele zeigen, existieren die Unterschiede zwischen Kühen, Schafen, Wölfen und anderen Tieren nicht in einem absoluten oder deterministischen Sinne, sondern werden durch Praktiken wie u.a. der Landwirtschaft oder dem Wolfsmonitoring materiell-diskursiv hervorgebracht. Sie sind stets kontextbezogen und werden sowohl von Menschen produziert, die den Wölfen kritisch gegenüberstehen als auch von jenen, die ihre Rückkehr begrüßen. In jedem Fall entfalten sie in der Debatte Macht, wie nicht zuletzt auch an der auf gerissenen Nutztierkörpern basierten Unterscheidung zwischen »unbedenklichen« und »problematischen« Wölfen deutlich wird. Denn werden die Tiere als letztere kategorisiert, so wird ihnen in der Schweiz jegliche Existenzberechtigung abgesprochen. So wie die Definition von »Problemtieren« demnach produziert wird und somit auch veränderbar ist, so ist auch die Bestimmung jener Bereiche und jener Kriterien im Werden begriffen, wo und wann Wölfe geschossen werden dürfen. Eine mehr-als-menschliche Geographie des Verbundenseins lenkt ihre Aufmerksamkeit daher auch auf dynamische Prozesse der (re-)produzierten Territorialisierung und deren sinnlich-emotionale Dimension. Am Beispiel des Untersuchungsgegenstandes wird dann deutlich, dass die fehlende Kontrollmacht über Wölfe und Nutztiere – trotz Etablierung von Zäunen und anderer Schutzmaßnahmen – Ängste bei den betroffen Akteuren erzeugt. Überschreiten die Wölfe solch Grenzen wie Zäune oder Stalltüren, werden Schutzmaßnahmen adaptiert oder gesteigert. Die Menschen versuchen »handlungsmächtig« zu bleiben und die *agency* der Wölfe damit vermeintlich abzuschwächen.

Dynamische Rückkopplungseffekte und Weltbeziehungen

Bedingt durch ihren ganzheitlichen Anspruch richtet eine mehr-als-menschliche Geographie des Verbundenseins ihren Fokus nicht nur auf direkte Mensch-Tier-Verstrickungen und ihre Rückkopplungseffekte, sondern sie lenkt ihre Aufmerksamkeit ebenso auf Tier-Tier- bzw. Tier-Mitwelt-Beziehungen und die mit ihnen verbundenen Dynamiken. Denn diese Verbindungen betreffen ebenfalls Menschen und transformieren diese in körperlich-leiblicher Hinsicht. Das entwickelte Transaktionskonzept trägt dazu bei, diese spezifischen Dynamiken zu identifizieren. Für den vorliegenden Forschungskontext konnte mit dessen Hilfe u.a. aufgedeckt werden, dass im Rahmen des Transaktionsfeldes der Ökologie zahlreiche Veränderungsprozesse stattfinden. So beeinflusst die Wechselbeziehung zwischen Wölfen und ihren Beutetieren beispielsweise die Waldvegetation, indem die Jungtriebe der Weißtanne nun weniger verbissen sind. Diese neuen Materialitäten wiederum verändern die forstwirtschaftlichen Praktiken, da weniger Verbissschutz notwendig ist. Ebenfalls trägt die selektive Jagd der Wölfe auf kranke und alte Wildtiere langfristig zur Förderung ihrer Gesundheit bei, da sich so vor allem gesunde Tiere reproduzieren und damit auch Krankheiten weniger stark verbreiten. Der beobachtete Rückgang der Gamsblindheit bei Schafen, der durch die räumliche Trennung von Schafen und Gämsen durch das Beisein von Herdenschutzhunden eingeleitet wurde, ist ein weiteres Indiz für die Dynamik im ökologischen Transaktionsfeld. Ein intraaktionistischer Blick hierauf lässt jedoch erkennen, dass diese Wechselverhältnisse in der aktuell geführten Wolfsdebatte der Schweiz sowie in ihren Nachbarländern ausgeblendet werden. Insofern ist diese Marginalisierung der ökologischen Relevanz der Tiere auch Ausdruck vorherrschender Weltbeziehungen. Oder anders formuliert: Im Umgang mit der Rückkehr von Wölfen setzen sich derzeit Wahrheitskonzepte durch, die auf menschlicher Vorherrschaft anstelle von Gleichwertigkeit menschlicher und tierlicher Lebewesen, auf Dominanz ökonomischer Werte anstelle ökologischer Handlungsorientierungen, auf Regulierung anstelle von Schutz und auf Kontrolle anstelle von Vertrauen und Überraschung basieren. Die Beziehungen zu den Wölfen bleiben auf diese Weise stumm. Vor diesem Hintergrund lässt sich auch die ablehnende Haltung vieler Landwirt:innen gegenüber Wölfen besser verstehen – selbst von jenen, die weder in von Wölfen besiedelten Gebieten wohnen, noch Erfahrungen mit den Tieren gemacht haben. Denn eine auf Nutzenmaximierung und Beschleunigung ausgerichtete Landwirtschaft mit dementsprechender diskursiver Materialisierung hat Einfluss auf die Resonanzfähigkeit, und zwar insofern, dass sie die Menschen von den Wölfen bzw. von Tieren im Generellen entfremdet und damit resonante Erfahrungen mit dem mehr-als-menschlichen Gegenüber unterbindet. Am Calanda allerdings gibt es Vertreter:innen der Land- und Jagdwirtschaft, die in Koexistenz mit den zurückgekehrten Wildtieren leben und sich ihnen gegenüber nicht verschließen. Ihre Überzeugungen gegenüber Wölfen basieren viel eher auf einem gleichberechtigten Verhältnis, sie passen sich den Gegebenheiten immer wieder neu an, schöpfen sogar Motivation aus ihnen und bauen auf diese Weise stabile Resonanzachsen auf. Aus ihrem offenen Weltverhältnis erklärt sich ihre uneingeschränkte Akzeptanz der rückkehrenden Tiere und ihre Bereitschaft für ein Leben in aktiver, fortwährender Veränderung.

6.2 Nichtduale Mensch-Tier-Forschung als imperfekte Kollaboration

Dieser Arbeit war es ein Anliegen, die Nichtdualität zwischen Menschen und Tieren nicht nur theoretisch-konzeptionell zu diskutieren, sondern ebenso nach den damit verbundenen Konsequenzen für unsere Form des Wissenschaft-Machens zu fragen[2]. Denn wenn Forschende nicht mehr als neutrale Beobachter:innen, sondern als Teil eines prozessual verwobenen Ganzen verstanden werden, dann hat dies Auswirkung auf den Prozess der Datenerhebung. Aus diesem Grund wurde im Rahmen der Arbeit ein Forschungsdesign entwickelt, welches mehr als die klassischen Formen der humangeographischen Wissensgenerierung umfasst und mit einem Bewusstwerden über die eigene Leiblichkeit – der Verbindungsebene und »nonverbalen Kommunikationsbasis« zwischen Mensch und Tier – verknüpft ist. Unter den gewählten Methoden waren dann Herangehensweisen wie der bereits etablierte Go-Along-Ansatz (Kusenbach 2003) sowie neu entwickelte Zugänge wie die tierzentrierte Geschichtenerzählung, die Piktogramm-Methode und die empathisch-multisensorische Beobachtung und Begehung. Diese Herangehensweisen an das Feld waren für den gewählten Forschungsgegenstand insofern hilfreich, als dass sie ein Einlassen auf menschliche und tierliche Lebenswelten und ein Verstehen von performativen Ereignissen und von verkörperten und resonanten Beziehungserfahrungen sowie von Gefühlen im Zusammensein mit Tieren möglich machten. Die Erforschung des Fühlbaren und damit schwer Ausdrückbaren zwischen Mensch und Tier stellte sich dennoch als herausfordernd heraus. Denn sie erfordert zum einen auf Seite der:des Forschenden eine (multisensorische) Offenheit im Zuge der Feldforschung, sowohl gegenüber den Tieren und deren inkorporiertem Wissen als auch gegenüber den Momenten des Plötzlichen, der Unverfügbarkeit und der Unkontrollierbarkeit, mit all den damit verbundenen Rückkopplungseffekten bzw. Affekten und Empfindungen. Und zweitens bedarf es eines Aushaltens von Unwohlsein hinsichtlich des Fassens von Gefühlen und der damit verbundenen Ungenauigkeit und auch Unvollständigkeit. Denn ist die erkenntnistheoretische Lücke zwischen dem, was wir erfahren und dem, was andere Menschen erfahren und dem, was wir leiblich spüren und dem, was wir ausdrücken können bereits gegeben, so scheint sie zwischen dem, was Wölfe oder andere Tiere fühlen und dem, was wir nachempfinden können, nochmal größer zu sein.

Vom Zusammentreffen mit Tieren und dem bewussten, multisensorischen Sein im Feld bleiben allerdings auch Forschende nicht unberührt. Sie transformieren sich ebenfalls und sind nach dem Datenerhebungsprozess nicht mehr dieselben wie zuvor. In meinem Fall waren es vor allem die gegenseitigen und

2 Teile dieses Kapitels basieren auf der Publikation Schröder (2022b).

lang anhaltenden Blicke in die Augen von Kühen und Schafen, die mich leiblich-affektiv ansprachen und die mich unsere Nutztierhaltung (einmal mehr) infrage stellen ließen. Ebenso ließen mich die multisensorischen Begehungen bzw. die Aktivierung meines vergleichsweise schwach ausgeprägten Geruch- und Gehörsinns demütig werden. Gegenüber Wölfen, gegenüber Rehen und gegenüber Herdenschutzhunden, die aufgrund ihrer ausgeprägten Sinne auf sich gegenseitig und auf uns Menschen viel schneller aufmerksam werden. Auch wenn ich im Rahmen der Feldforschung keinem Wolf direkt begegnet, sondern nur auf deren Spuren in Form von Losung und Trittsiegel gestoßen bin, hat mich das Calandarudel in leiblicher Hinsicht durchwandert und transformiert. All mein Wissen und all meine Überzeugungen, die ich in den vergangenen Jahren über die Beziehung zwischen Menschen, Wölfen und anderen Tieren generieren konnte, sind daher ko-produziert. Doch selbst wenn dem nun so ist und ich den Menschen ontologisch nicht getrennt von Tieren verstehe, bleibt die vorliegende Untersuchung eine anthropozentrische, bei der es – bedingt auch durch die vorhin angesprochene erkenntnistheoretische Lücke – mehrheitlich darum ging zu fragen, wie sich Menschen in Wechselbeziehung mit Tieren fühlen. Insofern stimme ich hier mit Bell et al. (2018: 137) überein, die die mehr-als-menschliche Forschung mit Tieren stets „nur“ als eine »imperfekte Kollaboration« verstehen.

6.3 Comics als ergänzendes Medium für mehr-als-menschliche Narrative

Denkt man die Konstitution von Mensch-Tier-Beziehungen basierend auf fühlbaren Aspekten konsequent weiter, so darf auch die adäquate Vermittlung dieser mehr-als-rationalen Dimensionen nicht unhinterfragt bleiben[3]. Denn die Übersetzung leiblich-affektiver Elemente komplexer Mensch-Tier-Verstrickungen ins lineare und wissenschaftlich dominante Textformat, ist herausfordernd. Aus diesem Grund wurde zunächst mittels der Erzählung in Form von »verwobenen Geschichten« der Versuch unternommen, die Dichte der Mensch-Wolf-Thematik näher an der Leiblichkeit und Emotionalität des Gegenstandes zu vermitteln. Darüber hinaus wurde auf die Potenziale von Comics für die Übermittlung mehr-als-menschlicher Narrative hingewiesen. Denn nicht nur die verwendeten Methoden bringen bestimmte

3 Dieses Kapitel basiert im Wesentlichen auf der Publikation Schröder (2022a).

Wirklichkeiten hervor, schließen andere aus und bestimmen so, was jeweils aufgedeckt und verstanden wird (Law 2004) – auch die Art und Weise der Kommunikation von wissenschaftlichen Erkenntnissen ist Ausdruck davon, wie Tiere und auch Menschen aufgefasst werden. Aufgrund der affektiven Materialität von Bildern gelingt es im Comic besonders gut, die körperlich-leiblichen, materiellen, diskursiven, auditiven, olfaktorischen und performativen Prozesse in Mensch-Tier-Verhältnissen simultan sichtbar und für eine breitere Öffentlichkeit zugänglich zu machen. Am Beispiel eines kollaborativ entwickelten Comics zeigte sich die Leistungsfähigkeit der bildbasierten Darstellung körperlich-leiblicher und sinnlich-emotionaler Wirklichkeiten in der Entwicklung eines tieferen Verständnisses der Verwobenheit zwischen Mensch und Tier. Denn die Anwesenheit der Wölfe am Calanda und die damit verbundene (materielle) Veränderung im Gebiet gehen durch menschliche und tierliche Körper hindurch, sie werden leiblich gespürt und ließen sich durch die comicbasierte Erzählung sichtbarer, erfahrbarer, miterlebbarer und insofern näher an der Viszeralität des Gegenstandes vermitteln. Vor diesem Hintergrund sehe ich das Potenzial von Comics in der Geographie insbesondere im Versuch danach zu fragen, wie sich Verwobenheiten zwischen Menschlichem und Mehr-als-Menschlichem neu denken und ausdrücken lassen und der affektiv-materielle Charakter von Bildern uns dabei helfen kann, zu leiblichen und viszeralen Erfahrungen von Entitäten vorzudringen, um so letztlich auch unser Verständnis für die Komplexität von Beziehungen in einer nicht-anthropozentrisch verfassten Welt zu erweitern.

So fruchtbar Comics für einen schnellen Einstieg in ein Forschungsthema und die (öffentlichkeitswirksame) Vermittlung mehr-als-menschlicher Narrative auch sein mögen, so stellen sie gleichzeitig auch eine sehr voraussetzungsvolle Art der Kommunikation dar. Denn nicht jede:r Wissenschaftler:in besitzt die Fähigkeit zu zeichnen oder ist gewillt diese zu erlernen und werden Comics in Kollaboration mit Illustrator:innen umgesetzt, sind diese mit einer hohen Kapitalintensität verbunden. Darüber hinaus lassen bilderzählerische Vermittlungen von wissenschaftlichen Erkenntnissen reichlich Interpretationsspielraum zu und können von den Leser:innen konträr zum eigentlichen Ziel des:der Forschenden wahrgenommen und reflektiert werden, weswegen Comics sich mit Fragen nach dem Präzisionsgebot konfrontiert sehen. Die Verfassung eines Begleittextes könnte hier Abhilfe leisten und die Rezeption der Empfänger:innen lenken. Es sei jedoch angemerkt, dass auch wissenschaftliche Texte eine Reduktion und Abstraktion von empirischen Daten darstellen und durch die Lesenden unterschiedlich interpretiert werden können. Vielleicht bedarf es an der Stelle einen Perspektivenwechsel, der Visualisierungen in der Kommunikation von Forschung weniger als Reduktion, sondern als Erweiterung auffasst. Comics könnten dann für eine andere Art der Präzision stehen, beispielsweise für eine, die relationale und nicht unmittelbar auf Sprache basierte Prozesse vielmehr auf den Punkt bringt. Vor diesem Hintergrund halte ich eine Diskussion über den Comic als allein- bzw. nicht-alleinstehendes wissenschaftliches Kommunikationsmittel in der Geographie für lohnenswert. Genauso sehe ich eine Reflexion über die Rolle der eigenen Situiertheit und der visuellen Sozialisierung von Comiczeichnenden für die Art und Weise comicbasierter Übersetzung für erforderlich, oder wie damit umzugehen ist, wenn Comics widersprüchliche Gefühle und/oder Reaktionen hervorrufen, die nicht beabsichtigt waren. Ich denke das Thema Comics in der Geographie bietet eine Reihe offener Fragen und unbehandelter Themen, die es künftig zu bearbeiten gilt und dass wir uns erst am Anfang einer Debatte zur Transformation von Wissenschaftskommunikation befinden, die uns in den nächsten Jahren begleiten wird.

6.4 Die Rückkehr von Wölfen als Chance zur Neuorientierung

Wie diese Arbeit zeigen konnte, ist die Koexistenz zwischen Menschen und Wölfen von körperlich-leiblichen und viszeralen Aspekten geprägt, die ganz wesentlich die Einstellungen der Menschen zu den Tieren sowie die Dynamiken und Konflikte zwischen den Entitäten mitbestimmen. Indem diese nonverbale Dimension in dem Verhältnis zwischen Mensch und Wolf in den Fokus rückt, lässt sich deren Beziehung und insofern auch der aktuelle Umgang mit den Tieren neu denken. So geht aus den durchgeführten transaktions-, intraaktions- und resonanztheoretischen Analysen erstens hervor, dass Menschen mit Wölfen und anderen Tieren stärker verbunden sind, als bisher angenommen. Wölfe durchwandern uns, sie transformieren uns, so wie auch wir durch ihre Leiber hindurchgehen und in ihnen Veränderungsprozesse auslösen. Zweitens, entlarven die gewählten theoretischen Perspektiven die vermeintliche Übermachtstellung der Menschen gegenüber Tieren als empirisch nicht validen Kontroll- und Beherrschungsanspruch, womit das in westlichen Gesellschaften verbreitete Bild des Menschen in einer Masterfunktion, erschüttert wird.

Vor diesem Hintergrund stellt die vorliegende Arbeit eine Einladung dar, sich von alten Überzeugungen zu verabschieden, um so offen für neue Möglichkeiten des Zusammenlebens mit Wölfen zu werden. Insofern geht es mir nicht nur darum, Menschen und Tiere sowie deren Verhältnisse zueinander neu zu denken, sondern auch zu überlegen, welche Konsequenzen im Bereich des Handelns aus diesem neuen Denken folgen können. Oder anders ausgedrückt: Wodurch kennzeichnet sich eine mehr-als-menschliche Gesellschaft, in der man sich der Relationalität von Entitäten und der nicht vollständigen Beherrschbarkeit von Lebewesen bewusst ist und in der Wölfe nicht oppositionelle, sondern Mit-Wesen darstellen?

In einer solchen würden die Menschen anstatt auf die Beherrschung von Tieren zu setzen und sich damit den Lebewesen zu verschließen, dynamische Veränderungen im Mensch-Wolf-Gefüge akzeptieren und für Neues in Zusammenhang mit tierlichen Lebewesen offen sein. Wandel und Überraschung sowie die Akzeptanz der nur eingeschränkten Kontrolle über natürliche Prozesse und Entwicklungen wären dann der Normalfall und lösten die vorherrschende Fixierung auf vermeintlich existierende, stabile Gleichgewichte in der Natur und die daraus resultierende Sicherheit für Menschen ab. Anstelle der Verfügbarmachung von Welt bzw. von Tieren würde deren Unbestimmtheit akzeptiert und allen Lebewesen eine Existenzberechtigung zugestanden werden (nicht nur dann, wenn sie dem Menschen nützlich oder niedlich erscheinen). Ein Wildtiermanagement vor dem Hintergrund dieser Werte wäre nicht darauf konzentriert, Wölfe zu erfassen, zu kategorisieren und zu eliminieren. Vielmehr stünden Aktivitäten im Bereich der Umweltbildung im Fokus und die Frage, inwiefern bzw. in welchen Bereichen sich Menschen zur Erholung der Wolfspopulation zurücknehmen könnten. Ähnlich wie dies am Calanda bereits geschieht, würde außerdem auf flächendeckenden Herdenschutz gesetzt werden, da sich dieser – wie die Erfahrungen der vergangenen Jahre zeigen – praktisch bewährt hat. »Wolfsfreie Zonen« anstelle von Herdenschutz wären in einer mehr-als-menschlichen Kulturlandschaft der Verbindung niemals eine Lösung. Denn solche Vorschläge stehen für eine Gesellschaft, die in der vermeintlichen Erhabenheit über Tiere nach kurzfristigen Lösungen sucht, ohne mit Weitblick zu sehen, dass nach jedem getöteten Wolf ein nächster kommt. Weder für die Menschen, noch für die zu Schaden kommenden Wölfe und Nutztiere ist solch ein Weg der Eliminierung von langfristigem Nutzen. Gleichzeitig ist er auch in moralischer Hinsicht nicht vertretbar.

In einer mehr-als-menschlichen Gesellschaft, in der tierliche Interessen nicht jenen von Menschen untergeordnet werden, liegt der Schlüssel für eine gelingende Koexistenz daher immer in der Verbindung zueinander und nicht in der Entfremdung voneinander. Aus diesem Grund würden die Reaktionen auf Begegnungen in Siedlungsnähe oder auf Wildtier- oder Nutztierrisse nicht der Logik der Empörung unterliegen, sondern der Logik von Verstehenwollen, um mit den Veränderungen mitgehen und an ihnen wachsen zu können. Die Entwicklung eines Verständnisses für wölfische Aktivitäten bedeutet an der Stelle nicht diese für gut zu heißen, sondern ein Sich-Öffnen gegenüber anderen Lebenswelten und gegenüber anderen Rhythmen des In-der-Welt-Seins. Eine solche Haltung gegenüber den Aktivitäten von Wölfen impliziert eine Lebendigkeit für verschiedene Möglichkeiten des Werdens. Sie regt nicht nur dazu an, den spezifischen Momenten leiblicher Verbundenheit mit Wölfen aufmerksam zu begegnen, sondern bedeutet zugleich eine Befähigung, aus gewohnten Mustern auszubrechen und damit Zukunft alternativ zu gestalten. Im Sinne einer Verantwortung in und mit der Welt, die sich dadurch auszeichnet, neue, nachhaltige, moralisch vertretbare und sowohl für menschliche als auch tierliche Entitäten nützliche(re) Wege einzuschlagen. Insofern birgt die Rückkehr von Wölfen eine Chance zur Neuorientierung sowie ein Potenzial, lange beobachtete Probleme anzugehen. Zum Teil geschieht dies in manchen Regionen schon heute, indem beispielsweise Schafe nicht mehr sich selbst überlassen, sondern (wieder) von Menschen oder Tieren behirtet bzw. beschützt werden, touristische Angebote rund um die rückkehrenden Wölfe entstehen, oder im Waldmanagement sowie hinsichtlich der schwer zu erreichenden Abschusszahlen eine »Wolfsadaption« stattfindet. Hieraus ergeben sich neue diskursive Materialisierungen von Wölfen, da in den Beziehungsgefügen nun nicht mehr Konflikte, sondern Antwortverhältnisse im Mittelpunkt stehen. Dass die Tiere dann auch mal völlig anders als erwartet antworten – beispielsweise indem sie geschützte Schafe erbeuten, in die Nähe von Siedlungen gelangen, in Ställe eindringen, keine Spuren hinterlassen, keinen Nachwuchs zeugen, oder ihr Rudel auflösen – ist auf ihre Unbestimmtheit zurückführbar. Anstatt diesen Entwicklungen mit sofortiger Disziplinierung zu begegnen, die Wölfe verfügbar zu machen und sich ihnen gegenüber damit zu verschließen, wird auf Toleranz und Vertrauen gesetzt. Wird das gegenüber der Wölfe aufgebrachte Vertrauen beschädigt, so ließen sich durch einen zuvor erarbeiteten Wertekatalog, der auf dem Grundsatz des Strebens nach Lebenserhaltung aller Lebewesen basiert, die Konsequenzen für das weitere Vorgehen ableiten. Wie so ein mehr-als-menschliches und nichtduales Wertesystem konkret aussehen könnte, welche Stellschrauben für einen Wandel in den Weltverhältnissen zu drehen sind und inwiefern die Praxis der Jagd in der Hinsicht neu gedacht werden muss bzw. entsprechender Veränderungen bedarf, um in einer mehr-als-menschlichen Gesellschaft des Verbundenseins legitimierbar zu bleiben, könnte Gegenstand zukünftiger Forschung sein. In jedem Fall würden die mit den Wölfen verbundenen Überraschungen als wichtige Ressourcen angesehen werden, um sich lebendig und selbstwirksam zu erfahren und um aus dieser Offenheit gegenüber der Mitwelt Kraft für Neues zu schöpfen.

Literatur

Aalders, J. T., Moraa, A., Oluoch-Olunya, N. A. & Muli, D. (2020): Drawing together: making marginal futures visible through collaborative comic creation (CCC). In: Geographica Helvetica 75(4), 415–430.

Ahne, P. (2016): Wölfe. Ein Portrait. Berlin: Matthes & Seitz.

AJF – Amt für Jagd und Fischerei (2014–2019): Jahresberichte Wolf im Kanton Graubünden. Chur.

AJF – Amt für Jagd und Fischerei (2017): Wölfe im Kanton Graubünden 2016. Chur.

AJF – Amt für Jagd und Fischerei (2022): Wölfe reißen Mutterkuh. https://www.gr.ch/DE/Medien/Mitteilungen/MMStaka/2022/Seiten/2022070901.aspx (zuletzt abgerufen am 27.07.2022).

AJF – Amt für Jagd und Fischerei (2023): Quartalsbericht Großraubtiere 3 – 2023. Chur.

Alaimo, S. (2008): Trans-corporeal feminisms and the ethical space of nature. In: Alaimo S. & Hekman, S. (Eds.): Material feminisms. Bloomington, IN: Indiana University Press, 237–264.

Alam, A., McGregor, A. & Houston, D. (2018): Photo-response: Approaching participatory photography as a more- than-human research method. In: Area 50(2), 256–265.

Albright, A. C. (1997): Choreographing difference: The body and identity in contemporary dance. Hanover, NH: Wesleyan University Press.

Amt für Landwirtschaft und Geoinformation (2022): Sömmerungsbeiträge 2022. Auszug aus der Verordnung über die Direktzahlungen an die Landwirtschaft. https://www.gr.ch/DE/institutionen/verwaltung/dvs/alg/dokumentation/agrarmassnahmen/Dokumentliste%20Agrarmassnahmen/Weisungen_Soemmerungsbeitraege_de.pdf (zuletzt abgerufen am 19.07.2022).

Anderson, B. (2006): Becoming and being hopeful: towards a theory of affect. In: Environment and Planning D: Society and space 24(5), 733–752.

Anderson, B., Kearnes, M., McFarlane, C. & Swanton, D. (2012): On assemblages and geography. In: Dialogues in Human Geography 2(2), 171–189.

Aradau, C. (2010): Security that matters: Critical infrastructure and objects of protection. In: Security dialogue 41(5), 491–514.

Arbieu, U., Albrecht, J., Mehring, M., Bunnefeld, N., Reinhardt, I. & Mueller, T. (2020): The positive experience of encountering wolves in the wild. In: Conservation Science and Practice, 2(5), e184, doi: 10.1111/csp2.184.

Arcari, P. (2019): ›Dynamic‹ Non-human Animals in Theories of Practice: Views from the Subaltern. In: Maller, C. & Strengers, Y. (Hg.): Social Practices and Dynamic Non-Humans. Basingstoke: Palgrave Macmillan, 63–86.

Archer, M. S. (1995): Realist social theory. The morphogenetic approach. Cambridge, NY: Cambridge University Press.

Arnreiter, G. & Weichhart, P. (1998): Rivalisierende Paradigmen im Fach Geographie. In: Schurz, G. & Weingartner, P. (Hg.): Koexistenz rivalisierender Paradigmen. Eine post-kuhnsche Bestandsaufnahme zur Struktur gegenwärtiger Wissenschaft. Opladen: Westdeutscher, 53–85.

Arnold, W., Beiglböck, C., Burmester, M., Guschlbauer, M., Lengauer, A., Schröder, B., Wilkens, M. & Breves, G. (2015): Contrary seasonal changes of rates of nutrient uptake, organ mass, and voluntary food intake in red deer (Cervus elaphus). In: American Journal of Physiology-Regulatory, Integrative and Comparative Physiology 309(3), 277–285.

Atchison, J. (2019): Between disgust and indifference: Affective and emotional relations with carp (Cyprinus carpio) in Australia. In: Transactions of the Institute of British Geographers 44(4), 735–748.

Ausilio, G., Sand, H., Månsson, J., Mathisen, K. M. & Wikenros, C. (2021): Ecological effects of wolves in anthropogenic landscapes: the potential for trophic cascades is context-dependent. In: Frontiers in Ecology and Evolution 8, 577963, doi: 10.3389/fevo.2020.577963.

BAFU – Bundesamt für Umwelt (2016): Konzept Wolf Schweiz. Vollzugshilfe des BAFU zum Wolfsmanagement in der Schweiz. https://www.bafu.admin.ch/bafu/de/home/themen/biodiversitaet/publikationen-studien/publikationen/konzept-wolf-schweiz.html (zuletzt abgerufen am 24.03.2022).

BAFU – Bundesamt für Umwelt (2019): Vollzugshilfe Herdenschutz. Vollzugshilfe zur Organisation und Förderung des Herdenschutzes sowie zur Zucht, Ausbildung und zum Einsatz von offiziellen Herdenschutzhunden. https://www.protectiondestroupeaux.ch/fileadmin/doc/Anhang

_Richtlinie_HS/VH_2021/de_BAFU_UV_1902_Her-denschutz_bf.pdf (zuletzt abgerufen am 19.07.2022).

Barad, K. (2003): Posthumanist performativity: Toward an understanding of how matter comes to matter. In: Signs: Journal of Women in Culture and Society 28(3), 801–831.

Barad, K. (2007): Meeting the universe halfway: Quantum physics and the entanglement of matter and meaning. Durham: Duke University Press.

Barad, K. (2012): Agentieller Realismus. Über die Bedeutung materiell-diskursiver Praktiken. Berlin: Suhrkamp.

Barad, K. (2013): Diffraktionen: Differenzen, Kontingenzen und Verschränkungen von Gewicht. In: Bath, C., Meißner, C., Trinkaus, S. & Völker, S. (Hg.): Geschlechter Interferenzen. Wissensformen – Subjektivierungsweisen – Materialisierungen. Berlin: LIT Verlag, 27–68.

Barad, K. (2014): On touching – the inhuman that therefore I am (v1.1). In: Witzgall, S. & Stakemeier, K. (Eds.): Power of material/politics of materiality. Zürich: Diaphanes, 153–164.

Barad, K. (2015): Verschränkungen. Berlin: Merve Verlag.

Barnes, T. J. (2008): American pragmatism: Towards a geographical introduction. In: Geoforum 39(4), 1542–1554. Barnes, T. J. & Sheppard, E. (2010): Nothing includes everything: towards engaged pluralism in Anglophone economic geography. In: Progress in Human Geography 34(2), 193-214.

Barnett, C. & Bridge, G. (2013): Geographies of radical democracy: Agonistic pragmatism and the formation of affected interests. In: Annals of the Association of American Geographers 103(4), 1022–1040.

Barua, M. (2016): Lively commodities and encounter value. In: Environment and Planning D: Society and Space 34(4), 725–744.

Barua, M. (2017): Nonhuman labour, encounter value, spectacular accumulation: The geographies of a lively commodity. In: Transactions of the Institute of British Geographers 42(2), 274–288.

Bear, C. (2011): Being Angelica? Exploring individual animal geographies. In: Area 43(3), 297-304.

Bear, C. & Eden, S. (2011): Thinking like a fish? Engaging with nonhuman difference through recreational angling. In: Environment and Planning D: Society and Space 29(2), 336–352.

Bear, C. & Holloway, L. (2019): Beyond resistance: Geographies of divergent more-than-human conduct in robotic milking. In: Geoforum 104, 212–221.

Bear, C., Wilkinson, K. & Holloway, L. (2017): Visualizing human-animal-technology relations: Field notes, still photography, and digital video on the robotic dairy farm. In: Society & Animals 25(3), 225–256.

Beatens, J. & Surdiacourt, S. (2011): How to ›read‹ images with texts: The graphic novel case. In: Margolis, E. & Pauwels, L. (Eds.): The SAGE Handbook of visual research methods. London: SAGE Publications, 590–600.

Beckerman, A. P., Uriarte, M. & Schmitz, O. J. (1997): Experimental evidence for a behavior-mediated trophic cascade in a terrestrial food chain. In: Proceedings of the National Academy of Sciences 94(20), 10735–10738.

Bekoff, M. (2007): The Emotional Lives of Animals. Novato: New World Library.

Beljan, J. (2017): Schule als Resonanzraum und Entfremdungszone. Eine neue Perspektive auf Bildung. Weinheim: Beltz Juventa.

Bell, S. J., Instone, L. & Mee, K. J. (2018): Engaged witnessing: Researching with the more-than-human. In: Area 50(1), 136–144.

Bennett, J. (2004): The force of things: Steps towards an ecology of matter. In: Political Theory 32, 347–372.

Bennett, J. (2010): Vibrant matter. A political ecology of things. Durham: Duke University Press.

Bergson, H. (2002): Key Writings. London: Continuum.

Berner Oberländer (2021): Schafe vorzeitig von der Alp geholt. https://www.berneroberlaender.ch/schafe-vorzeitig-von-der-alp-geholt-103820937389 (zuletzt abgerufen am 31.01.2022).

Bernstein, R. J. (1989): Pragmatism, pluralism and the healing of wounds. In: Proceedings and Addresses of the American Philosophical Association 63(3), 5–18.

Birke, L., Bryld, M. & Lykke, N. (2004): Animal performances. An exploration of intersections between feminist science studies and studies of human/animal relationships. In: Feminist Theory 5(2), 167–183.

Bisi, J., Kurki, S., Svensberg, M. & Liukkonen, T. (2007): Human dimensions of wolf (Canis lupus) conflicts in Finland. In: European Journal of Wildlife Research 53(4), 304–314.

BLV – Bundesamt für Lebensmittelsicherheit und Veterinärwesen (2017): Schmerzhafte Eingriffe bei Schafen. https://www.blv.admin.ch/blv/de/home/tiere/tierschutz/nutztierhaltung/schafe/eingriffe-schaf.html (zuletzt abgerufen am 01.08.2022).

Bonato, P. (2012): Das bunte Buch verhaltensgestörter Tiere. Wien: Luftschacht Verlag.

Bonato, P. & Schröder, V. (2020): Comic: Die Rückkehr der Wölfe in die alpine Kulturlandschaft (Teaser/Vorschaukapitel). https://www.researchgate.net/publication/355395774_Comic_Die_Ruckkehr_der_Wolfe_in_die_alpine_Kulturlandschaft (zuletzt abgerufen am 17.06.2022).

Bondi, L.: (2005): Making connections and thinking through emotions: between geography and psychotherapy. In: Transactions of the Institute of British Geographers 30, 433–448.

Bösel, B. (2017): Affektive Differenzen, oder: Zwischen Insonanz und Resonanz. In: Peters, C. H. & Schulz, P. (Hg.): Resonanzen und Dissonanzen. Hartmut Rosas kritische Theorie in der Diskussion. Bielefeld: transcript, 33–51.

BR – Bayerischer Rundfunk (2022): Gericht: Wolf darf nicht geschossen werden. https://www.br.de/nachrichten/bayern/wolf-darf-vorerst-nicht-geschossen-werden,SvACk5K (zuletzt abgerufen am 16.02.2022).

Braidotti, R. (2013): The Posthuman. Cambridge: Polity Press.

Brandt, K. (2004): A language of their own: An interactionist approach to human–horse communication. In: Society & Animals 12(4), 299–316.

Braun, B. (2004): Modalities of posthumanism. In: Environment and Planning A 36, 1352-1355.

Braun, B. (2005): Environmental issues: writing a more-than-human urban geography. In: Progress in Human Geography 29(5), 635–650.

Bridge, G. (2008): City senses: On the radical possibilities of pragmatism in geography. In: Geoforum 39(4), 1570- 1584.

Bridge, G. (2013): A transactional perspective on space. In: International Planning Studies 18(3-4), 304-320.

Bridge, G. (2014): On marxism, pragmatism and critical urban studies. In: International journal of urban and regional research 38(5), 1644–1659.

Bridge, G. (2020): Habit, experience and environment: A pragmatist perspective. In: Environment and Planning D: Society and Space 38(2), 345–363.

Bridge, G. (2021): On pragmatism, assemblage and ANT: Assembling reason. In: Progress in Human Geography 45(3), 417–435.

Brosi, G. & Jenny, H. (2016): Wölfe im Kanton Graubünden 2015. Erfahrungen des Amtes für Jagd und Fischerei. Chur.

Browne, A., Medd, W. & Anderson, B. (2013): Developing novel approaches to tracking domestic water demand under uncertainty. A reflection on the »up scaling« of social science approaches in the United Kingdom. In: Water Res. Management 27(4), 1013–1035.

Bruckner, H. (2018): Beyond happy meat: Body mapping (dis)connections to animals in alternative food networks. In: Area 50(3), 322–330.

Bruckner, H., Colombino, A. & Ermann, U. (2019): Naturecultures and the affective (dis)entanglements of happy meat. In: Agriculture and Human Values 36, 35–47.

Bruns, A., Waltert, M. & Khorozyan, I. (2020): The effectiveness of livestock protection measures against wolves (Canis lupus) and implications for their co-existence with humans. In: Global Ecology and Conservation 21, e00868, doi: 10.1016/j.gecco.2019.e00868.

Buchstein, H. (2018): Auf dem Weg zur Postwachstumsgesellschaft–Von der Resonanztheorie zur aleatorischen Demokratie. In: Berliner Journal für Soziologie 28(1), 209–236.

Buller, H. (2008): Safe from the wolf: biosecurity, biodiversity, and competing philosophies of nature. In: Environment and Planning A 40(7), 1583–1597.

Buller, H. (2014): Animal geographies I. In: Progress in Human Geography 38(2), 308-318.

Buller, H. (2015): Animal geographies II: Methods. In: Progress in Human Geography 39(3), 374–384.

Buller, H. (2016): Animal geographies III: Ethics. In: Progress in Human Geography 40(3), 422–430.

Burghardt, G. M. (2007): Amending Tinbergen: A fifth aim for ethology. In: Mitchell, R., Thompson, N. S. & Miles, L. (Eds.): Anthropomorphism, Anecdote, and Animals: The Emperor's New Clothes? Albany: SUNY Press, 254-276.

Castree, N. & Nash, C. (2006): Posthuman geographies. In: Social & Cultural Geography 7(4), 501-504.

Christensen, J. F., Gomila, A., Gaigg, S. B., Sivarajah, N. & Calvo-Merino, B. (2016): Dance expertise modulates behavioral and psychophysiological responses to affective body movement. In: Journal of Experimental Psychology: Human Perception and Performance 42(8), 1139–1147.

Collard, R. C. (2012): Cougar-human entanglements and the biopolitical un/making of safe space. In: Environment and Planning D: Society and Space 30(1), 23–42.

Collard, R. C. (2016): Electric elephants and the lively/lethal energies of wildlife documentary film. In: Area 48(4), 472–479.

Colombino, A. & Ermann, U. (2022): Mehr als Menschen essen – mehr als menschliches Essen. Perspektiven nicht-anthropozentrischer Nahrungsgeographien. In: Steiner, C., Rainer, G., Schröder, V. & Zirkl, F.

(Hg.): Mehr-als-menschliche Geographien. Schlüsselkonzepte, Beziehungen und Methodiken. Stuttgart: Franz Steiner Verlag, 243–270, doi: 10.25162/9783515132305-010.

Colombino, A. & Giaccaria, P. (2016): Dead liveness/living deadness: Thresholds of non-human life and death in biocapitalism. In: Environment and Planning D: Society and Space 34(6), 1044–1062.

Cutchin, M. P. (1999): Qualitative explorations in health geography: using pragmatism and related concepts as guides. In: The Professional Geographer 51(2), 265-274.

Cutchin, M. P. (2001): Deweyan integration: moving beyond place attachment in elderly migration theory. In: The International Journal of Aging and Human Development 52(1), 29–44.

D'Ambrosio, P. J. (2019): From present to presentation: A philosophical critique of Hartmut Rosa's »situational identity«. In: Time & Society 28(3), 1061–1083.

Daniel, A. (2017): Resonanz in der Praxis – eine praxistheoretische Betrachtung. In: Peters, C. H. & Schulz, P. (Hg.): Resonanzen und Dissonanzen. Hartmut Rosas kritische Theorie in der Diskussion. Bielefeld: transcript, 87–103.

Davies, G. & Dwyer, C. (2007): Qualitative methods: are you being enchanted or are you alienated. In: Progress in Human Geography 31(2), 257–266.

Dawkins, M. S. (2012): Why animals matter: Animal consciousness, animal welfare, and human well-being. Oxford: Oxford University Press.

Deleuze, G. & Guattari, F. (1987): Thousand plateaus: Capitalism and schizophrenia. Minneapolis: University of Minnesota Press.

Der Standard (2020): Wie im Tiroler Oberland Lamas Schafe vor dem Wolf beschützen. https://www.derstandard. at/story/2000119399743/wie-im-tiroler-oberland-lamas-schafe-vor-dem-wolf-beschuetzen (zuletzt abgerufen am 16.02.2022)

Der Standard (2021): Hartmut Rosa: »Durch Digitalisierung geht etwas verloren«. https://www.derstandard.at/sto-ry/2000131680747/hartmut-rosa-durch-digitalisierung-geht-etwas-verloren (zuletzt abgerufen am 11.04.2022).

Derrida, J. (2008): The animal therefore that I am. New York: Fordham University Press.

Deutscher Bundestag (2019): Rechtslage zum Umgang mit dem Wolf in ausgewählten Staaten der Europäischen Union. https://www.bundestag.de/

resource/blob/627896/79e3399f6394cbbff1956e0ab9def67b/WD-5-160-18-pdfdata.pdf (zuletzt abgerufen am 24.03.2022).

Dewey, J. (1958) [1929]: Experience and Nature. New York: Dover. Dewey, J. (1995): Erfahrung und Natur. Frankfurt a.M.: Suhrkamp.

Dewey, J. (1996): The Collected Works of John Dewey, 1882–1953 (electronic edition). Charlottesville: InteLex.

Dewey, J. (2001): Die Suche nach Gewissheit. Eine Untersuchung des Verhältnisses von Erkenntnis und Handeln. Frankfurt a.M.: Suhrkamp.

Dewey, J. & Bentley, A. F. (1949): Knowing and the Known. Boston: Beacon. In: Boydston, J. A. & Hickman, L.A. (Eds.): The Collected Works of John Dewey, 1882–1953 (electronic edition) (1996). Charlottesville: InteLex, LW.16.1-298.

de Waal, F. B. M. (2012): The antiquity of empathy. In: Science 336(6083), 874-876.

de Waal, F. B. M. (2020): Mama's last hug. Animal emotions and what they tell us about ourselves. New York: Norton.

Die Presse (2016): Hartmut Rosa: Rennen, nur um auf der Stelle zu treten«. https://www.diepresse.com/5087094/hartmut-rosa-rennen-nur-um-auf-der-stelle-zu-treten (zuletzt abgerufen am 11.04.2022).

Die ZEIT (2014): »Hier kann ich ganz sein, wie ich bin«. https://www.zeit.de/2014/34/hartmut-rosa-ich-gefuehl (zuletzt abgerufen am 11.04.2022).

Die ZEIT (2020): »Es war nicht das Virus, das uns angehalten hat«. https://www.zeit.de/zeit-magazin/2020-04/hartmut-rosa-coronavirus-gesellschaft-wirtschaftssystem (zuletzt abgerufen am 11.04.2022).

Dirksmeier, P. & Helbrecht, I. (2008): Time, non-representational theory and the »performative turn«: Towards a new methodology in qualitative social research. In: Forum Qualitative Sozialforschung 9(2), Art. 55.

Dirksmeier, P. & Helbrecht, I. (2013): Die Beobachtung der Situation: Zur Rolle von Affekten in Begegnungen zwischen Fremden. In: Geographische Zeitschrift 101(2), 65–81.

Dittmer, J. (2007a): The tyranny of the serial: Popular geopolitics, the nation, and comic book discourse. In: Antipode 39(2), 247–268.

Dittmer, J. (2007b): America is safe while its boys and girls believe in its creeds: Captain America and American identity prior to World War 2. In: Environment and Planning D: Society and Space 25(3), 401–423.

Dittmer, J. (2010): Comic book visualities: a methodological manifesto on geography, montage, and narration. In: Transactions of the Institute of British Geographers 35(2), 222–236.

Dittmer, J. (2014): Comic book geographies. Stuttgart: Franz Steiner Verlag.

Dittmer, J. & Latham, A. (2015): The rut and the gutter: space and time in graphic narrative. In: cultural geographies 22(3), 427–444.

Dodds, K. (1996): The 1982 Falklands War and a critical geopolitical eye: Steve Bell and the if… cartoons. In: Political Geography 15(6-7), 571–592.

Dolphijn, R. & van der Tuin, I. (2012): New Materialism. Interviews & Cartographies. Ann Arbor: Open Humanities Press.

Dörfler, T. & Rothfuß, E. (2018): Lebenswelt, Leiblichkeit und Resonanz: eine raumphänomenologisch-rekonstruktive Perspektive auf Geographien der Alltäglichkeit. In: Geographica Helvetica 73(1), 95–107.

Dorresteijn, I., Schultner, J., Nimmo, D. G, Fischer, J., Hanspach, J., Kuemmerle, T., Kehoe, L. & Ritchie, E. (2015): Incorporating anthropogenic effects into trophic ecology: Predator-prey interactions in a human dominated landscape. In: Proceedings of the Royal Society B: Biological Sciences 282(1814), doi: https://doi.org/10.1098/rspb.2015.1602.

Dowling, R., Lloyd, K. & Suchet-Pearson, S. (2017): Qualitative methods II: ›More-than-human‹ methodologies and/in praxis. In: Progress in Human Geography 41(6), 823–831.

Dresing, T. & Pehl, T. (2013): Praxisbuch Interview, Transkription & Analyse. Anleitung und Regelsysteme für qualitative Forschende. Marburg: Eigenverlag.

Duffy, M., Waitt, G. & Harada, T. (2016): Making sense of sound. Visceral sonic mapping as a research tool. In: Emotion, Space and Society 20, 49–57.

Dzudzek, I. & Strüver, A. (2022): Verkörperungen (Embodiments). In: Steiner, C., Rainer, G., Schröder, V. & Zirkl, F. (Hg.): Mehr-als-menschliche Geographien. Schlüsselkonzepte, Beziehungen und Methodiken. Stuttgart: Franz Steiner Verlag, 109–130 doi: 0.25162/9783515132305-005.

Eidgenössische Jagdstatistik (2022a): Jagdbare Huftiere, 2011–2020. https://www.jagdstatistik.ch/de/statistics?tt=0&dt=0&at=0&st=0&dp=0&ar=GR&th=1&yr%5Bfrom%5D=2011&yr%5Bto%5D=2020&sp=401 (zuletzt abgerufen am 23.07.2022).

Eidgenössische Jagdstatistik (2022b): Fallwild Rothirsch und Reh, 2011–2020. https://www.jagdstatistik.ch/de/statistics?tt=0&dt=0&at=0&st=0&dp=0&ar=GR&th=9&yr%5Bfrom%5D=2011&yr%5Bto%5D=2020&sp=1 (zuletzt abgerufen am 23.07.2022).

Egner, H. (2019): Mattering Matter in Radical Constructivism. In: Hug, T., Mitterer, J. & Schorner, M. (Eds.): Ernst von Glasersfeld (1917–2010). Radical Constructivism – Past, Presence and Future. Innsbruck: Universität Innsbruck Press, 351–365.

Egner, H. (2020): Das »Modell des Wasserkreislaufs«. Weder nachhaltig noch global gültig. In: Sippl, C., Rauscher, E. & Scheuch, M. (Hg.): Das Anthropozän lernen und lehren (= Pädagogik für Niederösterreich 9). Innsbruck, Wien: Studienverlag, 69–80.

Egner, H. (2022): An der Schwelle zur nächsten»kopernikanischen Wende«? Konturen einer neuen Kosmologie im Anthropozän. In: Steiner, C., Rainer, G., Schröder, V. & Zirkl, F. (Hg.): Mehr-als-menschliche Geographien. Schlüsselkonzepte, Beziehungen und Methodiken. Stuttgart: Franz Steiner Verlag, 343–366, doi: 10.25162/9783515132305-014.

Ehret, S. (2020): Understanding the return of wolves. An educational scheme for discussing a multidimensional phenomenon. In: Heyer, M. & Hose, S. (Hg.): Encounters with wolves: dynamics and futures. Bautzen: Sorbisches Institut Bautzen, 137–153.

Eisenberg, C. (2013): The wolf's tooth: keystone predators, trophic cascades, and biodiversity. Washington, London: Island Press.

Erickson, D. L. (2011): Intuition, telepathy, and interspecies communication: a multidisciplinary perspective. In: NeuroQuantology 9, 145–152.

Eriksson, M. (2016): Changing attitudes to Swedish wolf policy: wolf return, rural areas, and political alienation. (Dissertation, Umeå University).

Eriksson, M., Sandström, C. & Ericsson, G. (2015): Direct experience and attitude change towards bears and wolves. In: Wildlife Biology 21(3), 131–137.

Everts, J. (2022): Praxistheoretische Zugänge für eine mehr-als-menschliche Geographie. In: Steiner, C., Rainer, G., Schröder, V. & Zirkl, F. (Hg.): Mehr-als-menschliche Geographien. Schlüsselkonzepte, Beziehungen und Methodiken. Stuttgart: Franz Steiner Verlag, 71–86, doi: 10.25162/9783515132305-003.

Fabbri-Destro, M. & Rizzolatti, G. (2008): Mirror neurons and mirror systems in monkeys and humans. In: Physiology 23(3), 171–179.

Fall, J. J. (2014): Put your body on the line: Autobiographical comics, empathy and plurivocality. In: Dittmer, J. (Ed.): Comic book geographies. Stuttgart: Franz Steiner Verlag, 91–108.

Fall, J. J. (2020a): Fenced in. In: Environment and Planning C: Government and Policy 38(5), 771-794.

Fall, J. J. (2020b): »Dear Carl«: thinking visually and geographically about public figures. In: Geographica Helvetica 75(4), 337–348.

Fall, J. J. (2021): Worlds of vision: thinking geographically through comics. In: ACME: An International E-Journal for Critical Geographies 20(1), 17–33.

Fenske, M. & Tschofen, B. (2020a): Managing the return of the wild. Human encounters with wolves in Europe. London: Routledge.

Fesmire, S. (2004): Dewey and animal ethics. In: McKenna, E. & Light, A. (Eds.): Animal pragmatism: Rethinking human-nonhuman relationships. Bloomington: Indiana University Press, 43–62.

Figari, H. & Skogen, K. (2011): Social representations of the wolf. In: Acta Sociologica 54(4), 317-332.

Finlay, J. M. & Rowles, G. D. (2021): Clinical geography: A proposal to embrace space, place and wellbeing through person-centered practice. In: Wellbeing, Space and Society 2, doi: 10.1016/j.wss.2021.100035.

Fischer, C. (2018): Revisiting feminist matters in the post-linguistic turn: John Dewey, new materialisms, and contemporary feminist thought. In: Fischer, C. & Dolezal, L. (Eds.): New Feminist Perspectives on Embodiment. London: Palgrave Macmillan, 83–102.

Fitsch, H. & Engelmann, L. (2013): Das Bild als Phänomen. Visuelle Argumentationsweisen und ihre Logiken am Beispiel von Sichtbarmachungen des »AIDS-Virus« und der funktionellen MRT. In: Lucht, P., Schmidt, L.-M. & Tuma, R. (Hg.): Visuelles Wissen und Bilder des Sozialen. Aktuelle Entwicklungen in der Soziologie des Visuellen. Wiesbaden: Springer, 213–230.

Flack, A. (2016): Lions loose on a gentleman's lawn: Animality, authenticity and automobility in the emergence of the English safari park. In: Journal of Historical Geography 54, 38–49.

Fleischmann, L. (2020): Mehr-als-menschliche Grenzen: Die Neuverhandlung des europäischen Grenzregimes im Kontext der Afrikanischen Schweinepest. In: Caesar, B., Hollstegge, J., Weber, F. & Wille, C. (Hg.): Geographien der Grenzen. Räume – Ordnungen – Verflechtungen. Heidelberg: Springer, 249–267.

Fleischmann, L. (2022): More-than-human bordertextures. Thinking viruses and animals as border agents. In: Wille, C., Fellner, A. & Nossem, E. (Eds.): Bordertextures – a complexity approach to cultural border studies. Bielefeld: transcript, doi: 10.13140/RG.2.2.18179.22565.

Fletcher, T. & Platt, L. (2018): (Just) a walk with the dog? Animal geographies and negotiating walking spaces. In: Social & Cultural Geography 19(2), 211–229.

Flick, U. (2000): Episodic Interviewing. In: Bauer, M. & Gaskell, G. (Eds.): Qualitative Researching with Text, Image and Sound: A Practical Handbook. London: SAGE, 75–92.

Flick, U. (2009) An introduction to qualitative research. London: SAGE Publications.

Flowers, E. (2017): Experimenting with comics making as inquiry. In: Visual Arts Research 43(2), 21-57.

Folkers, A. (2013): Was ist neu am neuen Materialismus? – Von der Praxis zum Ereignis. In: Goll, T., Keil, D. & Telios, T. (Hg.): Critical Matter. Diskussionen eines neuen Materialismus. Münster: edition assemblage, 17-34.

Fortin, D., Beyer, H. L., Boyce, M. S., Smith, D. W., Duchesne, T. & Mao, J. S. (2005): Wolves influence elk movements: behavior shapes a trophic cascade in Yellowstone National Park. In: Ecology 86(5), 1320–1330.

Foster, C. (2016): Being a beast: Adventures across the species divide. New York: Henry Holt and Co.

Frank, E. & Heinzer, N. (2019): Wölfische Unterwanderungen von Natur und Kultur: Ordnungen und Räume neu verhandelt. In: Groth, S. & Mülli, L. (Hg.): Ordnungen in Alltag & Gesellschaft. Empirisch-kulturwissenschaftliche Perspektiven. Würzburg: Verlag Königshausen & Neumann, 93–124.

Frank, E., Heinzer, N. & Tschofen, B. (2018): Wolfsbeziehungen. Eine Spurensuche. In: Ertener, L. S. & Schmelz, B. (Hg.): Von Wölfen und Menschen. Hamburg: Museum am Rothenbaum, 17–32.

Freudenburg, W. R., Scott, F. & Gramling, R. (1995): Beyond the nature/society divide: Learning to think about a mountain. In: Sociological Forum 10(3), 361–392.

Fuchs, T. (2000): Leib, Person, Raum. Entwurf einer phänomenologischen Anthropologie. Stuttgart: Klett-Cotta.

Gadient, R. (2018): Das Wolfsrudel am Calanda – Monitoring und Management. Projektarbeit, Ausbildung Wildhut Schweiz (AWS). Amt für Jagd und Fischerei Graubünden. (unveröffentlicht)

Gallacher, L. A. (2011): (Fullmetal) alchemy: the monstrosity of reading words and pictures in shonen manga. In: cultural geographies 18(4), 457–473.

Garland, L., Crosby, A., Hedley, R., Boutin, S. & Bayne, E. (2020): Acoustic vs. photographic monitoring of gray wolves (Canis lupus): a methodological comparison of two passive monitoring techniques. In: Canadian Journal of Zoology 98(3), 219–228.

Garrett, B. L. (2011): Videographic geographies: Using digital video for geographic research. In: Progress in Human Geography 35(4), 521–541.

Gebhardt, H., Reuber, P., Schweizer, G., Stegmann, B. A., Weiss, G. & Zehner, K. (1995): Ortsbindung im Verdichtungsraum – Theoretische Grundlagen, methodische Ansätze und ausgewählte Ergebnisse. In: Gebhardt, H.

& Schweizer, G. (Hg.): Zuhause in der Großstadt. Ortsbindung und räumliche Identifikation im Verdichtungsraum und seinem Umland. Kölner Geographische Arbeiten 61. Köln, 3–58.

Geertz, C. (1987): Dichte Beschreibung: Beiträge zum Verstehen kultureller Systeme. Berlin: Suhrkamp.

Geiselhart, K. (2010): Konstruktivistische Perspektiven im Spiegel der ihnen zugrunde liegenden Ideologien – eine pragmatistische Betrachtung am Beispiel geographischer Risikoforschung. In: Mitteilungen der Fränkischen Geographischen Gesellschaft 57, 121–146.

Geiselhart, K. (2015): Praxis ist mehr als Praktiken–Warum moderne Ärzte und spirituelle Heiler im Prinzip das Gleiche tun. In: Geographica Helvetica 70(3), 205–214.

Geiselhart, K., Park, M., Schlatter, F. & Orlowski, B. (2012): The Grounded Theory in geography: A possible way towards empiricism and theory construction after the Cultural Turn. In: Berichte zur deutschen Landeskunde 86(1), 83–95.

Gesing, F. (2019): Dünen schützen (für) Neuseeland. Weicher Küstenschutz als naturkulturelle Praxis. In: Gesing, F., Knecht, M., Flitner, M. & Amelang, K. (Hg.): NaturenKulturen. Denkräume und Werkzeuge für neue politische Ökologien. Bielefeld: transcript, 415–446.

Gesing, F., Amelang, K., Flitner, M. & Knecht, M. (2019): NaturenKulturen-Forschung. Eine Einleitung. In: Gesing, F., Knecht, M., Flitner, M. & Amelang, K. (Hg.): NaturenKulturen. Denkräume und Werkzeuge für neue politische Ökologien. Bielefeld: transcript, 7–50.

Gibbs, L. M. (2020): Animal geographies I: Hearing the cry and extending beyond. In: Progress in Human Geography 44(4), 769–777.

Gibbs, L. M. (2021): Animal geographies II: Killing an caring (in times of crisis). In: Progress in Human Geography 45(2), 371–281.

Gieser, T. (2023): Leben mit Wölfen. Affekte, Gefühle und Stimmungen in Mensch-Wolf-Beziehungen. Bielefeld: transcript.

Gorman, R. (2017): Therapeutic landscapes and non-human animals: the roles and contested positions of animals within care farming assemblages. In: Social & Cultural Geography 18(3), 315–335.

Graefe, O., Korf, B. & Schlottmann, A. (2010): »Editorial: Theorizing nature and society – a critical review.« In: Geographische Zeitschrift 98(4), 191–193.

Greenhough, B. (2012): Where species meet and mingle: Endemic human-virus relations, embodied communication and more-than-human agency at the Common Cold Unit 1946–90. In: Cultural Geographies 19, 281–301.

Greenhough, B. (2014): More-than-human Geographies. In: Lee, R., Castree, N., Kitchin, R., Lawson, V., Paasi, A., Philo, C., Radcliffe, S., Roberts, S. M. & Withers, C. (Eds.): The SAGE Handbook of Human Geography. London: SAGE Publications, 94–119.

Greenhough, B. & Roe, E. (2019): Attuning to laboratory animals and telling stories: Learning animal geography research skills from animal technologists. In: Environment and Planning D: Society and Space 37, 367–384.

Gregor, J. A. & Rosa, H. (2018): Die ethische Haltung bedeutet für mich hören und antworten. Interview mit Hartmut Rosa von Joris. A Gregor. In: Freiburger Zeitschrift für Geschlechterstudien 24, 91–109.

Gregor, J. A., Schmitz, S., Wuttig, B. & Rosenzweig, B. (2018): Der Ort des Politischen in den Critical Feminist Materialisms. In: FZG-Freiburger Zeitschrift für Geschlechterstudien 24(1), 5–11.

Groensteen, T. (2007): The system of comics. Jackson: University Press of Mississippi. Groth, G. & Fiore, R. (1988): The New Comics. New York, NY: Berkley Book, 190–191.

Gruen, L. (2014a): Sich Tieren zuwenden: Empathischer Umgang mit der mehr als menschlichen Welt. In: Schmitz, F. (Hg.): Tierethik – Grundlagentexte. Berlin: Suhrkamp, 390-404.

Gruen, L. (2014b): Entangled empathy. An alternative ethic for our relationships with animals. New York: Lantern Books.

Gugutzer, R. (2017): Resonante Leiber, stumme Körper? Hartmut Rosas Resonanztheorie aus Sicht der verkörperten Soziologie. In: Peters, C. H. & Schulz, P. (Hg.): Resonanzen und Dissonanzen. Hartmut Rosas kritische Theorie in der Diskussion. Bielefeld: transcript, 69–85.

Hadley, J. (2019). Animal Neopragmatism: From Welfare to Rights. Cham: Palgrave Macmillan.

Hafner, R. (2022): Viszerale Methoden. In: Steiner, C., Rainer, G., Schröder, V. & Zirkl, F. (Hg.): Mehr-als-menschliche Geographien. Schlüsselkonzepte, Beziehungen und Methodiken. Stuttgart: Franz Steiner Verlag, 297–316, doi: 10.25162/9783515132305-012.

Hampe, M. (2013): Erklären und Beschreiben: Panpsychismus und Tiefenökologie. In: Methodus 7, 48–78. Haraway, D. (1991): Simians, cyborgs and women: the reinvention of nature. New York, NY: Routledge.

Haraway, D. (1996): Situated knowledges: the science question in feminism and the privilege of partial perspective. In: Agnew, J., Livingstone, D. & Rogers, A. (Eds.): Human geography: an essential anthology. Oxford, UK: Blackwell, 108–128.

Haraway, D. (2003): The companion species manifesto. Chicago: Prickly Paradigm. Haraway, D. (2008): When Species Meet. Minneapolis: University of Minnesota Press.

Hard, G. (1973): Die Geographie. Eine wissenschaftliche Einführung. Berlin, New York: De Gruyter.

Hariri, N. (2021): »Menschen denken nicht in Fakten ...«. In: Die ZEIT 43, 36.

Harney, L., McCurry, J., Scott, J. & Wills, J. (2016): Developing ›process pragmatism‹ to underpin engaged research in human geography. In: Progress in Human Geography 40(3), 316–333.

Hasse, J. (1999): Das Vergessen der menschlichen Gefühle in der Anthropogeographie. In: Geographische Zeitschrift 87, 63–83.

Hayes-Conroy, J. & Hayes-Conroy, A. (2010): Visceral geographies. Mattering, relating, and defying. In: Geography Compass 4(9), 1273–1283.

Heinzer, N. (2020): Modes of Involvedness. Theorising Different Ways of Relating within the Swiss Wolf Debate. In: Fenske, M. & Tschofen, B. (Eds.): Managing the Return of the Wild. Ethnographic Encounters with Wolves in Europe. London, New York: Routledge, 98–117.

Henkel, A. (2017): Resonanz zwischen Systemtheorie und Kritischer Theorie. In: Peters, C. H. & Schulz, P. (Hg.): Resonanzen und Dissonanzen. Hartmut Rosas kritische Theorie in der Diskussion. Bielefeld: transcript, 105–122.

Hepple, L. W. (1995): Social theory and political practice in human geography. In: Matznetter, W. (Hg.): Geographie und Gesellschaftstheorie. Wien: Institut für Geographie der Universität Wien, 108–119.

Hepple, L. W. (2008): Geography and the pragmatic tradition: The threefold engagement. Geoforum 39(4), 1530- 1541.

Herdenschutz Schweiz (2019): Zauneffektivität zum Schutz vor Wölfen. https://www.protectiondestroupeaux.ch/zaeune-weitere-schutzmassnahmen/zaeune/#c59 (zuletzt abgerufen am 17.07.2022).

Herman, D. (Eds.) (2018a): Animal comics: Multispecies storyworlds in graphic narratives. London, New York: Bloomsbury Academic.

Herman, D. (2018b): Introduction: More-than-human worlds in graphic storytelling. In: Herman, D. (Eds.): Animal comics: Multispecies storyworlds in graphic narratives. London, New York: Bloomsbury Academic, 1–25.

Heyer, M. & Hose, S. (2020): Encounters with wolves: dynamics and futures. Bautzen: Sorbisches Institut Bautzen.

Hickman, L. A. (2004): John Dewey – Leben und Werk. In: Hickman, L. A., Neubert, S. & Reich, K. (Hg.): John Dewey. Zwischen Pragmatismus und Konstruktivismus. Münster: Waxmann, 1–12.

Hinchliffe, S. (2016): Sensory biopolitics: Knowing birds and a politics of life. In: Asdal, K., Druglitrø, T. & Hinchliffe, S. (Eds.): Humans, animals and biopolitics. New York: Routledge, 154-172.

Hinchliffe, S., Kearnes, M., Degen, M. & Whatmore, S. (2005): Urban wild things: a cosmopolitical experiment. In: Environment and Planning D: Society and Space 23(5), 643–658.

Hodgetts, T. & Lorimer, J. (2015): Methodologies for animals' geographies: cultures, communication and genomics. In: cultural geographies 22(2), 285-295.

Hodgetts, T. & Lorimer, J. (2020): Animals' mobilities. In: Progress in Human Geography 44(1), 4-26.

Holifield, R. (2018): Just green spaces of urban politics. A pragmatist approach. In: Ward, K., Jonas, A. E. G., Miller, B. & Wilson, D. (Eds.): The Routledge Handbook on Spaces of Urban Politics. London, New York: Routledge, 146–156.

Hoppe, K. (2017): »The World Kicks Back«: Hartmut Rosas Soziologie der Weltbeziehung als »material turn« der Kritischen Theorie? In: Peters, C. H. & Schulz, P. (Hg.): Resonanzen und Dissonanzen. Hartmut Rosas kritische Theorie in der Diskussion. Bielefeld: transcript, 159–175.

Hoppe, K. & Lemke, T. (2015): Die Macht der Materie. Grundlagen und Grenzen des agentiellen Realismus von Karen Barad. In: Soziale Welt 66(3), 261–279.

Houston, D., Hillier, J. & MacCallum, D. (2018): Make kin, not cities! Multispecies entanglements and ›becomingworld‹ in planning theory. In: Planning Theory 17(2), 190–212.

Hovorka, A. J. (2017): Animal geographies I: Globalizing and decolonizing. In: Progress in Human Geography 41(3), 382–394.

Hovorka, A. J. (2018): Animal geographies II: hybridizing. In: Progress in Human Geography 42(3), 453-462.

Hovorka, A. J. (2019): Animal geographies III: Species relations of power. In: Progress in Human Geography 43(4), 749–757.

Hübner, E. & Weiss, L. (Hg.) (2020): Resonanz und Lebensqualität: Weltbeziehungen in Zeiten der Digitalisierung. Pädagogische Perspektiven. Berlin, Toronto: Verlag Barbara Budrich.

Husserl, E. (1976): Husserliana: Gesammelte Werke 3: Ideen zu einer reinen Phänomenologie und phänomenologischen Philosophie. Erstes Buch: Allgemeine Einführung in die reine Phänomenologie 1. Dordrecht: Springer.

Hutta, J. S. (2015): The affective life of semiotics. In: Geographica Helvetica 70(4), 295-309.

Iacoboni, M. (2009): Imitation, empathy, and mirror neurons. In: Annual review of psychology 60, 653–670. Jacobs, J. (2016): Visualising the visceral: using film to research the ineffable. In: Area 48(4), 480–487.

Jasanoff, S., Markle, G. E., Petersen, J. C. & Pinch, T. (Eds.) (1995): Handbook of Science and Technology Studies. London: SAGE Publications.

Jeffrey, S. (2016): The posthuman body in superhero comics: human, superhuman, transhuman, post/human. London: Palgrave MacMillan.

Johansson, M. & Frank, J. (2016): The impact of access to an ultrasonic scaring device on human fear of wolves. In: Wildlife Biology 22(2), 29–36.

Johansson, M., Sandström, C., Pedersen, E. & Ericsson, G. (2016): Factors governing human fear of wolves: moderating effects of geographical location and standpoint on protected nature. In: European Journal of Wildlife Research 62(6), 749–760.

Jones, O. (2008): Stepping from the wreckage: Geography, pragmatism and anti-representational theory. In: Geoforum 39(4), 1600–1612.

Jürgens, U. M. & Hackett, P. M. (2017): The big bad wolf: the formation of a stereotype. In: Ecopsychology 9(1), 33–43.

Kanton Graubünden (2021): BR 749.025 – Verordnung über den Jagdbetrieb (Jagdbetriebsvorschriften; JBV), Stand August 2021. https://www.gr-lex.gr.ch/app/de/texts_of_law/740.025 (zuletzt abgerufen am 02.07.2022).

Karlsson, J. & Sjöström, M. (2007): Human attitudes towards wolves, a matter of distance. In: Biological conservation 137(4), 610–616.

Kirksey, S. E. & Helmreich, S. (2010): The emergence of multispecies ethnography. In: Cultural Anthropology 25(4), 545–576.

Kluge, S. (1999): Empirisch begründete Typenbildung. Zur Konstruktion von Typen und Typologien in der qualitativen Sozialforschung. Opladen: Leske und Budrich.

Knorr Cetina, K. (2007): Neue Ansätze der Wissenschafts- und Techniksoziologie. In: Schützeichel, R. (Hg.): Handbuch Wissenssoziologie und Wissensforschung. Konstanz: UVK, 328–341.

Kompatscher, G., Spannring, R. & Schachinger, K. (2017): Human-Animal Studies. Wien: utb.

KORA (2024): Rudel in der Schweiz. https://www.kora.ch/de/arten/wolf/verbreitung (zuletzt abgerufen am 18.04.2024).

Krieg, L. J. (2020): Caring for strangers. Alterity, alliances, and reptile conservation in the »gecko garden refuges« in Manapany-les-Bains, La Réunion. In: Geographische Zeitschrift 108(3), 176–196.

Kuckartz, U. (2012): Qualitative Inhaltsanalyse. Methoden, Praxis, Computerunterstützung. Weinheim, Basel: Beltz Juventa.

Kuijper, D. P. J., Sahlén, E., Elmhagen, B., Chamaillé-Jammes, S., Sand, H., Lone, K. & Cromsigt, J. P. (2016): Paws without claws? Ecological effects of large carnivores in anthropogenic landscapes. In: Proceedings of the Royal Society B: Biological Sciences 283(1841), doi: https://doi.org/10.1098/rspb.2016.1625.

Kunstraum Innsbruck (2021): COHABITATION – Raum für alle Arten. Die Zukunft alpiner Städte und das Zusammenleben von Menschen und Tieren. https://www.kunstraum-innsbruck.at/archiv/ausstellungen/cohabitation (zuletzt abgerufen am 17. Juni 2022).

Kupferschmid, A. D. & Bollmann, K. (2016): Direkte, indirekte und kombinierte Effekte von Wölfen auf die Waldverjüngung. In: Schweizerische Zeitschrift für Forstwesen 167(1), 3–12.

Kupferschmid, A. D., Beeli, F. & Thormann, J. J. (2018): Effekte des Wolfrudels am Calanda auf die lokale Baumverjüngung. In: Bündnerwald 71(1), 37–44.

Kupper, F. & De Cock Buning, T. (2011): Deliberating animal values: A pragmatic-pluralistic approach to animal ethics. In: Journal of agricultural and environmental ethics 24(5), 431–450.

Kusenbach, M. (2003): Street phenomenology. The go-along as ethnographic research tool. In: Ethnography 4(3), 455–485.

Kuttner, P. J., Weaver-Hightower, M. B. & Sousanis, N. (2021): Comics-based research: The affordances of comics for research across disciplines. In: Qualitative Research 21(2), 195–214.

Latham, A. & McCormack, D. P. (2009): Thinking with images in non-representational cities: vignettes from Berlin. In: Area 41(3), 252-262.

Latour, B. (1993): We Have Never Been Modern. Cambridge, MA: Harvard University Press.

Latour, B. (2004): How to talk about the body? The normative dimension of science studies. In: Body and Society 10(2-3), 205–229.

Laundré, J. W., Hernández, L. & Altendorf, K. B. (2001): Wolves, elk, and bison: reestablishing the »landscape of fear« in Yellowstone National Park, USA. In: Canadian Journal of Zoology 79(8), 1401–1409.

Laurier, E. (2014): The graphic transcript: Poaching comic book grammar for inscribing the visual, spatial and temporal aspects of action. In: Geography Compass 8(4), 235–248.

Law, J. (2004): After method: Mess in social science research. London: Routledge.

Lescureux, N. (2006): Towards the necessity of a new interactive approach integrating ethnology, ecology and ethology in the study of the relationship between Kyrgyz stockbreeders and wolves. In: Social science information 45(3), 463–478.

Lescureux, N., Garde, L. & Meuret, M. (2018): Considering wolves as active agents in understanding stakeholder perceptions and developing management strategies. In: Hovardas, T. (Eds.): Large Carnivore Conservation and Management. Human Dimension. London: Routledge, 147–167.

Linnell, J. D., Solberg, E. J., Brainerd, S., Liberg, O., Sand, H., Wabakken, P. & Kojola, I. (2003): Is the fear of wolves justified? A Fennoscandian perspective. In: Acta Zoologica Lituanica 13(1), 34–40.

Longhurst, R. (2001): Bodies: Exploring fluid boundaries. London: Routledge.

Longhurst, R., Johnston, L. & Ho, E. (2009): A visceral approach. Cooking ›at home‹ with migrant women in Hamilton, New Zealand. In: Transactions of the Institute of British Geographers 34(3), 333–345.

Lorimer, H. (2005): Cultural geography: the busyness of being ›more-than-representational‹. In: Progress in human geography 29(1), 83–94.

Lorimer, H. & Wylie, J. (2010): LOOP (a geography). In: Performance Research 15(4), 6-13.

Lorimer, J. (2007): Nonhuman charisma. In: Environment and Planning D: Society and Space 25(5), 911–932.

Lorimer, J. (2008): Counting corncrakes: The affective science of the UK corncrake census. In: Social Studies of Science 38(3), 377-405.

Lorimer, J. (2010): Moving image methodologies for more-than-human geographies. In: cultural geographies 17(2), 237–258.

Lorimer, J. (2015): Wildlife in the Anthropocene: conservation after nature. Minneapolis: University of Minnesota Press.

Lorimer, J. (2016): Gut Buddies: Multispecies Studies and the Microbiome. In: Environmental Humanities 8(1), 57- 76.

Lorimer, J. (2017): Probiotic environmentalities: Rewilding with wolves and worms. In: Theory, Culture & Society 34(4), 27–48.

Lorimer, J., Hodgetts, T. & Barua, M. (2019): Animals' atmospheres. In: Progress in Human Geography 43(1), 26-45.

Lüders, C. (2000): Beobachten im Feld und Ethnographie. In: Flick, U., Steinke, I. & von Kardorff, E. (Hg.): Qualitative Forschung. Ein Handbuch. Reinbek bei Hamburg: Rowohlt, 384–401.

MAA (Ministère de l'Agriculture et de l'Alimentation) & MTES (Ministère de la Transition Ecologique et Solidaire) (2018): Plan national d'actions 2018 –

2023 sur le loup et les activités d'élevage. https://www.auvergne-rhone-alpes.developpement-durable.gouv.fr/IMG/pdf/nap_wolf_and_stock-rearing_activities_2018-2023.pdf (zuletzt abgerufen am 24.03.2022).

MacKenzie, D. & Millo, Y. (2003): Constructing a market, performing theory: The historical sociology of a financial derivatives exchange. In: American journal of sociology 109(1), 107–145.

Maller, C. (2019): Dynamic Bodies in Theories of Social Practice: Vibrant Materials and More-than-Human Assemblages. In: Maller, C. & Strengers, Y. (Hg.): Social Practices and Dynamic Non-Humans. Basingstoke: Palgrave Macmillan, 87–108.

Marchart, O. (2010): Die politische Differenz. Zum Denken des Politischen bei Nancy, Lefort, Badiou, Laclau und Agamben. Berlin: Suhrkamp.

Martin, J.-L., Chamaillé-Jammes, S. & Waller, D. M. (2020): Deer, wolves, and people: costs, benefits and challenges of living together. In: Biological Reviews 95(3), 782–801.

Mattissek, A., Pfaffenbach, C. & Reuber, P. (2013): Methoden der empirischen Humangeographie. Braunschweig: Westermann.

Mattissek, A. & Wiertz, T. (2014): Materialität und Macht im Spiegel der Assemblage-Theorie. In: Geographica Helvetica 69(3), 157–169.

Maurstad, A., Davis, D. & Cowles, S. (2013): Co-being and intra-action in horse–human relationships: A multispecies ethnography of be(com)ing human and be(com)ing horse. In: Social Anthropology 21(3), 322–335.

McCormack, D. P. (2003): An event of geographical ethics in spaces of affect. In: Transactions of the Institute of British Geographers 28(4), 488–507.

McGregor, A. & Houston, D. (2018): Cattle in the Anthropocene: Four propositions. In: Transactions of the Institute of British Geographers 43(1), 3–16.

McKenna, E. & Light, A. (Eds.) (2004): Animal pragmatism: Rethinking human-nonhuman relationships. Bloomington, IN: Indiana University Press.

McKiernan, S. & Instone, L. (2016): From pest to partner: Rethinking the Australian White Ibis in the more-than-human city. In: cultural geographies 23(3), 475–494.

Meißner, H. (2017): Ein anderes Subjekt ist möglich. Kritische Soziologie und der Blick an den Grenzen. In: Peters, C. H. & Schulz, P. (Hg.): Resonanzen und Dissonanzen. Hartmut Rosas kritische Theorie in der Diskussion. Bielefeld: transcript, 145–158.

Menga, F. & Davies, D. (2020): Apocalypse yesterday: Posthumanism and comics in the Anthropocene. In: Environment and Planning E: Nature and Space 3(3), 663–687.

Merleau-Ponty, M. (1966): Phänomenologie der Wahrnehmung. Berlin: De Gruyter.

Merleau-Ponty, M. (2003): Das Metaphysische im Menschen. In: Merleau-Ponty, M.: Das Auge und der Geist. Philosophische Essays. Hamburg: Meiner, 47–70.

Meyer-Abich, K. M. (1988): Von der Umwelt zur Mitwelt. Unterwegs zu einem neuen Selbstverständnis des Menschen im Ganzen der Natur. In: Scheidewege: Jahresschrift für skeptisches Denken 18, 128–148.

Michels, C. (2015): Researching affective atmospheres. In: Geographica Helvetica 70(4), 255-263.

Militz, E. (2022): Affekte und Emotionen. In: Steiner, C., Rainer, G., Schröder, V. & Zirkl, F. (Hg.): Mehr-als-menschliche Geographien. Schlüsselkonzepte, Beziehungen und Methodiken. Stuttgart: Franz Steiner Verlag, 87- 108, doi: 10.25162/9783515132305-004.

Monastersky, R. & Sousanis, N. (2015): The fragile framework. In: Nature 527(7579), 427-435.

Moore, S. A. (2012): Garbage matters: Concepts in new geographies of waste. In: Progress in Human Geography 36(6), 780–799.

Naughton-Treves, L., Grossberg, R. & Treves, A. (2003): Paying for tolerance: rural citizens' attitudes toward wolf depredation and compensation. In: Conservation Biology 17(6), 1500–1511.

Neely, A. H. (2021): Entangled agencies: Rethinking causality and health in political-ecology. In: Environment and Planning E: Nature and Space 4(3), 966–984.

Nowak, S., Jędrzejewski, W., Schmidt, K., Theuerkauf, J., Mysłajek, R. W. & Jędrzejewska, B. (2007): Howling activity of free-ranging wolves (Canis lupus) in the Białowieża Primeval Forest and the Western Beskidy Mountains (Poland). In: Journal of Ethology 25(3), 231–237.

NZZ – Neue Zürcher Zeitung (2009): Demonstrationen gegen den Wolf. https://www.nzz.ch/demonstration_gegen_ den_wolf-ld.1199553?reduced=true (zuletzt abgerufen am 24.01.2022).

NZZ – Neue Zürcher Zeitung (2016): Abschussbewilligung für Calanda-Wölfe abgelaufen. https://www.nzz.ch/panorama/abschussbewilligung-fuer-calanda-woelfe-abgelaufen-ld.11010?reduced=true (zuletzt abgerufen am 16.02.2022).

NZZ – Neue Zürcher Zeitung (2017): Abschussbewilligung für Jungwolf folgenlos abgelaufen. https://www.nzz.ch/schweiz/jungwolf-im-wallis-abschussbewilligung-fuer-jungwolf-folgenlos-abgelaufen-ld.155060?reduced=true (zuletzt abgerufen am 16.02.2022).

NZZ – Neue Zürcher Zeitung (2019): Ferien, Familie oder ein neues Smartphone – warum macht uns das nicht glücklich? https://magazin.nzz.ch/hintergrund/soziologe-hartmut-rosa-erklaert-warum-wir-nicht-gluecklich-sind-ld.1469552?reduced=true (zuletzt abgerufen am 11.04.2022).

Ogden, L. A., Hall, B. & Tanita, K. (2013): Animals, plants, people, and things. A review of multispecies ethnography. In: Environment and Society 4(1), 5-24.

ORF – Österreichischer Rundfunk (2019): Mahnfeuer gegen den Wolf. https://tirol.orf.at/v2/news/stories/2980913/(zuletzt abgerufen am 31.01.2019).

Palacios, V., Font, E. & Márquez, R. (2007): Iberian wolf howls: acoustic structure, individual variation, and a comparison with North American populations. In: Journal of Mammalogy 88(3), 606–613.

Panelli, R. (2010): More-than-human social geographies: posthuman and other possibilities. In: Progress in Human Geography 34(1), 79–87.

Pape, H. (1994): Kreativität und Logik. Charles S. Peirce und das philosophische Problem des Neuen. Frankfurt a.M.: Suhrkamp.

Peterle, G. (2019): Comics and maps? A CartoGraphic essay. In: Living Maps Review 7, 1-9.

Peterle, G. (2021): Comics as research practice. Drawing narrative geographies beyond the frame. London: Routledge.

Peters, C. H. & Schulz, P. (Hg.) (2017): Resonanzen und Dissonanzen: Hartmut Rosas kritische Theorie in der Diskussion. Bielefeld: transcript.

Philo, C. (2005): Spacing lives and lively spaces: partial remarks on Sarah Whatmore's Hybrid Geographies. In: Antipode 37(4), 824–833.

Philo, C. & Wilbert, C. (2000): Animal spaces, beastly places. An introduction. In: Philo, C. & Wilbert, C. (Eds.): Animal Spaces, Beastly Places. New geographies of human-animal relations. Critical geographies 10. London, New York: Routledge, 1–36.

Pile, S. (2010): Emotions and affect in recent human geography. In: Transactions of the Institute of British Geographers 35(1), 5–20.

Pink, S. (2015): Doing sensory ethnography. London: SAGE Publications.

Pitt, H. (2015): On showing and being shown plants – a guide to methods for more-than-human geography. In: Area 47(1), 48–55.

Poerting, J. & Schlottmann, A. (2020): Das Charisma der Petfluencer: Zur Medialisierung konsumtiver Mensch-Tier-Beziehungen am Beispiel Instagram. In: Berichte. Geographie und Landeskunde 93(1-2), 145–170.

Poerting, J., Verne, J. & Krieg, L. J. (2020): Gefährliche Begegnungen. In: Geographische Zeitschrift 108(3), 153-175.

Pooley, S., Barua, M., Beinart, W., Dickman, A., Holmes, G., Lorimer, J., Loveridge, A. J., Macdonald, D. W., Marvin, G., Redpath, S., Sillero-Zubiri, C., Zimmermann, A. & Milner-Gulland, E. J. (2017): An interdisciplinary review of current and future approaches to improving human–predator relations. In: Conservation Biology 31(3), 513–523.

Pütz, R. (2017): Wildpferde in den USA. Ressourcenkonflikte, Wildniskonstruktionen und Mensch-Wildtier-Verhältnisse. In: Geographische Rundschau 69(10), 46–51.

Pütz, R. (2019): Pferderücken. In: Hasse, J. & Schreiber, V. (Hg.): Räume der Kindheit. Ein Glossar. Bielefeld: transcript, 259–265.

Pütz, R. (2021): Making companions: Companionability and encounter value in the marketization of the American Mustang. In: Environment and Planning E: Nature and Space 4(2), 585–602.

Pütz, R. & Schlottmann, A. (2020): Contested conservation – neglected corporeality: the case of the Namib wild horses. In: Geographica Helvetica 75, 93–106.

Pütz, R., Schlottmann, A. & Kornherr, E. (2022): Einführung in die neue Tiergeographie. In: Steiner, C., Rainer, G., Schröder, V. & Zirkl, F. (Hg.): Mehr-als-menschliche Geographien. Schlüsselkonzepte, Beziehungen und Methodiken. Stuttgart: Franz Steiner Verlag, 181–222, doi: 10.25162/9783515132305-008.

Rech, M. F. (2014): Be part of the story: A popular geopolitics of war comics aesthetics and Royal Air Force recruitment. In: Political Geography 39, 36–47.

Reynolds, A. (2021): Becoming Animal of Philosophy: Pragmatism, Pragrammatology, Speculative Pragmatism. In: AM Journal of Art and Media Studies 24, 95–108.

Richardson-Ngwenya, P. (2014): Performing a more-than-human material imagination during fieldwork: muddy boots, diarizing and putting vitalism on video. In: cultural geographies 21(2), 293–299.

Richthofen, F. (2021): Von den (Un-)Möglichkeiten eines agentiell-realistischen Staatsbegriffs. Eine Suchbewegung zwischen Karen Barad und Louis Althusser. New Research in GPE, Working Paper No. 01/2021, doi: 10.17170/kobra-202101213017.

Ripple, W. J. & Beschta, R. L. (2004): Wolves and the ecology of fear: can predation risk structure ecosystems? In: BioScience 54(8), 755–766.

Ripple, W. J. & Beschta, R. L. (2007): Restoring Yellowstone's aspen with wolves. In: Biological Conservation 138(3- 4), 514–519.

Ripple, W. J. & Beschta, R. L. (2012): Trophic cascades in Yellowstone: the first 15 years after wolf reintroduction. Biological Conservation 145(1), 205–213.

Rivoal, I. & Salazar, N. B. (2013): Contemporary ethnographic practice and the value of serendipity. In: Social Anthropology 21, 178–185.

Roberts, E. (2013): Geography and the visual image: A hauntological approach. In: Progress in Human Geography 37(3), 386–402.

Rosa, H. (2012): Weltbeziehungen im Zeitalter der Beschleunigung. Umrisse einer neuen Gesellschaftskritik. Berlin: Suhrkamp Verlag.

Rosa, H. (2013): Beschleunigung und Entfremdung: Entwurf einer kritischen Theorie spätmoderner Zeitlichkeit. Berlin: Suhrkamp Verlag.

Rosa, H. (2016): Resonanz: Eine Soziologie der Weltbeziehung. Frankfurt a.M.: Suhrkamp. Rosa, H. (2018): Unverfügbarkeit. Wien, Salzburg: Residenz-Verlag.

Rosa, H. (2019): Resonance: A sociology of our relationship to the world. Cambridge: Polity Press.

Røskaft, E., Händel, B., Bjerke, T. & Kaltenborn, B. (2007): Human attitudes towards large carnivores in Norway. In: Wildlife biology 13(2), 172–185.

Schatzki, T. (2010): Materiality and Social Life. In: Nature and Culture 5(2), 123-149.

Schatzki, T., Knorr-Cetina K. & Von Savigny, E. (2001): The practice turn in contemporary theory. London: Routledge.

Schlünder, M. & Ahrens, P. (2019): Wie zusammenwächst, was (nicht) zusammen gehört: Knochenschafe im Frakturspalt der Moderne. In: Gesing, F., Knecht, M., Flitner, M. & Amelang, K. (Hg.): NaturenKulturen: Denkräume und Werkzeuge für neue politische Ökologien. Bielefeld: transcript, 233–255.

Schmitz, H. (1978): System der Philosophie. Bd. III/5: Die Wahrnehmung. Bonn: Bouvier.

Schmitz, H. (1998): Der Leib, der Raum und die Gefühle. Bielefeld, Locarno: Edition Sirius im Aisthesis Verlag. Schmitz, H. (2003): Was ist Neue Phänomenologie? Rostock: Koch.

Schmitz, H. (2009): Kurze Einführung in die Neue Phänomenologie. Freiburg: Karl Alber. Schmitz, H. (2011): Der Leib. Berlin: de Gruyter.

Schröder, V. (2022a): More than words: Comics als narratives Medium für Mehr-als-menschliche Geographien. In: Geographica Helvetica 77, 271–287, doi: 10.5194/gh-77-271-2022.

Schröder, V. (2022b): Tierliche Lebenswelten verstehen lernen? Perspektiven mehr-als-menschlicher Ethnographien. In: Steiner, C., Rainer, G., Schröder, V. & Zirkl, F. (Hg.) Mehr-als-menschliche Geographien. Entwicklungslinien, Grundzüge und Schlüsselkonzepte. Stuttgart: Franz Steiner Verlag, 317–339, doi: 10.25162/9783515132305-013.

Schröder, V. & Steiner, C. (2020): Pragmatist Animal Geographies. Mensch-Wolf-Transaktionen in der schweizerischen Calanda-Region. In: Geographische Zeitschrift 108(3), 197–222.

Schubert, H. J., Wenzel, H., Joas, H. & Knöbl, W. (2019): Pragmatismus zur Einführung. Hamburg: Junius Verlag.

Schultz, R. N., Jonas, K. W., Skuldt, L. H. & Wydeven, A. P. (2005): Experimental use of dog-training shock collars to deter depredation by gray wolves. In: Wildlife Society Bulletin 33(1), 142–148.

Schurr, C. (2014): Emotionen, Affekte und mehr-als-repräsentationale Geographien. In: Geographische Zeitschrift 102(3), 148–161.

Schurr, C. & Strüver, A. (2016): »The Rest«: Geographien des Alltäglichen zwischen Affekt, Emotion und Repräsentation. In: Geographica Helvetica 71, 87–97.

Schütz, A. (2013): Der sinnhafte Aufbau der sozialen Welt: Eine Einleitung in die verstehende Soziologie. Wien: Springer.

Schweizer Parlament (2022): Motion: Kein Schwanzcoupieren ohne Betäubung. https://www.parlament.ch/de/ratsbetrieb/suche-curia-vista/geschaeft?AffairId=20213403 (zuletzt abgerufen am 01.08.2022).

Schwender, C., Grahl, D. & Knieper, T. (2019): Comics und Karikaturen in der Kommunikationsforschung. In: Lobinger, K. (Hg.): Handbuch Visuelle Kommunikationsforschung. Wiesbaden: Springer, 377–402.

Servais, V. (2018): Anthropomorphism in Human–Animal Interactions: A Pragmatist View. In: Frontiers in Psychology 9, 2590.

Shannon, J., Hankins, K. B., Shelton, T., Bosse, A. J., Scott, D., Block, D., Fischer, H., Eaves, L. E., Jung, J.-K., Robinson, J., Solís, P., Pearsall, H., Rees, A. & Nicolas, A. (2021): Community geography: Toward a disciplinary framework. In: Progress in Human Geography 45(5), 1147–1168.

Shove, E., Pantzar, M. & Watson, M. (2012): The Dynamics of Social Practice: Everyday Life and How It Changes. London: Sage.

Skogen, K. & Thrane, C. (2007): Wolves in context: using survey data to situate attitudes within a wider cultural framework. In: Society & natural resources 21(1), 17–33.

Skogen, K., Mauz, I. & Krange, O. (2006): Wolves and eco-power. A French-Norwegian analysis of the narratives on the return of large carnivores. In: Revue de géographie alpine 94(4), 78–87.

Smith, T. S. & Reid, L. (2018): Which ›being‹ in wellbeing? Ontology, wellness and the geographies of happiness. In: Progress in Human Geography 42(6), 807–829.

Sommer, B. (2019): Resonanz und Nachhaltigkeit: Zum Verhältnis zweier Schlüsselbegriffe zeitgenössischer Gesellschaftskritik. In: Wils, J.-P.(Hg.): Resonanz. Im interdisziplinären Gespräch mit Hartmut Rosa. Baden-Baden: Nomos, 151–163.

Spiegelman, A. (1986): Maus: A survivor's tale, I: My father bleeds history. New York: Pantheon.

SRF – Schweizer Radio und Fernsehen (2017): Jeder zehnte Hirsch nur angeschossen statt erlegt. https://www.srf. ch/news/schweiz/auf-der-buendner-jagd-jeder-zehnte-hirsch-nur-angeschossen-statt-erlegt (zuletzt abgerufen am 25.07.2022).

SRF – Schweizer Radio und Fernsehen (2022): Wenn der Wolf den Älpler vertreibt. https://www.srf.ch/news/schweiz/co-existenz-mit-dem-wolf-wenn-der-wolf-den-aelpler-vertreibt (zuletzt abgerufen am 16.02.2022).

St. Galler Tagblatt (2015): »Einen Schnellschuss vermeiden«. https://www.tagblatt.ch/ostschweiz/Einen-Schnellschuss-vermeiden;art120094,4390168 (zuletzt abgerufen am 24.07.2022).

Steiner, C. (2009a): Materie oder Geist? Überlegungen zur Überwindung dualistischer Erkenntniskonzepte aus der Perspektive einer Pragmatischen Geographie. In: Berichte zur deutschen Landeskunde 83(2), 129–142.

Steiner, C. (2009b): Tourismuskrisen und organisationales Lernen. Akteursstrategien in der Hotelwirtschaft der Arabischen Welt. Eine Pragmatische Geographie. Bielefeld: transcript.

Steiner, C. (2012): Kreative Räume: Handlungstheorie, Pragmatismus und Geographie. In: Berichte zur deutschen Landeskunde 87(1), 17–30.

Steiner, C. (2014a): Pragmatismus, Umwelt, Raum. Potenziale des Pragmatismus für eine transdisziplinäre Geographie der Mitwelt. Stuttgart: Franz Steiner Verlag.

Steiner, C. (2014b): Von Interaktion zu Transaktion. Konsequenzen eines pragmatischen Mensch-Umwelt-Verständnisses für eine Geographie der Mitwelt. In: Geographica Helvetica 69, 171–181.

Steiner, C. (2015): Mensch-Umwelt-Systeme in der Geographie – zur metatheoretischen Möglichkeit einer grundlegenden Systemkompetenz. In: Gryl, I., Schlottmann, A. & Kanwischer, D. (Hg.): Mensch:Umwelt:System – Theoretische Grundlagen und praktische Beispiele für den Geographieunterricht. Berlin: LIT, 23–42.

Steiner, C. & Schröder, V. (2022): Agentieller Realismus und klassischer Pragmatismus: Potenziale der Ideen von Intraaktion und Transaktion für die Mehr-als-menschlichen Geographien. In: Steiner, C., Rainer, G., Schröder, V. & Zirkl, F. (Hg.): Mehr-als-menschliche Geographien. Schlüsselkonzepte, Beziehungen und Methodiken. Stuttgart: Franz Steiner Verlag, 41–70, doi: 10.25162/9783515132305-002.

Steiner, C., Rainer, G. & Schröder, V. (2022): Mehr-als-menschliche Geographien: Entwicklungslinien, Grundzüge und Schlüsselkonzepte. In: Steiner, C., Rainer, G., Schröder, V. & Zirkl, F. (Hg.): Mehr-als-menschliche Geographien. Schlüsselkonzepte, Beziehungen und Methodiken. Stuttgart: Franz Steiner Verlag, 9–38, doi: 10.25162/9783515132305-001.

Stengers, I. (1997): Power and invention. Minneapolis, MN: University of Minnesota Press.

Stengers, I. (2010): Including Nonhumans in Political Theory: Opening Pandora's Box? In: Braun, B. & Whatmore, S. (Hg.): Political Matter: Technoscience, Democracy, and Public Life. Minneapolis, MN: Univ. of Minnesota Press, 3–34.

Stewart, K. (2011): Atmospheric attunements. In: Environment and Planning D: Society and Space 29(3), 445–453.

Stewart, K. (2014): Road registers. In: cultural geographies 21(4), 549–563.

Stone, S. A., Breck, S. W., Timberlake, J., Haswell, P. M., Najera, F., Bean, B. S. & Thornhill, D. J. (2017): Adaptive use of nonlethal strategies for minimizing wolf-sheep conflict in Idaho. In: Journal of Mammalogy 98(1), 33–44.

Strauss, A. & Corbin, J. (1990): Basics of qualitative research: Grounded Theory procedures and techniques. Newbury Park, CA: SAGE Publications.

Strengers, Y. & Maller, C. (2020): Dynamic Non-humans in a Changing World. In: Maller, C. & Strengers, Y. (Hg.): Social Practices and Dynamic Non-Humans. Basingstoke: Palgrave Macmillan, 1–22.

Strengers, Y., Nichols, L. & Maller, C. (2016): Curious Energy Consumers: Humans and Nonhumans in Assemblages of Household Practice. In: Journal of Consumer Culture 16(3), 761–780.

Strüver, A. (2019): Von der Inkorporierung und Verkörperung des Sozialen zur Somatisierung der Umwelt: Posthumanistische Überlegungen zum biosozialen Subjekt. In: Geographica Helvetica 74, 223–233.

Südostschweiz (2013):»Ja zum Wolf, Ja zum Hund«. https://www.suedostschweiz.ch/zeitung/ja-zum-wolf-ja-zum-hund (zuletzt abgerufen am 16.02.2022).

Suhr, M. (2005): John Dewey zur Einführung. Hamburg: Junius.

Sullivan, S. (2001): Living Across and Through Skins: Transactional Bodies, Pragmatism, and Feminism. Bloomington, Indianapolis: Indiana University Press.

Susen, S. (2020): The Resonance of Resonance: Critical Theory as a Sociology of World-Relations? In: International Journal of Politics, Culture, and Society 33, 309–344.

Suter, S. M., Giordano, M., Nietlispach, S., Apollonio, M. & Passilongo, D. (2017): Non-invasive acoustic detection of wolves. In: Bioacoustics 26(3), 237–248.

SZ – Süddeutsche Zeitung (2020a): Angst vorm bösen Wolf. https://www.sueddeutsche.de/muenchen/mahnfeuer-angst-vorm-boesen-wolf-1.5113576 (zuletzt abgerufen am 24.01.2022).

SZ – Süddeutsche Zeitung (2020b): »Wir sollten unbedingt schauen, was jetzt mit uns passiert«. https://www.sueddeutsche.de/panorama/coronavirus-hartmut-rosa-resonanz-unverfuegbarkeit-interview-1.4851904?reduced=true (zuletzt abgerufen am 11.04.2022).

SZ – Süddeutsche Zeitung (2021): Gegen den Wolf. https://www.sueddeutsche.de/bayern/bayern-muenchen-wolf-landwirte-demonstration-1.5426897 (abgefragt am 31.01.2022).

Tarr, B., Launay, J. & Dunbar, R. (2014): Music and social bonding: »self-other« merging and neurohormonal mechanisms. In: Frontiers in Psychology 5, doi: 10.3389/fpsyg.2014.01096.

Taylor, C. (2019): The Ethical Implications of Resonance Theory. In: Wils, J.-P. (Hg.). Resonanz. Im interdisziplinären Gespräch mit Hartmut Rosa. Baden-Baden: Nomos, 71–85.

TAZ (2021):»Die Umwege fehlen jetzt«. https://taz.de/Soziologe-Hartmut-Rosa-im-Gespraech/!5763329/(zuletzt abgerufen am 11.04.2022).

Thébaud, O., Link, J. S., Kohler, B., Kraan, M., López, R., Poos, J. J., Schmidt, J. O. & Smith, D. C. (2017): Managing marine socio-ecological systems: picturing the future. In: ICES Journal of Marine Science 74(7), 1965–1980.

Theodorakea, I. T. & von Essen, E. (2016): Who let the wolves out? Narratives, rumors and social representations of the wolf in Greece. In: Environmental Sociology 2(1), 29–40.

Thrift, N. (2008): Non-representational theory: Space, politics, affect. London: Routledge.

Thrift, N. & Dewsbury, J.-D. (2000): Dead geographies – and how to make them live. In: Environmental Planning D: Society and Space 18(4), 411–432.

Treves, A., Naughton-Treves, L. & Shelley, V. (2013): Longitudinal analysis of attitudes toward wolves. In: Conservation Biology 27(2), 315–323.

TT – Tiroler Tageszeitung (2021a): 16 tote Schafe in Westendorf: Bauern sahen sich zu vorzeitigem Almabtrieb gezwungen. https://www.tt.com/artikel/30795584/16-tote-schafe-in-westendorf-bauern-sahen-sich-zu-vorzeitigem-almabtrieb-gezwungen (zuletzt abgerufen am 31.01.2022).

TT – Tiroler Tageszeitung (2021b): Abschussgenehmigung von Wolf 118MATK an Behörde zurückverwiesen. https://www.tt.com/artikel/30807402/abschussgenehmigung-von-wolf-118matk-an-behoerde-zurueckverwiesen (zuletzt abgerufen am 16.02.2022).

Urbanik, J. (2012): Placing animals. An introduction to the geography of human-animal relations. Plymouth: Rowman & Littlefield.

Van Patter, L.E. & Hovorka, A.J. (2018): ›Of place‹ or ›of people‹: Exploring the animal spaces and beastly places of feral cats in southern Ontario. In: Social and Cultural Geography 19, 275–295.

Verne, J., Poerting, J., Krieg, L. J. & Ködding-Zurmühlen, O. (2021): Tiere als lebendige Werkzeuge. In: Bork-Hüffer, T., Füller, H. & Straube, T. (Hg.): Handbuch Digitale Geographien. Stuttgart: UTB, 330–342.

Waldenburger, L. & Teutoburg-Weiss, H. (2017): Von resonanten Subjekten und responsiven Strukturen. Eine Auseinandersetzung mit Hartmut Rosas Soziologie der Weltbeziehungen aus Sicht des Critical Realism. In: Peters, C. H. & Schulz, P. (Hg.): Resonanzen und Dissonanzen. Hartmut Rosas kritische Theorie in der Diskussion. Bielefeld: transcript, 53–68.

Waldenfels, B. (2000): Das leibliche Selbst. Vorlesungen zur Phänomenologie des Leibes. Frankfurt a.M.: Suhrkamp.

Waterton, C. & Tsouvalis, J. (2015): On the political nature of cyanobacteria: intra-active collective politics in Loweswater, the English Lake District. In: Environment and Planning D: Society and Space 33(3), 477–493.

Watson, M. (2012): How Theories of Practice Can Inform Transition to a Decarbonised Transport System. In: Journal of Transport Geography 24, 488–496.

Weaver-Hightower, M. B. (2017): Losing Thomas & Ella: A father's story (A research comic). In: Journal of Medical Humanities 38(3), 215–230.

Weichhart, P. (1991): Die transaktionistische Weltsicht – ein konzeptioneller Impuls für die Humanökologie? In: Kilchenmann, A. & Schwarz, C. (Hg.): Perspektiven der Humanökologie. Berlin: Springer, 227–238.

Wenzl, C., Werner, C., Molitor, K., Hornung, M., Rominger, S. & Faller, F. (2019): Soziale Praktiken in der Forschungspraxis – empirisch forschen mit Schatzkis site ontology. In: Schäfer, S. & Everts, J. (Hrsg): Handbuch Praktiken und Raum – Humangeographie nach dem Practice Turn. Bielefeld: transcript, 341–360.

Whatmore, S. (2002): Hybrid Geographies: Natures Cultures Spaces. London: SAGE Publications.

Whatmore, S. (2004): Humanism's excess: some thoughts on the ›post-human/ist‹ agenda. In: Environment and Planning A 36, 1360–1363.

Whatmore, S. (2006): Materialist returns. Practising cultural geography in and for a more-than-human world. In: Cultural Geographies 13(4), 600–609.

Whitehead, A. N. (1964): The concept of nature. Cambridge: Cambridge University Press.

Whitlock, G. (2006): Autographics: The Seeing ›I‹ of the Comics. In: Modern Fiction Studies 52(4), 965-979.

Wild, M. (2007): Wie sind Tiere? Plädoyer für einen kritischen Anthropomorphismus. In: Interdisziplinäre Arbeitsgemeinschaft Tierethik Heidelberg (Hg.): Tierrechte. Eine interdisziplinäre Herausforderung. Erlangen: Harald Fischer Verlag, 31–53.

Williams, R. M. C. (2012): Can you picture this? Activism, art, and public scholarship. In: Visual Arts Research 38(1), 87–99.

Wils, J.-P. (Hg.) (2019): Resonanz. Im interdisziplinären Gespräch mit Hartmut Rosa. Baden-Baden: Nomos.

Wilson, H. F. (2017): On geography and encounter: Bodies, borders, and difference. In: Progress in Human Geography 41, 451–471.

Wilson, H. F. (2019): Animal Encounters: A Genre of Contact. In: Böhm, A. & Ullrich, J. (Eds.): Animal Encounters. Kontakt, Interaktion und Relationalität. Stuttgart: J.B. Metzler, 25-41.

Wilson, M. W. (2009): Cyborg geographies: Towards hybrid epistemologies. In: Gender, Place and Culture 16(5), 499–516.

Wolch, J. & Emel, J. (1995): Special issue: Bringing the animals back. In: Environment and Planning D: Society and Space 13(6), 631–760.

Wolch, J. & Emel, J. (Eds.) (1998): Animal Geographies: Place, Politics, and Identity in the Nature-Culture Borderlands. London, New York: Verso.

Wright, S. (2015): More-than-human, emergent belongings: A weak theory approach. In: Progress in Human Geography 39(4), 391–411.

Wright, S. & Tofa, M. (2021): Weather geographies: Talking about the weather, considering diverse sovereignties. In: Progress in Human Geography 45(5), 1126–1146.

Wylie, J. (2005): A single day's walking: narrating self and landscape on the South West Coast Path. In: Transactions of the institute of British Geographers 30(2), 234–247.

Yezbick, D. F. (2018): Lions and tigers and fears: A natural history of the sequential animal. In: Herman, D. (Eds.): Animal comics: Multispecies storyworlds in graphic narratives. London, New York: Bloomsbury Academic, 29-52.

Zaccaroni, M., Passilongo, D., Buccianti, A., Dessì-Fulgheri, F., Facchini, C., Gazzola, A., Maggini, I. & Apollonio, M. (2012): Group specific vocal signature in free-ranging wolf packs. In: Ethology Ecology & Evolution 24(4), 322–331.

Zahnen, B. (2012): Kollektiv Erdbewohner. Das geographische Wir. In: Zeitschrift für Medien- und Kulturforschung 2(2), 167–184.

Zahnen, B. (2015): Tragweiten geographischen Denkens. Wien: Passagen Verlag.

Anhang

Abstracts zu den veröffentlichten Beiträgen

Paper 1: Mehr-als-menschliche Geographien: Entwicklungslinien, Grundzüge und Schlüsselkonzepte

Christian Steiner, Gerhard Rainer, Verena Schröder

Erschienen 2022 in: Steiner, C., Rainer, G., Schröder, V. & Zirkl, F. (Hg.): Mehr-als-menschliche Geographien. Schlüsselkonzepte, Beziehungen und Methodiken. Stuttgart: Steiner Verlag, 9–38, doi: 10.25162/9783515132305-001.

Abstract Ziel des vorliegenden Beitrages ist es, die zentralen Debatten und Fragestellungen in den Mehr-als-menschlichen Geographien zusammenzufassen und aufzuschlüsseln, um dieses junge, thematisch vielfältige und vor allem in der angelsächsischen Literatur verankerte Forschungsfeld besser verstehbar zu machen. Hierfür identifizieren wir drei Hauptelemente der Diskussion, die eng miteinander verwoben sind: (1) Mehr-als-menschliche Geographien versuchen anthropozentrische Perspektiven zu überwinden. Dazu wenden sie sich von der rein vernunft- und sinnorientierten Dimension unseres Lebens ab und lenken den Blick auf die leiblichen, affektiven und emotionalen Erfahrungen der Welt und unsere soziomateriellen Praktiken. (2) geht es ihnen darum, den anthropozentrischen Dualismus von menschlichen und nichtmenschlichen Entitäten aufzubrechen und besser zu verstehen, wie wir in unserer menschlichen Existenz mit nichtmenschlichen Entitäten verwoben sind, wie wir gemeinsam unsere Geographien und Mitwelten ko-produzieren und was dabei für Menschen und Nichtmenschen in jeweils spezifischen Assemblages von Belang ist. (3) wird das Ideal einer forschenden Person, die aus einer externen Position auf die Welt blickt und Prozesse und

Phänomene zu erklären versucht, aufgegeben. Dies hat Konsequenzen für die Methodologien und Methodiken in der Disziplin, die sich verstärkt mit der Frage beschäftigen, wie man sich in Forschungsdesign und praktischer Forschungsarbeit Nichtrationalem und Nichtmenschlichem – über Leiblichkeit, Affekte und Emotionen – adäquat methodisch nähern kann und ob und inwiefern sich unsere gewohnten Repräsentationsformen wissenschaftlicher Erkenntnisse verändern müssen. Vor diesem Hintergrund argumentieren wir, (a) dass die mit dem Feld verbundenen konzeptionellen Veränderungen einen im Entstehen begriffenen grundlegenden paradigmatischen Wandel in und außerhalb der Geographie anzeigen, der einer zweiten kopernikanischen Wende gleichkommt, (b) dass sich damit die Selbstpositionierung des Menschen in der Welt neukonfiguriert und die Art und Weise wie Wissenschaft und Humangeographie aktuell gedacht werden, radikal verändert und (c) dass diese Wende auch von naturwissenschaftlicher Forschung inspiriert ist, zunehmend in die Naturwissenschaften hineinwirkt und insofern neue Möglichkeitsräume für eine interdisziplinäre und integrative Forschung eröffnet. Im Sinne einer von der Philosophie des klassischen Pragmatismus inspirierten Humangeographie – in der einige der in den Mehr-als-menschlichen Geographien diskutierten Ansätze ihre (meta-)theoretischen Wurzeln haben – sehen wir eine neue Haltung wissenschaftlicher Forschung und Welterschließung entstehen, die sich von etablierten Dualismen verabschiedet und an deren Stelle nun Positionalität, Relationalität und Emergenz treten.

Keywords Mehr-als-Menschliche Geographien, Leiblichkeit, Affekt, Praktiken, Assemblages, Materialität, Relationalität, Pragmatismus

Paper 2: Agentieller Realismus und klassischer Pragmatismus: Potenziale der Ideen von Intraaktion und Transaktion für die Mehr-als-menschlichen Geographien

Christian Steiner, Verena Schröder

Erschienen 2022 in: Steiner, C., Rainer, G., Schröder, V. & Zirkl, F. (Hg.): Mehr-als-menschliche Geographien. Schlüsselkonzepte, Beziehungen und Methodiken. Stuttgart: Steiner Verlag, 41–70, doi: 10.25162/9783515132305-002.

Abstract Der Beitrag analysiert die ontologischen und epistemologischen Ansätze des agentiellen Realismus mit seinem Konzept der Intraaktion und des klassischen Pragmatismus mit seinem Konzept der Transaktion hinsichtlich ihrer Fruchtbarkeit für die Mehr-als-menschlichen Geographien. Dazu rekonstruieren wir zunächst die Prämissen, Grundideen und Argumentationslinien beider Konzepte und zeigen deren Anknüpfungspunkte für die empirische Forschung auf. Darauf aufbauend arbeiten wir vergleichend die zahlreichen Überschneidungspunkte und grundlegenden Unterschiede zwischen den beiden Ansätzen heraus, um so die Potenziale beider Perspektiven für die Mehr-als-menschlichen Geographien beurteilen zu können. Wie sich zeigt, eignet sich der agentielle Realismus dabei besonders gut für die empirische Untersuchung materiell-diskursiver Grenzen und Grenzziehungen, deren Überschreitung und sich verändernder kausalen Logiken. Der klassische Pragmatismus hingegen bietet für jene Untersuchungen einen konzeptionell-analytischen Mehrwert, welche die komplexe, organisch-relationale Verwobenheit der Welt mit ihren zahlreichen Rückkopplungseffekten zum Hauptuntersuchungsgegenstand machen. Zugleich deuten sie das Potenzial an, das in der empirisch gesättigten zukünftigen Entwicklung eines »agentiellen Pragmatismus« für die Mehr-als-menschlichen Geographien liegen könnte

Keywords Pragmatismus, Agentieller Realismus, Intraaktion, Mehr-als-menschliche Geographien, Posthumanismus, Neuer Materialismus

Paper 3: Tierliche Lebenswelten verstehen lernen? Perspektiven mehr-als-menschlicher Ethnographien.

Verena Schröder

Erschienen 2022 in: Steiner, C., Rainer, G., Schröder, V. & Zirkl, F. (Hg.): Mehr-als-menschliche Geographien. Schlüsselkonzepte, Beziehungen und Methodiken. Stuttgart: Steiner Verlag, 317–339, doi: 10.25162/9783515132305-013.

Abstract Während der »mehr-als-menschliche Turn« konzeptionell intensiv diskutiert wird, ist die methodologische und methodische Debatte hierzu vergleichsweise unterrepräsentiert. Am Beispiel von Mensch-Tier-Beziehungen geht der Beitrag daher der Frage nach, inwiefern der postdualistische Anspruch in den Mehr-als-menschlichen Geographien sowie in den neuen Tiergeographien auch in empirischer Hinsicht eingelöst werden kann. Für die Beantwortung baut der Artikel auf drei Argumentationssträngen auf: Erstens schlägt er vor, die Dimension der Leiblichkeit als verbindendes Element und nonverbale Kommunikationsbasis zwischen Mensch und Tier heranzuziehen und diskutiert, inwieweit tierliches In-der-Welt-Sein durch den Menschen überhaupt verstanden werden kann; zweitens identifiziert er mit der »tierzentrierten Geschichtenerzählung« und der »empathisch-leiblichen Beobachtung« zwei Methodenstränge jenseits anthropozentrischer Erkenntnislogiken, die für die mehr-als-menschlichen Ethnographien fruchtbar gemacht werden können; und drittens leitet er Konsequenzen aus einer nichtdualistischen Untersuchung von Mensch und Tier für die Repräsentation und Kommunikation der Forschungsergebnisse ab und schlägt für die Vermittlung leiblich-affektiver Wechselbeziehungen die Verwendung von Comics vor. Trotz der Bemühungen um neue, kreative und performative Zugänge, die auf das Fassen nonverbaler und leiblich-affektiv vermittelter Prozesse zwischen Mensch und Tier abzielen, gelangt der Beitrag zu dem Ergebnis, dass die mehr-als-menschliche empirische Forschung eine imperfekte Kollaboration zwischen Mensch und Tier bleibt.

Keywords Mehr-als-menschliche Ethnographien, Mensch-Tier-Beziehung, animal geographies, multispecies, Leiblichkeit, Comic-Geographien

Paper 4: Pragmatist Animal Geographies: Mensch-Wolf-Transaktionen in der schweizerischen Calanda-Region

Verena Schröder, Christian Steiner

Erschienen 2020 in: Geographische Zeitschrift 108(3), 197–222, doi: 10.25162/GZ-2020-0003.

Abstract Anschließend an die Forderung in den Animal Geographies nach einer Destabilisierung des dualistischen Verständnisses der Beziehung von Mensch und Tier gehen wir in diesem Beitrag der Frage nach, inwiefern eine transaktionistische Perspektive im Anschluss an die Philosophie des Klassischen Pragmatismus für die Animal Geographies fruchtbar gemacht werden kann. Hierfür schlagen wir eine ontologische Rekonfiguration der vermeintlichen Grenze zwischen Mensch und Tier vor. Davon ausgehend diskutieren wir die damit verbundenen methodologischen Konsequenzen, entwerfen ein pragmatisch-transaktionistisches Analysekonzept zur Untersuchung von Mensch-Tier-Beziehungen und erproben dies am Beispiel der Rückkehr der

Wölfe in die schweizerische Calanda-Region. Dabei zeigt sich in der Empirie, dass das Transaktionskonzept insbesondere für die Untersuchung von Prozessen im Mensch-Mitwelt-Gefüge fruchtbar ist, in denen komplexe Veränderungen, Dynamiken und Rückkopplungsprozesse eine besondere Rolle spielen.

Keywords Tiergeographie, More-than-human, Pragmatismus, Transaktionstheorie, Mensch-Wolf-Beziehung, Schweiz

Paper 5: More than words: Comics als narratives Medium für mehr-als-menschliche Geographien

Verena Schröder

Erschienen 2022 in: Geographica Helvetica 77(2), 271–287, doi: 10.5194/gh-77-271-2022.

Abstract Human-animal relations are often experienced viscerally. These corporeal, affective, sensual and emotional realities cannot easily be put into words and adequately expressed through linear and textual forms. For this reason this paper investigates the potential of comics in more-than-human geographies. It identifies three different ways of how geographers approach this field of research and communication: (1) *comic analysis*, (2) *comic semiotics* and (3) *comic practice*. In their comic drawings geographers try to make specific viewpoints, moments, emotions and relations visible that have been underexposed either socio-politically or in terms of scientific practice. The article then discusses more-than-human qualities of comics, arguing that graphic narratives emerge as productive tools to reveal »the in_between« of humans and non-humans. It further describes an exemplary approach to a collaborative comic and how visceral or nonverbal aspects in human-animal relations can be expressed and experienced, using the empirical study of returning wolves to Switzerland.

Keywords Comic-Geographien, Visuelle Methoden, Wissenschaftskommunikation, More-than-human, Leiblichkeit, Viszeralität